# MÉLANGES

## D'HISTOIRE

## NATURELLE.

---

## TOME CINQUIEME.

# MÉLANGES D'HISTOIRE NATURELLE.

*Par M. ALLÉON DULAC, Avocat en Parlement & aux Cours de Lyon.*

Quàm magnificata funt opera tua, Domine ! omnia in fapientia fecifti ; impleta eft terra poffeffione tuâ. *Pf.* 103.

## TOME CINQUIEME.

A LYON,

Chez BENOÎT DUPLAIN,
rue Merciere, à l'Aigle.

M. DCC. LXV.

*Avec Approbation & Privilege du Roi.*

# TABLE
## DES MATIERES

Contenues dans le cinquieme volume.

Fin de la Table du Tome V.

HISTOIRE

# HISTOIRE

## D'UN PRÉTENDU

## HOMME MARIN.

*Extrait de Dom Feijoo.*

LE bruit se répandit en Espagne, il y a quelques années, qu'un jeune homme des montagnes de Burgos s'étoit jeté à la mer, & y avoit vécu pendant long-temps parmi les poissons. J'avouerai que je révoquai en doute ce fait, & il y auroit eu réellement de la légéreté à le croire sur la voix publique, d'autant plus qu'on ajoutoit que c'étoit l'effet d'une malédiction prononcée contre ce jeune homme par sa mere, circonstance qui s'est depuis



*Tome V.*          A

trouvée fauſſe. J'avois mépriſé ce pro-pos, comme tant d'autres bruits vul-gaires ; mais il y a environ trois mois qu'un de mes amis, homme reſpecta-ble, m'engagea à publier cette mer-veille comme digne de la curioſité du public, en m'aſſurant qu'elle étoit réelle, & qu'il la tenoit de deux perſonnes qui avoient connu ce jeune homme, & qui l'avoient fréquenté depuis qu'il avoit quitté la mer, pour vivre ſur la terre. Je ne me contentai cependant point de cette aſſurance ; je conſultai pluſieurs perſonnes de cette province, & à force de ſoins je me procurai une deſcription de cet homme rare, qui me fut remiſe par le Marquis de *Val-buena*, réſident dans la ville de *San-tader* : en voici la copie.

A Lierganés, bourg de l'Archevêché de Burgos, à deux lieues au ſud-oueſt de Santader, demeuroient *François de la Vega* & Marie *del Caſar* ſa femme, qui eurent quatre garçons, nommés D. *Thomas*, *François*, *Joſeph* & *Jean* ; le premier de ces quatre garçons étoit Prêtre, & le dernier qui vit encore, eſt âgé de 74 ans. Leur mere envoya en 1672 ſon ſecond fils *François* à

Bilbao, pour apprendre le métier de
Charpentier. Il étoit alors âgé de 15 ans.
Il y resta pendant deux ans jusqu'à la
veille de la saint Jean de 1674, qu'étant
allé avec d'autres jeunes gens se baigner, ils lui virent faire le plongeon,
après avoir laissé ses habits sur le rivage avec les leurs. Ne doutant pas qu'il
ne revînt bientôt, ils l'attendirent
quelque temps, jusqu'à ce qu'enfin ils
se désespérerent de le revoir, & se
persuaderent qu'il s'étoit noyé. Ils en
informerent le maître de ce jeune
homme, & celui-ci le fit savoir à sa
mere qui pleura sa perte. L'an 1679,
quelques pêcheurs de la mer de Cadix
virent un jour une figure d'homme
nageant sur les eaux & y plongeant.
Le lendemain ayant vu la même chose,
ils divulguerent cette nouvelle qui fixa
l'attention du public, de sorte qu'on
résolut de lui tendre des filets. Après
l'avoir amorcé avec des morceaux
de pain qu'on lui jeta dans l'eau &
qu'il mangeoit, ils le prirent dans ces
filets, & trouverent que c'étoit un
homme très bien conformé. On lui
parla en plusieurs langues, sans qu'il
répondît à aucune; on alla même jus-

HISTOIRE<br>D'UN PRÉ-<br>TENDU<br>HOMME<br>MARIN.

qu'à le conjurer au Couvent de faint François, pour s'affurer s'il n'étoit point poffédé de l'efprit malin, ce qui ne produifit aucun effet. Enfin peu de jours après il prononça le mot de *Lier- ganés*. Quelqu'un de ceux qui étoient préfents, fe trouva être de ce lieu, & on l'écrivit à Don *Dominique de la Con- tolla*, Secretaire de l'Inquifition, qui étoit auffi de *Lierganés*; ce dernier, pour aller à la fource, en fit part à fes parents. On fut qu'il avoit en effet difparu, fur la côte de Bilbao, un jeune homme de *Lierganés*, & on ren- dit cette réponfe au Couvent de faint François de Cadix. Il s'y trouvoit alors un Religieux de faint François, nommé le Pere *Jean Rofende*, qui venoit de Jérufalem, & qui demandoit l'aumône pour les faints lieux. Ce Religieux ré- folut, en faifant fa tournée, de rame- ner ce jeune homme à *Lierganés*, ce qu'il exécuta l'année fuivante. Lorf- qu'il fut à un quart de lieue de ce vil- lage, il ordonna au jeune homme de prendre les devants & de lui montrer le chemin de fa maifon ; ce que ce jeune homme exécuta. Il marcha droit chez fa mere, qui auffi-tot qu'elle l'apperçut, l'embraſſa en diſant : *voilà mon fils François que j'ai perdu à Bilbao.* Ses deux freres qui y étoient auſſi, l'embraſſe-rent avec la même tendreſſe, ſans que *François* donnât plus de ſigne d'étonnement & de ſenſibilité, que s'il avoit été un tronc d'arbre. Après le départ du Pere *Roſende*, ce jeune homme reſta neuf ans de ſuite chez ſa mere, le jugement troublé, ne parlant que fort peu, en prononçant tout au plus ces mots, *tabac*, *pain*, *vin*, ſans que ce fût même avec ſuite ni à propos. Lui demandoit-on s'il en vouloit ? Il ne répondoit rien ; mais ſi on lui donnoit du pain, il en mangeoit avec excès pendant quelques jours, après quoi il en paſſoit quelques autres ſans prendre aucune nourriture.

Si on lui envoyoit porter quelques papiers d'un village à l'autre, ſur-tout dans l'un de ceux qu'il connoiſſoit de ſon bas âge, il s'acquittoit avec exactitude de cette commiſſion, les remettoit à la perſonne, ſans ſe tromper, & rapportoit avec ſoin la réponſe ; de ſorte qu'il n'y avoit pas à douter qu'il n'entendît ce qu'on lui diſoit, mais de lui-même il ne formoit aucun diſcours.

A 3

Une fois, entr'autres, quelqu'un de Lierganés, l'ayant envoyé à Santa- der, pour y porter une lettre, comme il falloit paſſer la riviere qui a plus d'une lieue de large au lieu de Pe- drena, n'y ayant point trouvé de bar- que, il ſe jeta dans la riviere, la traverſa, & remit ponctuellement la lettre à ſon adreſſe.

Ce jeune homme avoit environ ſix pieds de haut, le corps bien formé, le tein blanc, le poil roux & court, comme s'il ne venoit que de naître. Il avoit les ongles rognés & comme rongés par le ſalpêtre, & il alloit tou- jours nuds pieds. Si on lui donnoit des habits, il les portoit ; ſinon il ne lui en coûtoit pas plus d'aller tout nud. Si on lui donnoit à manger, il prenoit tout ce qu'on lui donnoit : ſi on ne lui en donnoit pas, il n'en de- mandoit point, de ſorte qu'il paroiſſoit inanimé, lorſqu'il étoit queſtion de diſcourir, & qu'il ne montroit de ſen- timent que pour obéir. On avoit re- marqué que pendant ſa jeuneſſe il avoit beaucoup d'inclination pour pêcher ; il alloit ſouvent dans la riviere de Lier- ganés, & il étoit grand nageur. C'eſt

ainſi que ce jeune homme reſta pendant
9 ans chez ſa mere, après quoi il
diſparut, ſans qu'on ait ſu ce qu'il eſt
devenu, quoique quelques-uns prétendent qu'un homme de Lierganés
l'a depuis revu dans un port des
Aſturies, ce qui eſt ſans fondement.

HISTOIRE
D'UN PRE'-
TENDU
HOMME
MARIN.

Tout ce qu'on vient de rapporter a
été certifié par D. *Thomas* & *Jean* ſes
freres. Ainſi finit la relation qui a été
confirmée par D. *Gaſpard Melchior de la
Riba Aguero*, Chevalier de ſaint Jacques,
demeurant à Gaians, à une demi-lieue
de Lierganés, qui avoit été conſulté
là-deſſus par ſon gendre D. *Diegue-
Antoine de la Garder a Velarde*, demeurant à Madrid. Ce Chevalier de ſaint
Jacques aſſure avoir vu ſouvent chez
lui & traité notre homme marin ; on
a encore ſur cela le témoignage de D.
*Pierre-Denis de Rubalcava*, demeurant
à Solarés, village voiſin, lequel à tous
les faits qu'on a rapportés, ajoûte avoir
vu le corps de François tout couvert
d'écailles, leſquelles écailles à la vérité
ſont tombées depuis. D'un autre côté,
D. *Gaſpard de la Riba* dit dans ſa relation, que le même avoit en quelques
endroits du corps la peau auſſi rude

que du chagrin. Il eſt vrai que d'autres perſonnes ne diſent point avoir
vu des écailles, ce qui n'eſt pas une
objection ſans réplique. Ceux qui l'ont
vu à ſon arrivée à Santader, ont pu
aſſurer avec vérité qu'il les avoit, puiſqu'alors il les avoit réellement : ceux
qui l'ont vu depuis, ont pu affirmer
avec autant de vérité qu'il ne les avoit
plus, parce que réellement elles étoient
tombées. On a pu auſſi prendre la rudeſſe de ſa peau pour des écailles.

Peut-on trop regretter que cet homme
eût perdu l'uſage de la raiſon, en regardant cet accident non ſeulement comme
un grand malheur pour lui, mais encore comme une très grande perte pour
nous, vu les connoiſſances que nous
aurions pu attendre de lui, comme
le fruit de ſon ſéjour dans la mer. Que
de faits ignorés par tous les naturaliſtes ! Que n'aurions-nous pas pu apprendre de lui ſur les poiſſons ! Que
de lumieres ne nous auroit-il pas fourni ſur leur génération, leur façon
de vivre, leur nourriture, leurs tranſmigrations, leurs guerres, leurs alliances ; comme auſſi ſur le fond de la
mer, ſur les plantes qui y naiſſent,

les matieres qui s'y joignent, les eaux qui s'y rendent! On auroit pu s'inf-truire par lui, comment il s'étoit fait fi fubitement à ce genre de vie fi op-pofé à celui qu'on mene fur la terre; comment il fe nourriffoit dans la mer; s'il y dormoit pendant quelques inter-valles; combien de temps il fupportoit le défaut de refpiration ; comment en-fin il échappoit à la voracité des monf-tres marins.

Si le fait de la malédiction de fa mere étoit fondé, nous pourrions re-garder les circonftances furprenantes de la vie de François, comme une fuite de cette malédiction : on pourroit même alors fuppofer que la toute-puiffance de Dieu y eft intervenue ; mais ce premier fait étant entiérement faux, on ne peut admettre rien de fur-naturel pour caufe de cet événement extraordinaire.

L'hiftoire ne nous offre qu'un cas qui reffemble à celui-ci, & encore n'eft-ce qu'en partie. C'eft celui d'un Sici-lien, nommé *Nicolas*, connu fous le nom de *Pefce cola*. Ce Nicolas né de pauvres parents à Catania, s'exerça dès l'en-fance à nager. Il y avoit des difpofitions naturelles, de sorte qu'il devint bientôt très habile nageur. Le goût & le besoin lui firent choisir le métier de la pêche, & il s'attacha à celle des huitres & du corail. A force de s'y livrer, il s'habitua tellement à l'eau, qu'il ne vivoit qu'avec peine sur terre. Apprivoisé avec ce féroce élément, il méprisoit ses fureurs, & jouissoit de sa sévérité. Il n'y avoit point de poisson qui pénétrât avec plus de hardiesse dans sa profondeur, & qui parcourût avec plus de rapidité son immense étendue. La superstition payenne n'auroit pas manqué de faire de ce pêcheur une divinité marine. Ce qui au commencement n'a-voit été que plaisir & amusement, de-vint un besoin indispensable. S'il étoit un jour sans entrer dans l'eau, il souf-froit tant de la poitrine, qu'il ne pou-voit y résister. Il servoit fréquemment de courier d'un port à l'autre, ou du continent aux isles voisines, & se ren-doit sur-tout nécessaire, lorsque la mer étoit si orageuse, que les mariniers n'osoient s'y risquer. Il ne se bornoit pas à nager le long de la côte ; sou-vent il s'avançoit fort loin, & y passoit des jours entiers. Aussi étoit-il univer-

fellement connu de tous ceux qui fré- HISTOIRE
quentoient les côtes de la Sicile & du D'UN PRÉ-
royaume de Naples. S'il voyoit paſſer TENDU
un bâtiment, quelqu'éloigné qu'il fût, HOMME
il l'atteignoit, l'abordoit, mangeoit & MARIN.
buvoit ce qu'on lui donnoit, & s'of-
froit à porter des nouvelles des navigateurs, quelque part que ce fût, ce
qu'il exécutoit ſûrement. Il avoit même
ſoin de ſe munir d'une bourſe de cuir
bien garnie pour porter les lettres,
ſans qu'elles ſe mouillaſſent.

Ainſi vivoit cet amphibie raiſonna-
ble, juſqu'à ce qu'enfin il devint victime du Dieu Neptune à qui il rendoit
hommage. Soit que le Roi de Naples,
Frédéric, voulût eſſayer les talents de
Nicolas, ou qu'il voulût abſolument
ſe faire inſtruire de la poſition & du
ſol de la mer dans ce fameux gouffre
d'eau, près du Cap de Faro, ſi connu
par les anciens ſous le nom de *Carybde*,
il ordonna à Nicolas de s'y jeter. Ce
dernier effrayé du danger dont il connoiſſoit toute la portée, fit quelque
réſiſtance ; mais le Roi voulant le décider, y jeta une coupe d'or, en lui
diſant qu'elle ſeroit à lui s'il pouvoit la
retirer de cet abîme. La cupidité exci-

ta son courage ; il se jeta dans cette terrible profondeur , où après avoir cherché pendant trois quarts d'heure , il reparut avec la coupe. Il informa le Roi de la situation de ces cavernes & des différents monstres marins qui en faisoient leur repaire : peut-être outrat-il la vérité, étant bien certain que personne ne pourroit le démentir. Le Roi desira une relation plus distincte des particularités de ce lieu si remarquable , ou peut-être , comme tant d'autres Princes , mesuroit-il sa satisfaction sur le danger qu'on couroit pour la lui procurer. Quoiqu'il en soit, il voulut mettre Nicolas à une nouvelle épreuve, en trouvant chez lui encore plus de résistance que la premiere fois , parce que ce dernier avoit senti par lui-même l'énorme péril auquel il s'exposoit, persuadé qu'il le détermineroit par un appas encore plus séduisant, il jeta dans cet endroit une autre coupe d'or , & promit de plus au pêcheur de lui donner une bourse d'or , s'il rapportoit la coupe. L'avidité du gain qui a été fatale à tant d'humains , le fut à ce malheureux pêcheur. Il partit pour cette deuxieme expédition, mais ce fut fans retour, & même fans qu'on retrouvât fon corps, foit qu'il eût péri dans quelque paffage difficile du détroit, foit qu'il eût été dévoré par les monftres marins qu'il avoit dit avoir vu la premiere fois.

Cette derniere relation s'accorde avec la premiere fur plufieurs points. On voit dans l'une & dans l'autre une paffion violente pour la vie aquatique, une force & un goût extraordinaire pour nager, & l'avantage merveilleux de paffer plufieurs heures fans refpirer. La premiere relation offre de plus un défaut de fommeil très probable, & une privation de jugement bien conftatée. Tous ces articles méritent d'être difcutés. Le premier préfente peu de difficultés ; la paffion de nager eft très commune chez ceux qui ont une fois commencé cet exercice, & fouvent violente chez ceux qui y ont beaucoup de difpofition & d'adreffe.

*Illis in ponto jucundum eft quærere pontum,*
*Corpora qui mergunt undis, ipfumque fub antris*
*Nærea & æquoreas conantur vifere nimphas.*

Quoique je ne fache pas nager, je

sens le goût extraordinaire qu'on peut y prendre. Le risque qu'on court en s'y livrant, prouve encore combien il faut qu'il y ait d'attrait.

La force & l'habileté extraordinaire des nageurs n'a encore rien de surprenant, si on suppose beaucoup d'exercice. *Alexandre ab Alexandro* dit avoir connu un autre nageur Napolitain qui faisoit de suite les six milles qui sont entre l'isle Enarsa & Procyta dans le golfe de Naples ; encore faisoit-il souvent six autres milles en revenant dans le même jour. Cela paroîtra moins incroyable à ceux qui considéreront que tel homme qui ne fait point d'exercice, ne peut souvent pas faire un quart de lieue, sans se fatiguer, tandis que tel autre qui s'y sera habitué, fera sept à huit lieues de suite sans s'incommoder. Peut être aussi les nageurs célebres dont nous parlons, étoient-ils doués d'une vigueur de corps qui leur donnoit la facilité de fendre les eaux comme les dauphins.

Il y a plus de difficulté au défaut de respiration pendant un certain temps. Cependant j'ai déjà rapporté dans plusieurs endroits du *Théatre critique*, quels sont les cas & les causes qui font

qu'on peut vivre quelque temps fans
refpirer; *Galien* dit que ce qui fait que
les femmes incommodées d'affections
hiftériques font long-temps fans refpirer, c'eft parce qu'elles ont le cœur
très refroidi. Il dit dans un autre endroit, que la refpiration n'eft néceffaire chez les animaux que pour tempérer
le trop d'ardeur du cœur & du fang.
Or il eft certain que l'eau doit bien
refroidir le cœur & le fang de ceux
qui y font long-temps. Je fais qu'on a
contredit cette opinion de *Galien*, &
que celle qu'on y a fubftituée eft bien
plus plaufible; favoir, que les efprits
nitreux qui réfident dans l'air confer-
vent le mouvement & la fléxibilité du
fang qui fe coaguleroit fans l'affiftance
de ces efprits. Après tout, pourquoi
ne fuppoferoit on pas que le fel marin qui fe trouve dans l'océan équi-
vaut au nitre de l'air, & empêche
également la coagulation du fang?

Nous avons jufqu'ici traité de ce qui
étoit commun aux nageurs Efpagnols
& aux nageurs Siciliens : il nous refte
encore quelques remarques à faire.

Le Sicilien paffoit ordinairement les
nuits à terre, où il repofoit comme

les autres hommes. Pendant quatre ou cinq ans l'Espagnol habita les flots, où il semble qu'il ne pouvoit pas jouir des douceurs du sommeil. On a des preuves que plusieurs personnes ont passé beaucoup de temps sans dormir. *Seneque* rapporte que *Mecene* veilla pendant trois années de suite. *Fernel* parle d'un homme en délire qui veilla pendant quatre mois, & *Jean Heurnius*, Médecin de Leyde, fait mention d'un autre, qui, sans être en délire, veilla continuellement pendant dix années. Si ces faits sont fondés, il est possible que *François de la Vega* ait habité dans la mer pendant quatre ou cinq ans, sans dormir. Son cerveau étoit sûrement affecté, ce qui rend le fait moins étonnant. Il se peut encore qu'il se soit procuré quelques heures de sommeil, en allant se reposer sur le rivage en tant de lieux inhabités qui sont baignés par la mer. Enfin on peut supposer qu'on peut dormir dans le lit même de la mer. *Aristote* dit y avoir vu dormir des poissons : *Pisces enim omnes, atque adeò qui molles appellantur, dormire observavimus.* Je ne vois pas que l'objection qu'on tire du besoin de la respiration,

respiration , puisse avoir lieu ; & puisqu'un homme peut rester au fond de
la mer pendant deux heures sans respirer , pourquoi ne pourroit-il pas y
dormir pendant le même temps ?

Venons-en à la privation du jugement : si ce n'étoit que comme les autres hommes à qui ce malheur arrive,
il n'y auroit pas de quoi s'en étonner.
Ce qui demande ici toute notre attention , c'est la complication extraordinaire de la maladie , en conséquence
de laquelle certaines facultés de l'ame
étoient sensiblement affectées , sans que
d'autres le fussent. Cet homme obéissoit
ponctuellement à ce qu'on lui ordon-
noit , & il éprouvoit en même temps
une stupidité qui alloit jusqu'à l'insensibilité , lorsqu'il étoit question d'agir
par lui-même. Il n'y avoit pas moins
de contradiction dans les opérations
de sa mémoire. Il se ressouvenoit des
lieux , des chemins , des personnes
qu'il avoit fréquentées , & il oublioit
ce qui semble beaucoup plus difficile à
oublier , c'est-à-dire , l'usage des mots,
des noms & jusqu'aux signes les plus
communs par lesquels on demande
tout ce qui tend à notre conservation,

avantage de l'inſtinct dont les brutes les plus déraiſonnables ſont douées.

On a vu une pareille léſion du jugement dans les fous que les médecins appellent *mélancholiques* ou *maniaques*. Ils raiſonnent ſenſément ſur certaines matieres, & extravaguent ſur d'autres. *Pline, liv. 7. ch. 24*, parle d'un homme qui ayant été bleſſé d'un coup de pierre à la tête, oublia les lettres de l'alphabet, & conſerva le ſouvenir de tout le reſte. En effet la partie du cerveau où s'exerce la faculté mémorative étant diviſée en un nombre de cellules, où ſe diſtribuent les images des objets, il ſe pourroit qu'un coup de pierre, qu'une chûte ou un autre accident attaquât préciſément quelques-unes de ces cellules en particulier, de ſorte qu'il ne ſe perdît que les images qui y ſont empreintes, & que les autres ſubſiſtaſſent entieres.

Si l'on fait l'objection qu'il eſt difficile que tant d'images puiſſent obtenir une place diſtincte dans un eſpace ſi étroit, on répondra par l'exemple des objets de la puiſſance viſuelle qui ſe diviſe très diſtinctement dans un eſpace beaucoup plus ſerré. Celui qui d'une éminence voifine voit une armée de 200000 hommes, reçoit 20000 images bien diftinctes, & même fi au retour de cette armée il y avoit un côteau de 20000 arbres, on auroit ces 200000 images d'arbres également diftinctes. Mais revenons au fait.

On a dit dans la relation précédente que cet homme, avant que de vivre dans la mer, jouiffoit de l'ufage de fes facultés fpirituelles ; eft il bien croyable qu'un homme ayant tout fon bon fens naturel, fe réfolût à un genre de vie auffi étranger à fa premiere éducation , & par conféquent auffi violent ? Un homme fenfé fe déterminera-t-il à fe priver du commerce des hommes, des habits, du coucher, ainfi qu'à vivre de poiffons crus, & à effayer d'être mangé par des monftres marins ? Il faudroit en ce cas que fa folie fût de l'efpece connue fous le nom de *lycantropie*. Cette maladie dont l'étimologie fe tire du dérangement du cerveau, fait que nous croyons reffembler à des loups ; mais enfuite elle s'eft étendue à tous les autres délires où nous croyons être transformés en quelques bêtes, de quelque nature qu'elle foient, cherchant à en imiter la maniere de vivre. Ceux qui fe croient loups, fe retirent fur les montagnes, pourfuivent les brebis, & les mangent crues. Ceux qui fe croient chiens, dont la maladie eft connue plus particuliérement fous le nom de *cynantropie*, aboient comme eux, gardent la porte de la maifon, & rongent les os. On peut conjecturer que notre nageur s'imaginoit être poiffon, lorfqu'il prit ce genre de vie. Je ne fais dans quel auteur de médecine j'ai lu qu'un autre homme s'imaginoit être anguille.

D'un autre côté, fi *François de la Vega*, avant que de vivre dans la mer, avoit donné quelque marque de folie, auroit-on paffé fous filence une circonftance auffi effentielle dans cette relation ? On convient qu'il n'étoit plus dans fon village, lorfqu'il renonça à la fociété, & qu'il étoit alors à Bilbao, où il apprenoit le métier de charpentier. Mais feroit-il poffible que le maître chez lequel il étoit, n'eût eu nulle connoiffance d'un accident auffi terrible que celui de la perte du jugement ; qu'il n'en eût pas donné avis à fa famille, & qu'il n'eût pas attribué tout naturellement fa perte à cet accident ? N'eſt-il pas même à préſumer qu'en pareil cas on l'auroit gardé avec plus de ſoin , & qu'on ne lui auroit pas permis de trop approcher du rivage ? Il n'eſt pas plus vraiſemblable que la tête lui ait tourné préciſément dans le moment auquel il ſe jeta dans la mer pour ne plus reparoître.

Je crois donc beaucoup plus probable que ſa raiſon s'égara à meſure qu'il faiſoit du ſéjour dans la mer , à quoi ont pu contribuer pluſieurs cauſes différentes , ſavoir:

Premiérement la qualité de l'eau de la mer , dans laquelle il vivoit ; & il faut diſtinguer dans l'eau de la mer l'eau pure , le ſel qui y eſt mêlé , & la ſubſtance bitumineuſe ou ſoufrée, qui la rend mal ſaine & fétide. Car ce n'eſt pas comme quelques-uns penſent , le ſel qui empêche que l'eau de la mer ne ſoit potable , puiſque s'il n'y avoit que cet obſtacle , on pourroit facilement l'en ſéparer ; mais on n'a jamais pu diviſer ces parties bitumineuſes dont l'eau marine eſt imprégnée , & ce ſont préciſément ces dernieres



B 3

qui auront le plus affecté fon cerveau, comme étant plus étrangeres à l'homme que le fel & l'eau.

2°. La nourriture des poiſſons crus peut fort bien cauſer du déſordre dans le jugement? Peut-être même a-t-il pu manger de quelque eſpece particuliere de poiſſons qui aura produit plus particuliérement cet effet.

3°. La féparation du commerce des hommes eſt bien propre à opérer ce déſordre. Il n'y a point de faculté dans l'homme qui ne ſe perfectionne par l'exercice & qui ne s'émouſſe faute d'exercice. Il eſt très vraiſemblable que, ſi on vivoit féparé de toute fociété, on exerceroit fort peu ſon jugement, & que ſi enſuite on ſe trouvoit dans le cas de diſcourir, on y feroit fort embarraſſé. D'ailleurs le commerce avec les hommes nous occafionne de penſer non feulement pendant que nous converſons avec eux, mais encore dans d'autres moments, tant pour réfléchir fur nos dernieres converſations, que pour préparer celles qui fuivent. En effet un montagnard, tout groſſier, tout féroce qu'il eſt, emploie du moins fa raiſon à ſe procurer les moyens

de trouver les aliments néceſſaires pour
ſa conſervation. L'homme en queſtion
qui avoit toujours ſous ſa main les
poiſſons qui faiſoient ſa nourriture ,
étoit exempt de cette occupation. Si
l'on étoit livré aux écarts d'une imagination ſans objet & déſordonnée , il
en réſulteroit néceſſairement une étrange
confuſion d'idées qui ſe tourneroit en
démence, à moins qu'on ne rentrât dans
la ſociété. *François de la Vega* , après
avoir eu neuf ans de ſéjour habituel
dans la mer , étant retourné à ſon
premier genre de vie , auroit donc pu,
par le commerce des hommes , recou-
vrer ſa raiſon , ſi toutes les cauſes
qu'on vient ici de réunir enſemble ,
n'avoient concouru à ſon eſpece de
délire.

Mais , dira-t-on , comment eſt-il
poſſible qu'un homme ayant tout l'u-
ſage de ſa raiſon , ait pu prendre une
réſolution ſi extravagante ? Faire une
telle objection, c'eſt bien peu connoître
les paſſions humaines. A quelles fatigues immodérées ne s'expoſent pas les
chaſſeurs aux dépens de leur ſanté ?
Quels haſards ne courent pas ceux qui
paſſent leur vie dans l'exercice d'une

HISTOIRE<br>D'UN PRE-<br>TENDU<br>HOMME<br>MARIN.

B 4

galanterie continuelle ! A quoi tient la vie de ceux qui vont chercher à la guerre la vaine fumée d'un applau-dissement dont ils font rarement l'objet direct ? Pourquoi ne pas imaginer que notre pêcheur, dominé par le goût le plus vif pour l'humide élément, se fera déterminé facilement à passer le reste de ses jours avec les poissons ? Pourquoi n'auroit-il pas pu essayer quel-que temps auparavant ce genre de vie & ses forces pour le supporter ? Il se fera sans doute beaucoup exercé à na-ger ; il aura éprouvé jusqu'à quel point il pouvoit souffrir le défaut de respiration ou de sommeil ; il se fera aussi réduit d'avance à ne manger que des poissons crus, hipothese d'autant moins absurde que sur les côtes de la *Galra* plusieurs personnes mangent par régal les huitres vives & crues au moment que les pê-cheurs les tirent de l'eau. Il n'y a que les gens délicats qui les assaisonnent alors avec un peu de poivre & de jus d'orange.

Profitons de l'exemple de *François de la Vega*, pour conjecturer que les hommes marins, dont on a donné en différents temps plusieurs relations, ont pu provenir d'une race particuliere dont le premier pere étoit un homme ainsi que nous, & se sera habitué à la mer, comme notre pêcheur de Lierganés.

On dira peut-être que l'œuvre de la génération, celle de l'accouchement, & la nourriture des enfants n'auroient pas pu réussir dans la mer. Quant aux deux premieres de ces opérations, rien n'empêche qu'elles n'aient pu avoir lieu en pareil cas, soit dans les isles désertes, soit dans les écueils que rencontrent les navigateurs, soit enfin sur les côtes inhabitées. Pour ce qui est d'élever les enfants, rien n'empêcheroit que le pere & la mere ne se fussent relevés pour soutenir l'enfant sur la superficie de l'eau, jusqu'à ce qu'il fût en état de nager.

Le même exemple de *François de la Vega* résoud encore une autre difficulté, tirée de ce que les hommes marins, dont on a fait mention jusqu'ici, ont été privés de l'usage de la parole. On a déjà vu que *François de la Vega* ne prononçoit que très peu de mots depuis son séjour dans la mer, & il est probable que, s'il y étoit resté plus long-temps, il auroit entiérement perdu l'habitude de ce peu d'articulation qui lui étoit resté.

Dès que l'uniformité de configuration entre ces hommes marins & les autres hommes, est aussi-bien établie qu'elle l'est, tout concourt à prouver qu'ils ont la même origine que nous. D'ailleurs quelle impossibilité y a-t-il qu'un homme & une femme, ou même plusieurs hommes & plusieurs femmes aient volontairement habité dans la mer, comme *François de la Vega*? Ne s'est-il pas pu trouver des personnes des deux sexes entraînées & dominées par cette même passion pour l'exercice de nager, & pour la vie aquatique? L'émulation n'a-t elle pas pu exciter plusieurs bons nageurs à se réunir, & à se fixer à ce genre de vie? Ne peut-on pas même supposer que l'amour effréné entre un homme & une femme dont on traversoit la passion, les a pu déterminer à la satisfaire dans la république des poissons? Ne pourroit-il pas se faire aussi que plusieurs hommes & plusieurs femmes du même pays, complices · de quelque crime grave, ne trouvant pas d'autre moyen d'éviter les fupplices , aient recouru à ce même afyle ? Peut-être la fable des Tyrrhenes tranformées par Bacchus en dauphins, tire-t-elle fa fource de quelque événement de cette efpece.

La differtation anatomique faite par le Médecin du Viceroi de Goa fur un homme marin , vient à l'appui de ce que nous venons de dire fur la conformité de la configuration entre les hommes marins & terreftres.

A l'égard des Tritons , des Néréides & autres monftres dont la figure eft humaine par en haut , & finit par en-bas en poiffon , on peut conjecturer qu'ils viennent de la monftrueufe conjonction des deux efpeces.

L'homme de Lierganés ajoute encore aux fortes conjectures qui font croire que les fauvages de l'ifle de Borneo, font de vrais hommes. L'inclémence de l'air à laquelle font expofés des hommes qui s'abrutiffent dans une vie entiérement fauvage , peut autant déranger le cerveau qu'une vie aquatique. On rapportera ici un fait qui en fervira de preuve. En 1661 , quelques chaffeurs découvrirent dans une forêt de Lithuanie au milieu d'une troupe d'ours deux enfants dont les traits & la peau ne laiſſoient pas douter qu'ils ne fuſſent de nature humaine. Ces chaſſeurs, après avoir mis en fuite les ours, ne purent ſe ſaiſir que d'un de ces deux enfants, encore ce ne fut pas ſans peine qu'il ſe défendit avec les ongles & les dents, & ils le préſenterent au Roi de Pologne. Cet enfant étoit parfaitement proportionné ; il avoit la peau fort blanche, les cheveux blonds, la phiſionomie agréable & belle. On ne fit par conſéquent aucune difficulté de le baptiſer, la Reine fut ſa marraine, & l'Ambaſſadeur de France ſon parrain. On lui donna pour nom de baptême celui de *Joſeph*, & pour nom de famille *Urſin*, par alluſion à la façon dont il avoit été nourri. Mais il ne donna jamais ſigne de raiſon : quelque ſoin que l'on prît pour ſon éducation, on ne put l'apprivoiſer entiérement, ni lui apprendre à parler, quoiqu'il n'eût aucun défaut dans ſa langue. Il ne put jamais ſouffrir ni habits ni ſouliers ; il mangeoit les chairs crues comme les cuites, & quelquefois il s'échappoit pour courir dans les bois, où il déchiroit avec les ongles l'écorce des arbres, comme il en fuçoit la féve ; enfin toutes fes inclinations étoient fauvages. Quoiqu'on fe fût attaché à l'inftruire fur la religion, il ne donna aucune marque qu'il en voulût profiter, fi ce n'eft que quand on prononçoit le nom de *Dieu*, il levoit les yeux & les mains au ciel, ce qui ne doit pas fe prendre comme une preuve de connoiffance, puifqu'on accoutume les bêtes les plus brutes à faire & à imiter certains mouvements quand on prononce certaines paroles. Cet enfant paroiffoit avoir environ neuf ans quand on le prit dans les bois.

Il n'eft ni facile ni important de rechercher par quel accident ces deux enfants fe font élevés entre les ours. Ce qui fe préfente comme le plus vraifemblable, c'eft qu'ils furent le fruit de la violence de quelques-uns de ces animaux, qui ayant furpris quelque femme, en avoit joui. Peut-être auffi que cette femme après ce malheur ne pouvant fe fouftraire à la puiffance de l'animal, & perdant infenfiblement la crainte & l'horreur que doit infpirer un tel commerce, l'aura continué volontairement. Peut-être enfin que le pere & la mere étoient de notre même espece ; il se peut qu'un homme & une femme coupables de quelque crime se soient réfugiés sur les montagnes ; qu'après y avoir vécu quelque temps, ils y aient fait deux enfants ; qu'ensuite les ours aient mis en piece le pere & la mere, ou les aient fait fuir si précipitamment qu'ils auront laissé ces deux enfants à la merci des ours. Reste à savoir par quel événement ils ont été garantis de la fureur des bêtes féroces.

Quoiqu'il en soit, cet enfant avoit contracté les inclinations, les habitudes & la stupidité des ours avec lesquels il avoit été élevé. Comment s'en étonneroit-on : Les bêtes même les plus apprivoisées, qui par quelqu'accident vivent dans le désert, deviennent bientôt farouches, sauvages & même féroces, ainsi que plus velues, plus agiles & plus fortes.

Peut-être voudra-t-on étendre notre conjecture jusqu'à ces singes si extraordinairement adroits, dont a parlé *Pline*, & dans des temps moins reculés le Pere *le Comte*. Ils ont tant de sagacité, tant de talent pour nous imiter, qu'il eſt difficile de diſtinguer cet inſtinct & cette adreſſe de tout ce que peut inſpirer le raiſonnement. J'ai déjà expliqué dans le neuvieme diſcours de mon troiſieme tome, quelle eſpece de raiſon il falloit accorder aux bêtes ; par ce ſyſtême on ne craindra point de les confondre avec les hommes. Quelque reſſemblance que puiſſent d'ailleurs avoir certains ſinges avec les hommes, il faut toujours bien ſe garder de la tentation de les confondre avec nous, parce que, comme ils ſont certainement de la même eſpece que d'autres ſinges, qui plus éloignés de notre reſſemblance, en ont toujours avec eux, il arriveroit, en ſuivant cette gradation, que nous ferions obligés d'accorder l'humanité à toute eſpece de ſinges.

Conjectures pour conjectures, voici ce que nous penſons de cet homme. Il ſe peut faire qu'étant à ſe baigner avec ſes camarades, & s'étant éloigné d'eux, il aura eu quelque rencontre terrible qui l'aura effrayé, & que le danger lui aura fait tourner la tête. De-là peut-être, ſans coucher dans la mer, il ſera reſté ſur la côte,

& ne se trouvant bien nulle part, ou ne reconnoissant point la maison paternelle, il aura toujours couru de côte en côte. On n'a d'ailleurs aucune preuve que cet homme ait couché ni séjourné dans la mer.

# DE LA VÉGÉTATION

## DES PLANTES.



ON ignore encore aujourd'hui quel est le vrai suc nourricier des plantes. Il n'est aucun point d'Histoire naturelle qui ait donné naissance à plus de contestations parmi les savants , & il n'en est pas de moins décidé. il seroit naturel de croire qu'on devroit découvrir ce suc par l'examen de la nature du fumier & des différents engrais ; mais nous sommes témoins seulement de leur effet , & la cause nous en est cachée.

On pourroit imaginer que ce suc qui est visiblement augmenté & rendu nourrissant par toutes les especes de fumier , est un composé de sel , d'huile & d'autres substances que la chymie enseigne à extraire de ces ingrédients; mais l'effet de plusieurs engrais simples qui égale souvent celui des plus forts, ôte à cette conjecture toute sa vraisemblance. Nous ferons même forcés de l'abandonner sans retour, si nous confidérons que le sable aride nourrit lui-même des plantes, qu'il en eft beaucoup qui croiffent fous l'eau, & que ces deux efpeces ont la même force que celles qu'on cultive avec foin dans une terre préparée avec le meilleur engrais. Nous devons conclure de ces réflexions, que le fuc néceffaire à l'accroiffement des plantes, eft d'une nature beaucoup plus fimple qu'on ne le croit communément, & qu'on ne doit les différents goûts, les différentes odeurs & vertus que nous obfervons dans les végétaux, qu'aux différentes modifications qu'il reçoit dans leurs organes.

M. *Tull* croit que ce fuc ou cet aliment n'eft autre chofe que de petites particules de terre réduites en une pouffiere très fine. D'autres prétendent que ce font les fels; la plupart enfin appellent à leur fecours les quatre éléments. Mais plufieurs expériences ont affez fait voir que tout cela eft loin de la vérité. M. *Tull* eft le feul qui paroiffe avoir approché du but. Nous tenterons de prouver dans cet essai, ou du moins de rendre aussi vraisemblable qu'il est possible de le faire, que la terre seule est la vraie matiere qui sert d'aliment aux plantes.



S'il étoit vrai que toutes les choses doivent redevenir ce qu'elles ont été, ce seroit déjà une preuve de l'opinion que je défends, & l'on pourroit dire que les végétaux que la putréfaction convertit en terre, ont dû être formés de terre. Si l'on m'objecte que, suivant ce systême, il est inutile d'engraisser la terre ; je réponds que quoique le fumier ne soit pas le propre aliment des plantes, il a cependant son utilité, en ce qu'il affine la terre & la rend capable d'entrer dans leurs petits vaisseaux. De plus tous les fumiers contiennent des sels, ces sels peuvent avoir la propriété de diviser la terre & de rendre la terre propre à nourrir les végétaux. On peut dire aussi que l'eau amollit les particules terreuses extrêmement attenuées, & que l'air & le feu peuvent les mettre en mouvement. Enfin on ne peut douter que le feu, l'air & l'eau ne servent beaucoup à la végétation des plantes ; mais la terre seule est leur aliment. Dépourvues du secours du feu, de l'air & de l'eau, elles dépériſſent, & pareillement dépourvues de terre elles ne peuvent ſubſiſter.

Il eſt donc indubitable que l'air, le feu & l'eau ſont des inſtruments de végétation ; mais que ce ſoient les aliments qui les nourriſſent, rien n'eſt plus faux. Leur action ſur les plantes eſt néceſſaire, eſt indiſpenſable ; ils ſont agents, mais non aliments. On m'objectera peut-être cette expérience commune par laquelle on fait végéter & fleurir des plantes dans l'eau ſeulement, ſans le ſecours de la terre. Mais il faudra pour lors avoir oublié que toute eau contient de la terre ; & même cette expérience examinée d'un peu plus près deviendra une preuve de mon opinion. Si l'eau ſeule nourrit ces plantes, qu'on m'explique pourquoi il faut renouveller de temps en temps l'eau dans laquelle on les a miſes, pour que ces plantes viennent bien ? Pourquoi ce changement d'eau eſt-il ſi néceſſaire, qu'à ſon défaut la plante mourroit ? C'eſt ſans doute, parce qu'elle attire toutes les particules terreuſes qui ſont contenues dans l'eau ; que par conſé-

quent cette eau contient de plus en
plus moins de nourriture , qu'elle s'en
épuiſe enfin , & qu'alors la plante périt , ſi on ne lui en fournit de nouvelle.

Lorſque nous diſons que la terre eſt
l'aliment propre des plantes , nous n'entendons pas déſigner cette ſubſtance ſimple & élémentaire que les chymiſtes nomment *terre premiere*. Nous parlons ſeulement de celle qu'on trouve à la ſurface du globe terreſtre , & qu'on nomme
en langage économique , *bonne terre*.
Il deviendra donc évident qu'elle eſt
le véritable aliment des plantes , ſi on
réfléchit qu'elle ne leur nuit jamais ;
ce qu'on ne peut pas dire du fumier ,
qu'on a regardé comme leur nourriture
propre. Trop de ſel empêche leur accroiſſement ; trop d'eau les noie ; trop
d'air & de chaleur les deſſechent :
mais elles n'ont jamais trop de terre.
Il ne faut cependant pas en conclure
qu'il ſeroit bon de les planter à une
grande profondeur : on ſait qu'alors
elles périroient. La nature particuliere
de chaque ſubſtance végétale exige un
genre de plan particulier ; & nous
avons déjà fait obſerver que l'air , la

chaleur & l'humidité étoient les instruments néceffaires de la végétation. Si
la racine des plantes eft donc trop
profondément enterrée , l'action de
l'air , du feu & de l'eau ne pourra
plus avoir lieu , & les plantes ne pourront croître. Mais fi elles fe trouvent
plantées à la profondeur requife , qu'on
travaille la terre , qu'on l'affine & qu'on
la prépare autant qu'on voudra , les
plantes ne pourront qu'y gagner , & c'eft
ce que nous pourrons nommer *alimen-
ter les plantes* : c'eft auffi ce que nous
entendons , en difant qu'elles n'ont
jamais trop de terre.

Si cette opinion étoit vraie , peut-on
dire encore , toute efpece de plantes
croîtroit dans toute efpece de terre , &
c'eft ce que l'expérience contredit évidemment ; mais cette difficulté peut
être aifément levée. Cette plante-ci ai-
me un terrein fec , & celle-là un terrein humide , parce que l'une ne peut
fouffrir la grande humidité néceffaire
à l'autre. La ftructure de leurs organes
met feule entr'elles cette différence , &
le fol n'y entre pour rien. Qu'on tire
du terreau d'un marais , qu'on en faffe
évaporer l'eau furabondante , ce terreau

deviendra propre à nourrir tous les
végétaux qui ne croiffent point dans
les marécages. Qu'on mette enfuite
dans un marais de la terre aride, elle
fera pourrir les joncs. Ainfi les effets
attribués à la différence des terres, ne
font que ceux de la différence de la
quantité de l'eau, & la terre eft en
effet toujours la même. N'éprouvons-
nous pas que l'éloignement, toutes
chofes d'ailleurs égales, n'apporte point
de différence à l'accroiffement des
plantes, & que celles de l'Amérique
& des Indes viennent très bien en Europe, quand on leur donne la chaleur
au degré qui leur eft néceffaire. De
toutes ces obfervations, il me femble
réfulter avec affez de vraifemblance,
que la terre feule nourrit les plantes,
& nous confirmerons encore cette opinion par un nombre de moyens, en
répondant à cette queftion : *fi l'aliment
de toutes les plantes eft le même*, queftion
qui a fes difficultés, & dont la folution peut apporter de grands avantages
dans *l'économie pratique.*

Nous ne nous déciderons point ici
pour l'affirmative. Tout ce que nous
pouvons dire, c'eft que nous croyons



VE'GE'TA-
TION DES
PLANTES.

que la nourriture des plantes n'eſt autre choſe que des parties de terre très
fines que l'eau porte dans leurs vaiſſeaux.
L'opinion la plus commune à ce ſujet
eſt préciſément l'oppoſée , & l'on croit
pouvoir la prouver par de bonnes expériences. Pour chaque eſpece de plante , on imagine un ſuc nourricier ; &
les ſuites heureuſes de la pratique fondée ſur cette opinion , je veux dire ,
le changement des terres enſemencées,
paroiſſent la confirmer. Lorſque dans
une année , par exemple , on a enſemencé ſon champ avec de l'avoine ,
le froment dans l'année ſuivante , y
vient beaucoup mieux , que ſi on l'avoit
d'abord enſemencé d'orge. Il s'enſuit
que l'orge tire une grande quantité du
ſuc qui ſeroit utile au froment , & que
l'avoine au contraire tire un autre ſuc
en laiſſant celui du froment. De même ,
ſi dans un terrein qui a porté pendant
long-temps des arbres d'une ſeule eſpece , on en plante d'autres & d'une
autre eſpece , ils auront bien plus de
ſuccès : différence qu'on atrribue aux
différents ſucs que ces deux ſortes d'arbres attirent.

Ces expériences ſont juſtes , & pa

roiſſent démontrer tout ce qu'il faut
qu'elles démontrent ; mais on ſe trompe étrangement ſur la cauſe de leur
réſultat. Le changement de ſemence eſt
avantageux, il eſt vrai, non parce que
chaque eſpece de bled tire ſon ſuc
particulier, mais parce que l'une épuiſe
le terrein beaucoup plus que l'autre ,
& demande plus de nourriture. L'orge
en veut , par exemple, plus que le
froment, & celui-ci plus que l'avoine.
En labourant nos champs comme on
le fait ordinairement , ils ne contien-
droient point aſſez de nourriture pour
porter de l'orge deux fois de ſuite. Il
faut donc la ſeconde fois leur donner
une ſemence qui demande moins d'a-
liment que la premiere ; ainſi l'on
deſcend de la meilleure à la pire , &
le terrein ſe détériore , mais l'aliment
eſt toujours le même. On en peut dire
tout autant des arbres. Une de leurs
eſpeces demande plus de nourriture
que l'autre. D'où il s'enſuit néceſſairement que celle qui en veut le moins
réuſſit le mieux , lorſqu'elle eſt plantée
la derniere. Si de l'obſervation de ce
fait on a raiſon de conclure que chaque
plante tire un ſuc différent , on peut

dire auſſi qu'un grain qui demande plus d'aliment, & qu'une eſpece d'arbre qui veut plus de nourriture, devroient auſſi-bien venir après qu'avant le grain & l'arbre qui en demandent le moins. L'aliment néceſſaire aux premiers, ne ſera pas tiré par ceux-ci, il reſtera dans la terre. Mais par malheur, cette conſéquence eſt auſſi peu confirmée par la raiſon que par l'uſage. Au contraire, ſi nous convenons que l'aliment de toutes les plantes eſt le même, nous expliquerons aiſément pourquoi l'on ſemeroit ſans ſuccès les grains maigres les premiers.

On peut me faire encore une autre objection auſſi facile à réſoudre. On ne peut pas s'imaginer qu'une ſeule & même matiere puiſſe être cauſe de l'accroiſſement de tant de plantes diverſes, & moins encore qu'elle ſoit capable de leur donner des odeurs, des formes, des ſaveurs & des vertus auſſi différentes. J'avouerai qu'il eſt impoſſible de réfuter cette objection auſſi clairement que les autres, parce que nous ignorons en quoi ces différences conſiſtent. Cependant nous penſons que l'on ne peut pas douter que les petites particules, de terre que| nous avons confidérées comme le feul aliment des plantes, ne fubiffent en paffant en elles toutes ces altérations. Cette matiere, quoique la même tandis qu'elle eft en terre, peut recevoir dans leurs vaiffeaux mille modifications différentes, & l'on a déjà démontré qu'elles arrivent effectivement. Une expérience faite à ce fujet par M. *Duhamel*, paroît décifive. Un jeune citronier qu'il avoit enté fur un oranger, a porté des citrons parfaits. S'il n'eft pas vrai que l'aliment dont l'arbre fait fa nourriture, fe modifie dans les vaiffeaux de l'ente, de forte que le fruit qu'elle apporte conferve fon goût, fon odeur & fa forme, cet effet me paroît être un myftere inexplicable; mais je le crois trop vifible & trop frappant, pour qu'on doute encore que l'aliment des plantes peut fe changer dans leurs organes.

Il eft une autre expérience qui nous démontre auffi clairement que cet aliment eft le même. C'eft le fuccès avec lequel les plantes croiffent mêlées enfemble Si un fuc particulier nourriffoit chacune d'elles, rien ne feroit plus naturel que de voir deux femences mêlées enfemble profiter beaucoup plus qu'elles n'euffent fait, femées en particulier ; puifque felon l'hipothefe, l'une ne pourroit dérober l'aliment de l'autre, & que chacune en auroit moitié plus. Cette conféquence eft jufte ; mais l'expérience ne la confirme en aucune maniere. Les plantes ne croiffent pas mieux, lorfqu'on mêle les efpeces, que lorfqu'on les feme à part. Mais lorfque les effets que la caufe fuppofée devroit néceffairement produire, n'ont pas lieu, cette caufe devient une chimere. Cependant on pourroit peut-être affembler quelques efpeces qui croîtroient enfemble mieux que féparées. Il en eft dont les racines vont à une grande profondeur ; il en eft d'autres qui s'éloignent peu de la fuperficie de la terre ; il feroit fort naturel que ces deux efpeces cruffent mieux enfemble ; mais l'on fe tromperoit en voulant citer cet exemple, comme une preuve de l'exiftence des différents fucs. De ce qu'une efpece de plante jete de plus profondes racines, il eft évident qu'elle a fon réfervoir de nourriture dans un endroit, où l'autre, pour ainfi dire, ne peut lui en rien dérober ; mais ceci ne met encore entre leurs aliments nulle différence : c'eſt toujours de la terre ; & tout le ſuccès de leur crue eſt dû à ce que chacune trouve plus de nourriture. Si l'on veut en avoir encore des preuves plus claires, qu'on ſeme chaque plante ſeule, ou pluſieurs à une certaine diſtance l'une de l'autre, elles profiteront tout au mieux, ſoit qu'elles ſoient mêlées, ou de même eſpece. Ceci prouve clairement que la terre eſt leur nourriture, & que toute eſpece de plante l'attire.



Les racines des plantes ne nous offrent rien qui puiſſe nous induire à croire que chacune d'elles attire un ſuc particulier. Un ſavant moderne nous a démontré que la ſurface des racines eſt ſpongieuſe & s'imbibe de tous les ſucs. Elles reçoivent dans leurs pores des particules de terre ; elles s'en nourriſſent, & ces particules portées dans les organes des plantes y ſont modifiées, & y reçoivent leurs différentes propriétés. On peut faire croître dans l'eau différentes plantes, qui y reçoivent leur odeur & leur goût ordinaires, &c. Prétendra-t-on que l'eau contient plusieurs sucs, & que chaque plante attire celui qui lui est analogue ? Si l'on veut assigner à ce fait une cause raisonnable, on dira que l'eau contient de petites parties de terre, (en quoi l'on ne dira rien de nouveau ) & que toutes les plantes sans distinction attirent cette terre, mais que leurs différents organes la modifient différemment.

Pour détruire de fond en comble l'hipothèse des différents sucs, nous ferons encore mention d'une erreur que ses défenseurs ont commise. Ils ont prétendu, comme leurs principes mêmes les y forcent, que chaque plante a ses racines formées de maniere qu'elles ne peuvent admettre que le suc qui leur est propre, comme ces vaisseaux ne reçoivent que celui qui lui est bon. Une expérience de M. *Tull* réduit à rien cette opinion. Qu'on mette dans un vaisseau plein d'eau un pied de marjolaine sauvage : il y croîtra, & jetera des racines. Qu'on prenne ensuite une des racines, & qu'on la trempe dans de l'eau imprégnée de sel, la plante mourra & ses feuilles seront salées. Il est donc évident ici que l'eau salée est cause que la plante meurt, &

par conféquent les racines ont admis un fuc nuifible. Cette expérience démontre auffi que les plantes tirent tous les fucs, & non pas feulement celui qui convient à chacune d'elles. L'écomie pratique nous fournit encore plufieurs preuves de notre opinion : nous allons en citer quelques-unes.

Ce n'eft pas fans raifon que l'on a adopté l'ufage de laiffer repofer les terres ; mais s'il eft vrai que chaque plante en tire un fuc particulier & convenable à elle feule, cet ufage eft fort nuifible. Il faudroit feulement changer d'efpece, & tour à tour femer du froment, de l'orge, de l'avoine & du feigle, puis recommencer dans cet ordre fans aucune année de repos. Le terrein ne feroit jamais épuifé, parce qu'entre les femailles de chaque efpece de bled, il y auroit toujours trois années : ainfi le fuc qui lui convient auroit tout le temps de fe réparer. Lorfqu'on auroit femé du froment, par exemple, les fucs convenables à l'orge, à l'avoine & au feigle, fe repoferoient, & dans le temps que l'orge, l'avoine & le feigle croîtroient, la terre pourroit raffembler le fuc néceffaire au froment qui n'en peut admettre aucun de ceux des autres especes. Cette conséquence est incontestable, si l'on admet un suc particulier à chaque plante ; mais elle est directement opposée à l'expérience universelle & pour ainsi dire éternelle, qui nous a fait voir que tout grain épuise son sol, à la vérité l'un plus que l'autre, ou ce qui est la même chose, que toutes les plantes se nourrissent du même aliment, c'est-à-dire de terre, mais l'une plus & l'autre moins. C'est sur ce fondement que tout économe regle sa méthode d'ensemencer, le changement qu'il fait des grains, & l'ordre dans lequel il les seme. Lorsqu'il a travaillé trois ou quatre ans le même terrein, il sait qu'il est épuisé, qu'il ne peut plus nourrir aucun grain, & il le laisse reposer.

Si les défenseurs du système des différents sucs nourriciers des plantes, vouloient se prévaloir de la nouvelle culture, introduite par M. *Tull*, dans la grande Bretagne, & par M. *Duhamel* en France (1), ils feroient seulement

_________________________

(1) Elle ne l'est point encore en France autant qu'elle mérite de l'être : les propriétaires des terres

voir

voir qu'ils n'ont pas confidéré affez attentivement tout ce qui s'y paffe. Pour cultiver à la maniere de ces deux auteurs, il faut beaucoup travailler le fol & affiner la terre. Par-là on la rend propre à pénétrer les vaiffeaux des plantes, & à leur fervir auffi d'aliment; par-là on la rend capable de rapporter tous les ans, & non parce que chaque grain tire fon fuc particulier.

Je vais encore produire une nouvelle preuve de mon opinion. Si chaque plante tiroit pour fa nourriture un fuc particulier de la terre, les mauvaifes herbes, l'ivraie, l'aubifoin ou la blavelle ( herbe qui porte les bluets) ne pourroient être nuifibles aux grains, quelqu'abondantes qu'elles fuffent. Cette conféquence a toute la jufteffe que l'on peut y defirer. Selon l'hipothefe . ces herbes tirent leur fuc particulier & chaque grain tire auffi le fien; ils ne peuvent donc fe faire de larcins l'un à

VE'GE'TA-<br>TION DES<br>PLANTES.

---

ne s'occupent point affez de l'agriculture. Ils laiffent faire leurs fermiers, hommes groffiers & fort ignorants, qui ne peuvent ni s'inftruire eux mêmes de cette culture, ni en être inftruits par leurs maîtres : encore leur ignorance exigeroit-elle qu'on les forçât de fuivre ce nouvel ufage.

l'autre. Chacun vit de l'aliment que la nature lui a destiné. Il est donc fort égal que ces herbes, prétendues nuisibles, soient ou ne soient pas parmi le bled, & il doit croître au milieu d'elles avec le même succès. Mais que pourra-t-on jamais me montrer de plus contraire à l'expérience ? Mêlé à beaucoup de ces herbes, le bled se trouve en mauvais état ; que conclurons-nous de ce fait ? Que ces herbes privent le bled de sa nourriture, qui par conséquent est la même pour les unes & pour l'autre. C'est-à-dire, est la terre pure. Cette expérience qui est décisive, nous dispense d'autres preuves.

Cependant pour qu'on ne regarde pas cette question que j'ai résolue, comme plus curieuse quutile, je ferai voir en peu de mots qu'elle peut être son utilité. Sa solution démontre avec évidence la justesse & la bonté du système d'agriculture de MM. *Tull* & *Duhamel*. Si la terre est en effet le seul & simple aliment de toutes les plantes, il s'ensuit nécessairement qu'il faut la préparer de maniere qu'elle nourrisse abondamment celles qu'on lui confie, & trouver le moyen d'empêcher les mauvaises herbes de leur dérober de leur nourriture, autant du moins qu'il est possible. C'est sur ces deux points qu'est fondée l'heureuse découverte faite de nos jours, pour l'amélioration de l'agriculture. Quant à ce qui regarde la préparation de la terre, pour qu'elle soit plus propre à nourrir les plantes, on voit aisément que tant qu'elle reste grossiere, il lui est impossible d'entrer dans les petits vaisseaux des plantes; & si on demande comment on peut lui donner cette qualité, il est naturel de répondre que c'est en la brisant & en l'affinant. Pour peu que l'on continue à réfléchir sur cette matiere, on ne tardera pas à s'appercevoir que les plantes demandent plus de nourriture dans un temps que dans un autre, de même que tout animal qui prend de l'accroissement, demande une augmentation perpétuelle de nourriture. Une observation journaliere peut convaincre de ce dernier fait; pourquoi l'autre n'auroit-il pas lieu, sur-tout quand les épis se forment ? Il feroit donc d'une grande importance de pouvoir alors travailler la terre; mais la culture ordinaire ne le permettant pas,

D 2

il faut trouver une autre méthode. Selon la nouvelle , on ne feme point
confufément , au hafard , mais par
fillons que l'on efpace à une certaine
diftance, & entre lefquelles on ne feme
rien. Cette feule invention remédie à
tous les défauts de l'autre culture : on
peut travailler la terre entre ces fillons,
autant qu'on le veut ; on peut à fon
aife & à volonté arracher les mauvaifes herbes. Les avantages furprenants
qui réfultent de cette culture , font
affez voir qu'elle eft fondée fur des
vérités certaines , & prouvent en même
temps que l'aliment de toutes les plantes eft le même , c'eft-à-dire, eft la
terre pure , & par conféquent que la
folution de cette queftion étoit utile &
importante.

# DE LA NIELLE.

UNe des choses les plus nuisibles à toutes especes de grains, est ce qu'on appelle la *Nielle*, dont beaucoup de gens parlent sans la connoître. De toutes les conjectures qu'on a faites sur son origine, il en est bien plus de fondées, parce qu'il nous est ordinaire de nous tromper dans nos recherches, de confondre la cause & l'effet, & que rien n'est plus nuisible aux progrès de la vérité. Comme il est raisonnable de chercher à découvrir les vraies causes & la nature d'un mal, avant que de songer au remede, nous nous conformerons à cet ordre dans cet écrit.

Les économes qui réfléchissent sur la nature de ce fléau, doivent être fort embarrassés pour choisir entre mille & mille opinions auxquelles il a donné lieu. Nous parlerons en peu de mots de celles que l'on a eues à ce sujet en différents temps, & nous rapporterons ensuite ce que la raison conduite par l'expérience a pu nous apprendre de plus assuré.

Définissons d'abord la nielle : c'est une espece de maladie qui attaque les arbres & les plantes, & qui nuit au jardinier comme au laboureur. Elle a souvent différents effets : tantôt ce sont les plantes entieres, & tantôt leurs parties seulement qu'elle endommage. Losqu'elle attaque les plantes encore tendres, elle fait périr quelquefois les fruits d'un jardin, & d'un champ tout entier : elle n'en frappe aussi quelquefois qu'une portion. Elle dépouille quelques arbres de leurs feuilles, sans nuire aux autres, & souvent fait la même chose sur les plantes : elle en attaque tantôt quelques feuilles, & tantôt toutes les feuilles frappées se froncent, paroissent comme brûlées, & la partie endommagée de l'arbre ou de la plante est remplie de petits insectes. Aucunes sortes de végétaux ne sont exemptes de cette maladie. Tous ceux qui ont écrit ou parlé du jardinage & de l'agriculture, ont aussi parlé de la nielle ; & si nous voulons remonter à deux mille ans & même au-delà, nous trouverons que des hommes d'une pénétration supérieure ont pensé différemment sur la caufe de ce mal.



Les Grecs, qni felon *Théophrafte*, l'avoient appellée *Eryfibe*, croyoient que c'étoit un fléau célefte que l'on ne pouvoit détourner. Les Romains la nommerent auffi *Rubigo*; & comme la fievre & autres maladies étoient pour ce peuple autant de divinités; comme, ainfi que les indiens de nos jours, ils adoroient tout ce qu'ils craignoient, leur vive imagination fe fit un Dieu de la nielle, & ils lui donnerent le nom de *Rubigus*. *Varron* le fupplie humblement de bénir fes champs & de ne pas nuire aux grains. Cependant en général on a regardé cette maladie, comme un effet du vent d'eft; mais *Virgile* dont l'habileté en fait d'économie eft connue, & qui mérite bien plus de foi, affure avec plus de vrai-femblance que la vraie caufe de la nielle eft la pareffe du laboureur, & le défaut de culture. Ainfi, au lieu d'invoquer le Dieu *Rubigus*, il confeille aux cultivateurs de bien travailler leurs terres; il leur recommande de prier les Dieux qu'ils leur accordent en fon temps une pluie féconde, & fe rit de leur vain refpect pour un Dieu imaginaire que la feule crainte a formé.

Jufqu'à préfent néanmoins on a attribué la nielle au vent d'eft. Cette grande quantité d'infectes que l'on a trouvés fur les feuilles & fur les branches attaquées, a fait penfer que le vent d'eft apportoit les œufs qui contenoient ces animaux, & qu'il étoit ainfi la caufe de ce mal. D'autres l'ont attribué à la bruine, cette pluie très fine qui géle fur les bourgeons & les fait périr. Ces conjectures font vraifemblables ; mais les raifons qu'on en donne n'ont point affez de validité, & ne peuvent être appliquées qu'à la nielle du printemps. Les vents âpres & froids de l'eft que l'on accufe de ce mal, font les plus communs en cette faifon, & ce n'eft auffi qu'alors que la bruine peut geler ; mais les campagnes éprouvent des nielles terribles en d'autres temps de l'année. Les bleds en font attaqués prefqu'à la fin de leur crue, pendant des étés humides. Cet accident n'eft donc pas inféparable de la gelée, ni des vents âpres de l'eft. Ainfi ni la gelée, ni les vents n'en font la caufe, & l'on ne peut tout au plus, par ces deux moyens, qu'en expliquer une partie.

Ces deux caufes étant chimériques, le  cultivateur doit donc recourir à d'autres remedes qu'à ceux des inventeurs de ces caufes. Ce même accident qui attaque ici nos plantations de houblon, a autrefois ravagé les vignes de l'Italie. Les économes qui en ont écrit, n'en ont parlé qu'avec douleur. Ils l'ont nommée *Carbunculus* : mais les defcriptions qu'ils en ont données, nous font affez voir qu'ils entendoient par ce mot *Rubigo*, ou la nielle. *Pline* dit que les ouragans étoient moins terribles aux vignes ; qu'ils ne ravageoient au moins que certains endroits, mais que la nielle perdoit des plants tout entiers.

Les particularités que l'on en rapporte, c'eft qu'elles étoient precedées par une pluie fubite, forte & courte, qui pendant l'été tomboit ordinairement vers midi, & qui étoit fuivie d'un foleil clair. On ajoute qu'elle ne frappoit quelquefois que certains endroits, & quelquefois des champs entiers. Dans le premier cas, elle n'attaquoit que le milieu de la vigne ; ou fi elle tomboit fur la vigne entiere, ou voyoit évidemment qu'elle avoit commencé au milieu , & y avoit frappé avec plus de force.

Telle eſt la deſcription d'une forte nielle , qui dans un été très chaud ravagea il y a deux mille ans pluſieurs vignes d'Italie. Si à ces obſervations nous comparons celles que le Docteur *Hales* , cet obſervateur exact , a faites en Angleterre ſur les nielles de l'été , dans les plantations de houblon de ce pays , nous pourrons expliquer fort heureuſement les anciennes par les modernes , & indiquer plus ſûrement aux cultivateurs les vraies cauſes de cet accident. Aucune plantation moderne ne reſſemble mieux aux anciennes vignes, que les plantations de houblon de la province de Kent. La ſaiſon pendant laquelle arrivoit la funeſte nielle , que les anciens économes nous ont décrite ſous le nom de *Carbunculus* , eſt réellement la même que celle pendant laquelle elle attaque aujourd'hui les plantes de houblon. Celle qui fut obſervée par le philoſophe Anglois , fut accompagnée des circonſtances ſuivantes.

Auſſi-tôt après une pluie , il parut un ſoleil fort chaud : tout le plan fut frappé, sur-tout à son milieu, & comme brûlé d'un bout à l'autre. Cet accident arriva peu avant midi. La nielle dirigea son cours en ligne droite, & du sud au nord (*a*). Il faisoit peu de vent, & celui qui souffloit alors étoit dirigé ainsi que la nielle. Si nous comparons cette description à celle des anciens écrivains, nous verrons clairement que la nielle est quelque chose de distinct & d'existant par lui-même; qu'elle a toujours mêmes effets, mêmes circonstances, & par conséquent même cause dans tous les temps, dans tous les pays. D'après ces observations si conformes les unes aux autres, il n'est pas impossible de conjecturer avec quelque vraisemblance, quelle est sa nature, & de donner des moyens sûrs d'en préserver les différents plans.



______________________________

(*a*) Il y a ici quelque obscurité dans l'allemand, du moins pour nous. Nous rapporterons le passage entier pour ceux qui savent cette langue, & qui pourront l'expliquer mieux que nous ne l'avons pu faire. *Der Brande lief in einem geraden Winckel mit den sonnen strahlen, den tag über, in einer linie fort.* C'est à dire mot pour mot : ,, la nielle courut ,, dans un angle droit avec les rayons solaires ,, pendant tout le jour sur une ligne. ,,

Mais nous croyons devoir avertir d'abord le cultivateur, que sous le nom de nielle nous ne parlerons point ici de tous les accidents auxquels les plantes sont exposées. Nous n'entendons par nielle, que ce mal subit qui frappe les végétaux, & qui fait sur leurs feuilles à peu près le même effet que le feu, c'est-à-dire, qui les fronce, qui les dessèche, & qui flétrit souvent des branches d'arbres entieres. Ce mal a lieu tantôt au printemps, tantôt en été, & c'est ce mal seul que nous appellons ici *nielle*. Si quelqu'un dit d'une plante, de quelque espece qu'elle soit, qui aura péri faute de nourriture, que la nielle l'a attaquée ; ou s'il nomme ainsi le dommage que la gelée cause aux jeunes bourgeons, nous l'avertissons qu'ici nous ne parlons point de ces accidents. Celui dont nous traitons est tout différent, & c'est le seul dont nous cherchons la cause.

La nielle attaque quelquefois un plant entier, ou du moins son centre ; quelquefois encore elle frappe dans le même plant différents endroits. Dans le premier cas, c'est-à-dire dans le plus nuisible, le mal est causé par la maniere même dont le plant eſt fait ; ainſi l'on peut s'en garantir ou y remedier. Dans le ſecond cas , il provient de cauſes qui ne ſont point en notre puiſ-ſance : il nous eſt donc alors impoſſi-ble de le détourner ; mais comme il frappe peu de tiges , il n'eſt pas fort dangereux. Cette nielle qui attaque le centre des plantes , & dont les anciens ont dit qu'elle ravageoit quelquefois leurs vignes , perd ſouvent auſſi des champs de bled tout entiers. Nous allons en montrer la cauſe & en propoſer le remede.



Comme elle attaque & endommage ſur-tout les plantations à leur centre ; comme elle arrive de plus après une pluie , nous avons toutes les raiſons poſſibles de croire que ce mal eſt l'effet d'un brouillard épais qui s'éleve en quelques endroits , ſe corrompt , & mis en action par la chaleur du ſoleil , perd les plantes. Si des expériences plus exactes peuvent démontrer que telle eſt la vraie cauſe de la nielle , le remede eſt évident. Il ne faut , pour s'en préſerver , que diſpoſer les plants de façon qu'ils ſoient moins expoſés à la corruption , c'eſt-à-dire , eſpacer tellement les plantes que l'air puisse passer librement entr'elles.

Si les côtés d'un plant de houblon n'éprouvent aucun dommage, tandis que le centre en est ravagé, qu'elle peut en être la cause, si ce n'est que l'air passant librement entre les tiges de ces côtés, dissipe & chasse le brouillard, qui retenu au contraire entre les plantes trop serrées, y séjourne & s'y corrompt, jusqu'à ce que l'action du soleil le fasse agir sur ces plantes? Voilà la vraie cause de cet accident, & ni le raisonnement, ni l'expérience n'ont pu jusqu'ici nous en montrer d'autres. Le vrai remede est donc d'espacer les plantes, & de laisser entre elles un libre passage à l'air. Cependant il sera bon de ne pas outrer ici, & de ne pas laisser à l'air un trop grand passage. On sait qu'il faut garantir les champs de houblon de la violence des vents qui pourroient aussi les perdre. Il faut donc prendre garde à ne se pas précipiter d'une extrémité dans une autre; il faut les garantir du vent, sans les étouffer; il faut les préserver de la corruption, sans les exposer à être couchés. C'est au cultivateur à se con-

duire de maniere qu'en voulant éviter
une faute, il n'en commette pas une
autre.



Si le champ eſt diſpoſé de maniere
que l'air y circule librement de tous
les côtés, on n'aura rien à craindre
des nielles d'été ; & ce qui regarde
en ce cas les champs de houblon,
concerne auſſi tous les autres. Enfin le
moyen de donner à l'air dans tout un
champ un libre paſſage, c'eſt d'eſpacer les ſillons plus qu'on ne le fait.
Plus les champs feront diviſés, plus
l'air y circulera librement.

Le reſſerrement eſt nuiſible au houblon ſur-tout, parce que cette plante
eſt grande & touffue, & par conſéquent plus ſujette à la nielle que les
autres. Cependant celles-ci en ſont in-
fectées, mais plus ou moins, ſelon leur
hauteur, leur crue, & le plus ou
moins de liberté laiſſé à l'air, pour
paſſer entr'elles. La nielle d'été qui
attaque les bleds, doit être attribuée
à la même cauſe, & le dommage
qu'ils éprouvent doit s'attribuer à leur
épaiſſeur, & au ſoleil chaud qui ſuc-
cede à une forte pluie.

Nous conſeillerons donc aux cultivateurs de femer plus clair qu'ils n'ont coutume de le faire, & nous les y invitons encore par un autre motif : c'eft que leur bled en viendra mieux. Outre cette obfervation générale, nous leur confeillerons encore de femer très clair dans la partie de leur champ qui eft la plus abriée. Nous pouvons recommander ici comme un moyen fûr de fe garantir de la nielle, la nouvelle culture inventée par MM. *Tull* & *Duhamel*. Elle a l'avantage non feulement de ne pas étouffer les grains, mais encore de leur donner plus de nourriture & de force pour réfifter aux maladies. Une tige qui dépérit en eft bien plutôt attaquée, qu'une tige forte qui profite bien.

Les anciens cherchoient à s'en garantir, & *Virgile* ne leur prefcrivit qu'un remede ; c'étoit le travail. C'eft effectivement ce qui conftitue en grande partie la bonté de la nouvelle culture qui confifte à efpacer les fillons, & à bien travailler le terrein entr'eux. Par ce moyen les plantes font abondamment nourries ; il ne croît parmi elles aucune herbe inutile, qui puiffe les priver de leur aliment, & elles ne font pas en affez grand nombre, pour s'en dérober les unes

aux

aux autres. Les éléments qui contribuent
à leur accroissement, ont entr'elles un
libre passage, & ne peuvent que leur
servir. Le terrein libre & travaillé qui
est entre les sillons, s'imbibe aisément
des eaux de la pluie, & les brouillards
qui s'en élevent, sont avec beaucoup
de facilité portés plus haut par l'action
de l'air.

Si l'on veut être plus sûr de la vérité de ce que nous avons dit de la
nielle, on peut en être convaincu par
ses propres yeux. Il ne faut que se
transporter sur une plantation de houblon, après une forte pluie suivie d'un
soleil clair. Au milieu du champ &
par-tout où les plantes sont serrées, on
verra, s'il ne fait pas de vent pour
lors, un brouillard épais s'élever &
s'arrêter entr'elles comme une fumée
qui a un mouvement ondulatoire. Si
l'on jete les yeux sur les autres plantes, elles paroîtront nébuleuses & som-
bres. Quand on regarde entr'elles vers
quelque maison ou quelque objet éloigné, ce mouvement ondulatoire du
brouillard fatigue les yeux; mais l'on
ne voit point de pareils brouillards
s'élever du côté du champ: tout y est

ſerein, parce que l'air y circulant avec liberté, diſperſe & fait monter les vapeurs. On ne voit donc jamais la nielle frapper que le milieu des champs où les plantes ſont étouffées ; on ne la voit jamais auſſi frapper qu'aux endroits où ces brouillards épais s'élevent ; ainſi nous avons raiſon de conclure qu'ils en ſont la cauſe.

Cette nielle particuliere qui n'attaque qu'un arbre ou bien quelques plantes, a ſans doute la même origine ; mais il eſt difficile d'appercevoir à l'œil nu les vapeurs déliées qui la cauſent. Cependant comme elle n'arrive que lorſqu'il n'y a que très peu ou même point de vent, on peut croire qu'elle ne provient, ainſi que l'autre, que de brouillards qui n'ont pu être diſſipés, mais qui le ſont, quand le vent eſt fort. Dans l'un & l'autre cas, ces brouillards retenus dans une certaine portion d'air, s'y corrompent, puis étant mis en mouvement par la chaleur du ſoleil, ils brûlent les plantes ; ce qui ne ſurprendra point ceux qui connoiſſent les effets & la force des rayons ſolaires.

# DISSERTATION

## HISTORIQUE ET CRITIQUE

## *SUR LES GÉANTS.*



CE ſujet avoit déjà été traité ; mais il pouvoit l'être encore avec plus de ſuccès. C'eſt un des points curieux de l'hiſtoire ancienne qui a le plus de beſoin de la ſagacité d'une critique judicieuſe. Les autorités les plus reſpectables ſemblent être en faveur de l'exiſtence des géants. Les raiſons les plus ſolides ſemblent détruire les autorités. Un habile critique ne heurtera de front ni l'une ni l'autre de ces preuves ; il doit redoubler ſon attention, analyſer tout, peſer les autorités, remonter aux textes originaux, en bien pénétrer le ſens ; alors le nuage ſe diſſipe, & la contradiction diſparoît. En indiquant les voies qui conduiſent à cette vérité, nous avons expoſé la marche du ſavant Allemand qui a entrepris cet ouvrage.

Il préfente d'abord deux propofitions qu'il fe promet d'établir avec évidence.

1. Il n'y a aucune raifon folide qui prouve que dans l'antiquité il y ait eu des peuples de géants, c'eft à-dire d'hommes dont la taille ordinaire fut de dix à douze coudées.

2. Il y a eu dans les fiecles reculés & dans les fuivants, il y a même de nos jours, quelques hommes d'une taille au deffus de l'ordinaire. Il y a eu, & il y a encore aujourd'hui des nations entieres d'une taille plus avantageufe que d'autres nations; tels étoient les peuples du pays de Chanaan par rapport au peuple juif ; tels font aujourd'hui les peuples de la zone tempérée par rapport à ceux de la zone glaciale & de la zone torride ; mais cette différence n'a rien de gigantefque.

Dans la premiere propofition, il n'y a que le texte facré qui pût embarraffer l'auteur : & fon refpect pour la parole divine lui auroit impofé filence, s'il n'eût trouvé dans cette parole même de quoi fortifier fon fentiment. Dès cet inftant ce dilemme redoutable, figne plus certain de l'igno-

rance que de la foi, ne l'a plus inti-
midé. *Ou ce qui eft contenu, lui dit-on,
dans l'Ecriture fainte eft vrai, ou il ne
l'eft pas : fi vous le croyez vrai; il y a
donc eu des géants : fi vous ne le croyez
pas vrai, vous étes un impie & un homme
abominable.*



La vérité des faintes Ecritures eft
inconteftable, répond modeftement le
differtateur; mais cette vérité n'eft telle,
que pour ceux qui l'entendent, lorfque
l'autorité vifible n'a pas jugé à propos
d'en déterminer le fens; & les perfonnes qui s'arment avec colere de cet
argument, ne font pas ordinairement
celles qui ont le plus médité la parole
divine : c'eft moins à l'Ecriture fainte
qu'aux fables des Grecs & des Rabbins,
que ces dévots d'ailleurs très refpecta-
bles, font le facrifice de leur raifon.
On en jugera par le fimple expofé
de leurs autorités.

On lit dans le premier livre de
Moïfe, chap. 3. v. 5. (a) ,, La quator-

____

(a) Quarto itaque decimo anno venit *Kedorlaomer*,
& reges qui cum ipfo erant, & percufferunt *Re-
phaimos* in *Aftharoth Karnaim Zuzimos* in *Ham*, &
*Emimos* in Schave *Kiriathaim*. *Ce que l'interprete
grec a rendu ainfi :* Καὶ κατέκοψαν τὸς Γίγαντας
τὸς ἐν ἀςαρωθ Καρναίν.

„ zieme année Kedorlaomer vint avec
„ les Rois fes alliés , & il défit les
„ *Rephaïms* dans le pays d'*Aftharoth* ,
„ les *Zuzimes* dans le pays de *Ham* ,
„ & les *Emimes* dans le pays de *Kiria-*
„ *thaïm.* „ L'interprete grec prend la
liberté de traduire ainfi la fin du verfet,
*& il défit les géans qui étoient dans le pays*
*d'Aftharoth* , &c. Qui ne fera étonné
de trouver dans la verfion grecque ,
des géants dont l'original ne dit mot.
L'hiftorien facré parle d'un Roi, qui
s'étant ligué avec les Rois fes voifins,
mit en déroute l'armée combinée de
trois peuples, du pays de *Bafan* , du
pays de *Moab* , & de *Péraé* : le nom du
premier de ces peuples étoit *Rephaïm*,
celui du fecond *Zuzim*, celui du troifieme *Emim.* Lorfque les Grecs ofent
ainfi altérer l'hiftoire, ne fera-t-il pas
permis, fans être *impie & abominable* ,
de remonter aux fources ?

Les Rabbins viennent au fecours des
Grecs , pour prouver que Moïfe a
voulu parler des géants. Le mot *Rephaïm*,
difent-ils , fignifie dans fon origine
hébraïque *affoiblir* , *épouvanter* , *détruire* ;
or chacune de ces fignifications peut
convenir aux géants , donc Moïfe par

le terme de *Rephaim*, a entendu parler
des *géants*. Le mot *Rephaim*, ajoutent-
ils, fignifie auffi dans fa racine les
morts ; or le fentiment de tous les
peuples a été que les ombres des morts
font des phantômes d'une grandeur
extraordinaire ; donc l'écrivain facré ne
pouvoit mieux exprimer une taille gigantefque, qu'en employant le terme
*Rephaim*.

De pareilles objections peuvent être
faites férieufement, car l'empire du
préjugé eft abfolu ; mais peuvent-elles
être entendues de même ? Il n'y a perfonne qui ne fente combien il eft ridicule de
recourir aux étimologies pour déterminer le fens d'un nom propre. Parce
que *Elifabeth* fignifie en hébreu, *blanche
comme les lys*, ofera-t-on affurer que
fainte *Elifabeth* n'étoit pas noire, &
qu'il n'y a aucune Elifabeth dans le
monde chrétien, qui puiffe être noire ?
(a) D'ailleurs quand on pourroit con-



______

(a) Parce qu'il y avoit un peuple de la grande
Phrygie, qui s'appelloit les *col·ffes*, ofera-t-on conclure que chacun de fes individus avoit une taille
colloffale, & faudra-t-il traduire *l'Epitre de faint
Paul aux Géants*.

clure quelque chofe de l'étimologie,
il n'y auroit pas un grand avantage
pour le fentiment des Rabbins : un
peuple peut être *terrible*, épouvanta-
ble par fa force, par fon courage,
par fon air menaçant, ou par fa dif-
formité. Il n'eft pas néceffaire de fuppofer une taille gigantefque. Pour l'objection de l'ombre des morts, nous ne
nous y arréterons pas ; elle n'eft fondée que fur les fables des poëtes, &
fur les erreurs des payens.

Mais le mot *Zuzim*, difent les
Rabbins, fignifie les planches d'une
porte : là-deffus, ils fuppofent que les
portes des maifons de ce peuple étoient
fort élevées, & que la taille des hommes égaloit la hauteur des planches de
leurs portes.

La fureur d'argumenter auroit-elle
fait oublier aux Rabbins, que les *Zu-
zims*, peuple d'Arabie, n'avoient point
de maifons & qu'ils vivoient fous des
tentes & dans des cavernes ? Leur nom
ne pouvoit donc avoir aucun rapport
avec les planches des portes qu'ils ne
connoiffoient pas. Comme on peut le
prouver par le chap. 49. de Jérémie,
verfet 16.

Enfin , ajoutent-ils, le mot *Emim* signifie *terreur* ; donc c'étoient de vrais géants. La conséquence est très mauvaise : Achille n'étoit pas un géant, & il inspiroit seul la terreur à toute une armée.

L'Ecriture sainte nous apprend en quoi ils étoient terribles : on lit au douzieme chapitre des Nombres, „ que „ les *Emims* étoient forts & robustes, „ armés de piques & de boucliers , „ & qu'ils avoient l'air menaçant & „ l'œil ardent comme le lion. „ S'il étoit besoin de rendre raison de l'étimologie du mot *Emim* , en voilà plus qu'il n'en faut, sur-tout vis-à-vis des Israélites qui n'étoient pas bien courageux , & qui d'ailleurs étoient le peuple le plus mal armé qu'on connoisse dans l'histoire ancienne. On pourroit ajouter qu'il n'est pas étonnant que les peuples de *Moab* , de *Basan* & de *Péraé* , fussent terribles & cruels , ils se voyoient attaqués par des étrangers qui sortoient des déserts , pour fondre sur eux , & les dépouiller de leurs possessions; ces Arabes ignoroient les ordres de Dieu contr'eux; il étoit bien naturel qu'ils se défendissent avec fureur.

On fait pluſieurs autres objections de cette eſpece, nous ne les ſuivrons pas en détail ; il ſuffira d'en rapporter encore une qui parmi les Rabbins paſſe pour la p'us forte.

Les eſpions que Moyſe envoya à la découverte de la terre promiſe, ,, rap-,, porterent qu'ils avoient vu les peu-,, ples de *Nephilim*, iſſus des anciens ,, *Onakims*, & que les Iſraélites auprès ,, d'eux n'étoient que des *cigales* ,, On voit évidemment dans cette expreſſion la réponſe d'un eſpion lâche & timide à qui la frayeur a groſſi les objets. Si la taille des Iſraélites étoit au-deſſous de cinq pieds, & que celle des peuples de *Nephilim* fut de cinq pieds cinq pouces ; c'en étoit aſſez pour que les eſpions épouvantés les euſſent crus des géants, & ſe fuſſent regardés auprès d'eux comme des *cigales*. Ces ſortes d'hiperboles ſont ordinaires au peuple qui ne s'énonce jamais avec préciſion, ſur-tout lorſqu'il eſt frappé de terreur.

Après avoir rapporté les traits de l'hiſtorien ſacré qu'on croit les plus déciſifs, en faveur de l'exiſtence des géants ; après avoir démontré que la preuve qu'on prétend en tirer, n'eſt

point dans le fens de l'original, que
c'eft une liberté de la verfion grecque
& de l'interprétation des Rabbins,
l'auteur eft bien fondé à conclure qu'il
n'y a aucun paffage du texte facré,
qui puiffe nous obliger à croire qu'il
y ait eu des peuples de géants. Pour
confirmer fon fentiment, il rapporte
plufieurs traits des hiftoriens propha-
nes, de Tite Live, de Tacite, où le
terme de *grandeur extraordinaire, & au-
deffus du refte des hommes*, ne fignifie
que la fupériorité de force, de courage & d'intrépidité, il en eft de même,
ajoute-t-il, dans l'Ecriture fainte. Bien
plus, le favant Jacques Boulduc, l'homme
le plus verfé dans l'hébreu qu'il y ait
eu, affure qu'il n'y a aucun mot dans
cette langue, qui pris féparément, fignifie géant, & que les mots de *Rephaïm*, *Zuzim*, *Nephitim*, *Enakim*,
*Emim*, font des noms honorifiques qu'on
a donnés avant & après le déluge indifféremment à tous ceux qui fe diftin-
guoient des autres hommes par quelque vertu ou qualité extraordinaire ;
ils répondent exactement à ceux-ci :
*haut, puiffant, illuftre, intrépide, con-
fommé en fageffe & en fainteté :* dans le

temps des premiers fideles on donnoit ces noms aux plus fervents d'entr'eux. Boulduc ajoute que *Anakim* a une signification plus déterminée, on entendoit par-là des Chevaliers qui portoient le collier d'un ordre militaire qu'Abraham inftitua pour entretenir & récompenfer la valeur des guerriers. Quoiqu'il en foit, de cet ordre militaire, il n'eft pas moins conftant que ce n'eft que par une liberté exceffive que le traducteur a rendu les mots de *Rephaïm*, *Emim*, *Enakim*, par celui de géants.

La feconde partie de cet ouvrage, exige moins de difcuffion. Il y a eu, & il y a des hommes dans chaque nation, au-deffus de la taille ordinaire : tel étoit Goliath parmi les Philiftins. L'hiftoire fainte nous a laiffé la mefure exacte de fa taille : il avoit fix coudées & trois palmes de haut. La palme étoit la largeur de quatre doigts. La coudée comprenoit cinq fois la palme ; enforte que la coudée revient à peu près, *au pied de Roi*. Goliath avoit donc environ 6 pieds 7 à 8 pouces, taille qui n'eft pas auffi extraordinaire, puifque nous voyons tous les jours des hommes au-deffus de fix pieds, & que nous avons vu à Paris, il y a sept ans, un homme de 7 pieds 5 pouces 6 lignes. Ce n'eût été donc qu'improprement que Goliath auroit été appellé géant, si on n'eût entendu par ce mot une force extra-ordinaire, plutôt qu'une taille démesu-rée. Il y a aussi des peuples entiers qui sont considérablement plus grands que d'autres peuples. Tels étoient, & sont encore les Germains, par rapport aux peuples d'Italie. Tacite les appelloit *homines immensæ proceritatis.* Si l'on comparoit la beauté & la fierté de la taille Allemande, avec la petitesse & la timidité des Lapons, on appelleroit sans doute les premiers, des géants ; mais que faudroit-il conclure de cette expression ? Rien autre chose, sinon que l'Allemagne a de beaux hommes, & la Laponie des avortons. Le froid & le chaud excessifs, réunis à d'autres accidents du climat, des aliments, des exercices & des mœurs des peuples, empêchent le développement naturel aux parties du corps humain.

La fin de cette dissertation contient une discussion plus curieuse : elle a rapport à l'Histoire naturelle. Il s'agit de vérifier les découvertes qu'on a faites dans tous les pays de prétendus os de géants. Le Chevalier *Hanf-loane* donna le 10 Décembre 1727 une Diſſertation critique, imprimée dans les Mémoires de l'Académie des Sciences de Paris, dans laquelle il détruit toutes ces fables de géants.

On peut conjecturer en général, dit-il, que la plupart des dents ou os de prétendus géants ne ſont en effet que les dents & les os des éléphants, des baleines, de l'hipopotame, ou de quelques autres bêtes, quand même d'ailleurs leur deſcription ne ſeroit pas aſſez étendue pour faire voir préciſément à quel animal ils avoient appartenu. C'eſt un grand préjugé en faveur de cette conjecture, qu'il y a de ces os & de ces dents, qui après avoir paſſé long-temps pour des os & des dents de géant, ont été à la fin après un examen plus exact, reconnus pour des dents & des os d'éléphants ou de baleines. ,, J'ai occaſion d'en fournir quelques ,, exemples. Il n'y a pas long-tmps que ,, l'on montra les os de devant de la na- ,, geoire d'une baleine, pour le ſque- ,, lette de la main d'un géant. J'ai ,, dans mon propre cabinet de la col-

„ lection des animaux & de leurs par-
„ ties , la vertebre d'une grande ba-
„ leine qu'on m'apporta du Comté
„ d'Oxford , où elle fut trouvée dans
„ une carriere , & avoit servi pendant
„ quelque temps d'escabeau au posses-
„ seur. Il est très certain que si l'on
„ avoit fait passer cette vertebre pour
„ la vertebre d'un homme , & si l'on
„ s'étoit servi de la proportion qu'elle
„ a à la vertebre & à d'autres parties
„ du squelette humain pour le fonde-
„ ment d'un calcul , & déterminé la
„ grandeur du squelette entier ; on
„ l'auroit trouvé beaucoup plus grand
„ que n'étoit peut être aucun de ceux
„ dont il est parlé dans l'histoire. „ On
ne sauroit s'empêcher de remarquer
ici que ce seroit un objet bien digne
de l'attention des anatomistes , que de
faire une espece d'anatomie compara-
tive des os ; c'est-à-dire d'observer avec
un peu plus d'exactitude qu'on n'a fait
jusques ici , quels rapports ont entre
eux les squelettes de l'homme & des
animaux, soit par rapport à leur grandeur, ou à leur figure, ou à leur structure, ou enfin à toutes les autres qualités. L'auteur donne ici l'exemple en

comparant cette vertebre de baleine avec celle du squelette humain.

Il en est de même des autres squelettes, tels que ceux de 10, de 20, de 30 coudées dont parle Philostrate, de 46 coudées qu'on trouva selon Pline dans la caverne d'une montagne en Crête, lorsqu'elle fut renversée par un tremblement de terre ; de 60 coudées dont parle Strabon dans sa géographie qui fut trouvée aux environs de Tanger en Mauritanie, & qu'on prit pour le squelette d'Anthée.

Saint Augustin, rempli du préjugé de l'existence des géants, rapporte pour preuve, que lui-même avec plusieurs autres personnes avoit vu à Utique sur le bord de la mer, la dent molaire d'un homme si grande qu'on en auroit pu faire plus d'une centaine de la proportion ordinaire : cependant il avoue, quoiqu'avec peine, que cette dent pourroit bien avoir été celle d'un éléphant ou de quelque bête marine. Mais *Louis Vivés*, dans son commentaire sur ce passage de saint Augustin, rapporte que dans l'Eglise de saint Christophe à Hispella, on lui avoit montré une dent plus grosse que son poignet, & qu'on
prétendoit

prétendoit être la relique de ce grand saint, ce qui ne feroit pas étonnant, puifque l'on montre dans une Eglife à Venife une omoplate d'une grandeur extraordinaire qu'on a reconnu pour l'omoplate du même faint.

Il y a bien de l'apparence que le fquelette d'un prétendu géant qu'on trouva en creufant les fondements d'une maifon proche de Trapani, château en Sicile, & dont Bocace dans fa généalogie des Dieux nous a laiffé une relation, étoit un fquelette éléphantin. Car trois dents qui s'étoient confervées entieres, pefo'ent 100 onces; on trouva auffi une partie du crâne qui avoit affez de capacité pour contenir plufieurs mefures de grain & un os de la jambe fi grand, que l'ayant comparé avec l'os de la jambe d'un homme d'une taille médiocre, on trouva que ce grand géant, que quelques uns prirent pour *Erich*, d'autres pour *Ethellus*, d'autres pour un des *Ciclopes*, d'autres enfin pour *Poliphème* lui-même, devoit avoir eu plus de 200 coudées de hauteur, fur le pied du calcul figuré par le Pere Kirker.

Le favant M. Peyrefch a eu une

belle occasion de détruire ce préjugé où l'on est en faveur de l'existence des géants. En 1630, un Gentilhomme qui demeuroit alors à Tunis, ayant découvert un squelette d'une grandeur prodigieuse, lui en envoya une relation exacte, avec une des dents. Le crâne étoit si grand qu'il contenoit huit meilleroles (mesure de vin en Province) ce qui revenoit à plus d'un muid, mesure de Paris. Quelque temps après un éléphant en vie ayant été montré à Toulon, M. Peyresch donna ordre de l'amener à sa maison de campagne, dans le dessein d'en examiner à loisir les dents, dont il fit prendre l'impression en cire, & trouva par-là que la prétendue dent du géant qui lui avoit été envoyée de Tunis, étoit la dent molaire d'un éléphant.

En 1678, on envoya de Constantinople à Vienne, une dent d'éléphant que l'on offrit de vendre à l'Empereur pour deux mille écus; on prétendoit que pour sa grandeur & son antiquité, elle avoit été estimée ci-devant 40 mille florins, & qu'on l'avoit trouvée aux environs de Jérusalem dans une caverne souterreine fort spacieuse, où il y avoit le tombeau d'un géant, avec cette inscription en caractères chaldaïques : *Ci gît le géant Hog* ; d'où l'on vouloit conjecturer que ç'avoit été la dent de *Hog, Roi de Baſan* qui fut défait avec tout ſon peuple par Moïſe, & qui étoit demeuré ſeul du reſte des Rephaim. Comme le tout avoit l'air d'une impoſture, l'Empereur ordonna qu'on renvoyât cette dent à Conſtantinople.

Tous les genres de preuve ſe réuniſſent donc en faveur de l'auteur de la Diſſertation, pour bannir de l'hiſtoire l'exiſtence des géants, & pour en laiſſer l'honneur à la fable & à la poéſie. Si nous ne ſommes pas redevables à l'Académicien de Berlin de cette vérité, qui étoit aſſez conſtante parmi les ſavants ; nous lui devons du moins ce nouveau degré de certitude, dans laquelle il l'a préſentée en la ſoumettant aux loix d'une critique ſavante & judicieuſe.

F 2

# ACCIDENT
## FUNESTE

*Occasionné par l'infection de l'air renfermé.*



LEs papiers publics de France ont fait mention en divers temps de quelques accidents très fâcheux survenus par l'infection de l'air renfermé. Vers le milieu de l'année 1756, il survint aux environs de Paris un orage considérable ; un payfan de faint Ouën avoit rempli de fumier un trou qu'il avoit fait au milieu de fa cour ; la pluie fut fi abondante que l'eau s'échappa de ce trou, & pénétra dans la cave : ce payfan pour tâcher de conferver fon vin, y defcendit & tomba mort ; fa femme ne le voyant point revenir, fut le chercher ; elle éprouva le même fort ; leurs enfants s'étant apperçus de ce malheur, appellerent du fecours, fix perfonnes entrerent dans

la cave & tomberent avec les mêmes
accidents que ceux que produiroit le
poifon le plus violent : à force de remedes, cinq en réchapperent, mais le
fixieme mourut.

Il eft inutile de citer des exemples
de ces morts fubites occafionnées par
de pareilles infections. On a éprouvé
avec fuccès qu'on peut prévenir ces
cruels accidents, en jetant dans les
lieux infectés de la paille ou toute autre matiere combuftible à laquelle on
aura mis le feu, & de répéter cette
opération plufieurs fois ; elle s'y éteint
d'abord ; mais il faut recommencer
cette manœuvre jufqu'à ce qu'elle y
brûle toute entiere; ce qui arrive quand
l'air extérieur, par le moyen de cette
ventoufe artificielle, a été attiré dans
le fouterrein. Lorfque faute de pareilles précautions il arrivera quelque malheur femblable à ceux dont on vient
de parler ; il faudra avoir recours aux
frictions des bras & des jambes, &
de toutes les parties du corps pour
tâcher de ranimer la circulation ; on
excitera fur-tout les organes de la refpiration par l'éternuement, par l'odeur
des efprits volatils, ou par le moyen

de la fumée de tabac que l'on infi-
nuera par le nez, ou des clifteres avec
la décoction de la même plante : auffi-
tôt qu'on verra revivre le jeu de la
refpiration, on donnera au malade
quelque léger cordial ; c'eft ce qu'on a
vu pratiquer avec fuccès.

# EFFET SINGULIER

## *DU TONNERRE.*

DAns l'été de 1756 un Charretier des environs de Paris se trouva tellement yvre, qu'il fut obligé de se coucher à l'ombre d'un arbre en platte campagne au milieu du chemin ; il s'éleva un orage violent ; le tonnerre tomba sur l'arbre qu'il brûla entiérement, & atteint ce malheureux auquel il fit d'abord entre les deux omoplates une ouverture de 5 à 6 pouces de longueur ; il perça l'habit, la veste & la chemise, & se glissa à droite & à gauche le long du dos, des lombes, des fesses, des cuisses & des jambes, & sortit sous les deux talons. Il brûla d'abord tous les poils qu'il trouva sur son passage ; mais ce qu'il y a de plus singulier, c'est qu'il grilla l'épiderme depuis les omoplates jusqu'aux talons, en le réduisant en petits rouleaux d'égale grosseur, & séparés réguliérement

EFFET
SINGU
LIER DU
TONNER-
RE.

de quatre doigts en quatre doigts les uns des autres. On trouva les souliers de cet homme à dix pas de là, à moitié brûlés, & coupés en morceaux. Ce malheureux sans connoissance se rouloit dans le chemin comme un furieux: des passants le traînerent dans une maison voisine, où il fut saigné deux fois copieusement. La raison revint au malade 36 heures après cet accident, & dès ce moment il commença à ressentir des douleurs très vives, occasionnées par les brûlures que le tonnerre lui avoit faites; après avoir jeté quelque temps beaucoup de sérosités, elles se dissiperent au bout de 15 jours, & le malade fut parfaitement rétabli.

# DESCRIPTION

# D'UN ENFANT

*Né avec trois jambes.*

LA mere de cet enfant (une fille) avant d'être enceinte, étoit attaquée d'une épilepfie, dont elle fut délivrée dès le moment de la conception. L'accouchement en fut laborieux, car cet enfant fe préfenta par les jambes, & fa conformation extraordinaire augmenta beaucoup la difficulté du travail. La mere pendant fa groffeffe avoit joui d'une bonne fanté, & n'avoit jamais eu l'imagination frappée ; à la vérité un jour une chevre qui s'étoit préfentée tout à coup, l'avoit épouvantée.

Le corps de cette petite fille , qui en 1757 avoit un an , reffemble à celui de toutes les autres femmes, le pied furnuméraire eft prefque auffi fort que les autres ; la troifieme jambe eft furmontée d'une tumeur confidérable, féparée exactement par le milieu en

deux parties , elle repréſente aſſez naturellement les feſſes. Poſtérieurement
cette tumeur eſt attachée à l'épine ;
antérieurement elle s'étend juſqu'à la
région Illiaque & aux aînes. Il ne paroît pas par le tact que cette tumeur
ſoit garnie de muſcles ; elle n'a que
les téguments communs qui la recouvrent , & des vaiſſeaux qui rampent à
ſa ſurface , & forment un deſſein aſſez
ſingulier. Cette tumeur eſt extrêmement
molle quand on la touche , de façon
qu'elle ſemble ſuivre tous les mouvements
de la reſpiration ; quand l'enfant pouſſe
quelques cris, elle ſe gonfle extraordinairement ; c'eſt au deſſous de cette groſſeur
contre nature que la jambe eſt attachée.
Dans la partie moyenne & poſtérieure
du fémur, on trouve un enfoncement ;
dans la partie antérieure oppoſée, on voit
une protubérance en forme de verrue.
Les parties molles de la tumeur empêchent le pied de ſe porter en avant ; il
reſte retiré vers le fémur : cependant l'article eſt ſouple, & les jointures ſont mobiles. Le pied n'a que le gros doigt qui
ſoit bien formé ; à la place des autres, on
ne trouve qu'une maſſe charnue, détachée
des articulations , & qui reſte flotante.

# TREMBLEMENT DE TERRE

*Dans le Diſtrict de Myrdahl en Iſlande.*

LOrs des tremblements de terre de 1755 , on en eſſuya un dans le Diſtrict de Myrdahl dans le canton du Skafte-field en Iſlande , qui fut ſuivi d'un phénomene des plus ſurprenants. Les ſecouſſes continuerent pendant trois jours , & on entendit un bruit extraordinaire dans les rochers & dans le volcan de Myrdahl qui eſt dans le voiſinage. Le volcan de Ketlugian , qui eſt auſſi aux environs, vomit quantité de fumée & de flammes. Il ſortit en même temps de ſa bouche , des torrents d'eau & de glace , en ſi grande quantité , que la vallée de Myrdahl qui a quatre ou cinq milles d'Allemagne en quarré , en fut couverte d'eau & de glaçons , dont quelques-uns avoient 30 à 40 aunes d'épaiſſeur. Des voya-

TREMBLE-
MENT DE
TERRE.

geurs qui se trouverent alors dans la vallée, eurent à peine le temps de se réfugier sur les montagnes, où ils furent obligés de rester jusqu'à ce que les eaux & les glaçons se fussent jetés dans la mer.

# OBSERVATION

*Du Sieur COLETTE, Chirurgien à Flemalle-grande, près de Liege, sur les vers qui se trouvent dans le sang.*

JE fus mandé en Juin 1755, chez M. Deſtordeur, dans le village de Souhon, Juriſdiction de la Flemalle-grande, pour y voir ſa ſervante, attaquée d'un point de côté ; ayant examiné ſon indiſpoſition, je jugeai à propos de lui ouvrir la veine au bras du côté où la douleur ſe faiſoit le plus ſentir. Pendant la ſaignée je remarquai que le ſang couloit difficilement, & s'arrêtoit de temps en temps ; je donnai quelques coups avec le doigt ſur le tendon du biceps pour faciliter la ſortie du ſang, qui s'échappoit alors avec plus de force ; j'apperçus en même temps quelques corps étrangers que je ne pus d'abord diſtinguer ; un demi - quart d'heure après, j'examinai le ſang de la malade que je trouvai coëueux, & j'apperçus dans la partie féreufe quatre vers vivants, portant 2 pouces de long, 2 lignes un quart de large, & d'un rouge foncé. Quelques années auparavant j'avois faigné un Anglois, & j'avois trouvé dans fon fang un ver de pareille grandeur.

Il y a quelque temps qu'une fille du village de Cancit, âgée d'environ 20 ans, étant attaquée d'une fievre intermittente, vint me confulter ; je lui ordonnai un vomitif par le fecours duquel elle rendit vingt hannetons vivants, & tout de fuite elle fe trouva guérie. Il eft à préfumer que cette fille avoit mangé quelque fruit ou de la falade chargée de la femence de cette efpece d'infectes, que la chaleur de l'eftomac avoit fait éclorre.

Les faits dont le fieur Colette rend compte, font très familiers. On a fouvent trouvé de pareils vers dans le fang ; on a encore avalé des femences d'infectes qui ont caufé dans l'eftomac des ravages affreux, & qui même ont donné la mort.

Un Particulier de Verfailles fouffroit des douleurs d'eftomac fi violentes, qu'elles ruinerent totalement sa santé ; on employa inutilement toute forte de remedes : après qu'il fut mort, on ouvrit le cadavre, & l'on trouva dans l'eftomac un crapaud vivant, d'une groffeur confidérable : le fait eft attefté & configné dans plufieurs Journaux.

# OBSERVATION

*SUR DES VERS, SORTIS DE l'aîne d'une payſanne ; par M. LE BEAU fils, Doĉteur en Médecine au Pont de Beau-voiſin.*



UNe payſanne, âgée de 45 ans, d'une conſtitution maîgre, & qui n'avoit jamais été malade, eut à l'aîne droite directement au deſſus du ligament de fallope, & au milieu de la ligne tirée de l'os pubis à l'os des iles, une tumeur qui vint inſenſiblement à la groſſeur d'une petite pomme, avec les attributs des phlegmons : la partie exterieure en étoit rongée, renitente, douloureuſe ; la tumeur & la douleur s'étendoient même dans toute la partie intérieure de la cuiſſe, & paroiſſoient répondre aux lombes du même côté. Elle dura une quinzaine de jours, après elle parut ſe réſoudre naturellement, de façon qu'il n'y reſtoit qu'un germe ; peu de jours après elle reparut comme ci-devant.

ci-devant. On y appliqua du favon & de l'huile, ce qui augmenta confidé rablement les douleurs ; l'épiderme de la tumeur s'enleva, le gonflement augmenta en s'étendant vers la cuiffe, & fans y avoir de fuppuration louable. Il fuinta pendant huit jours une férofité fanguinolente, par plufieurs petits trous. La tumeur fe diffipa infenfiblement, il n'y reftoit qu'une petite dureté ; les douleurs avoient ceffé, lorfque la malade en fentit tout à coup, comme fi on lui avoit percé le ventre, avec un chatouillement extérieur qui l'engagea à examiner la tumeur, d'où elle vit fortir une pointe mouvante par un des petits trous ; elle appella quelqu'un qui vit que c'étoit un ver, & le tira avec affez de peine ; il étoit du genre de ceux qu'on nomme *lumbrici*, de la groffeur du petit doigt d'un adulte, & long de fept pouces.

Il n'eft forti ni avant ni après le ver aucune matiere de la nature des inteftinales ; les douleurs cefferent alors, & la malade reprit fon travail ordinaire : dans l'efpace de fix femaines, il en parut encore trois moins gros, qui pour fortir, pouffoient au dehors la

Vers sorti de l'aine.

*Tome V.*　　　　　　　　G

croute qui bouchoit le petit trou qui étoit resté.

La cicatrice s'est perfectionnée quinze jours après la sortie du dernier ver, & il n'a resté extérieurement aucun vestige de la maladie : on y sent seulement une espece de dureté. *Tulpius* dans son recueil d'observations fournit un exemple du même événement.

# ABRÉGÉ

## DE

## L'HISTOIRE NATURELLE.

## DE BORNHOLM.

*Bornholm* est une isle de la mer Baltique, sous la domination du Roi de Dannemarck, qu'il possede à titre de Souveraineté héréditaire.

Cette isle est à 7 milles d'Ysted en Scanie & à 16 milles de la Selande : sa longueur passe 6 milles de Dannemarck sur 3 milles de largeur. Elle est bordée de rochers escarpés : on ne peut y aborder que du côté septentrional, encore l'accès en est-il extrêmement difficile & très bien défendu par de bonnes batteries : on n'y voit que des montagnes & des rochers.

Ce qu'il y a de plus remarquable dans toute cette isle, est un endroit marécageux rempli, à deux ou trois toifes en avant dans la terre, de pieds d'arbre d'une groffeur extrême qui fe touchent ; il y a de gros chênes couchés les uns fur les autres, dont quelques-uns ont la racine plus élevée que la cime : on en emploie aux ouvrages de menuiferie : on y trouve encore des fapins foffiles fur leur pied, dont la plupart font d'un bleu foncé, on s'en fert pour divers uftenciles de cuifine (a).

Dans un lieu appelé *Peersker-fong*, on voit une carriere de marbre au milieu duquel on trouve fouvent une efpece de caillou rond qui donne de véritables diamants, auffi beaux & auffi précieux que ceux qui viennent des Indes ; la feue Reine *Louife* en avoit une aigrette admirable.

Les animaux ne different en rien de ceux de tout le nord : le gibier y eft rare : une efpece d'infecte qu'on appelle le *ferpent d'acier*, y eft très commune ; ce ferpent eft très dangereux, il brille comme le criftal ou l'acier

______________

(a) On eft curieux de favoir pourquoi l'on trouve fous terre tant de fapins encore fur pied, tandis qu'il n'en croît plus dans cette ifle ; pourquoi cette quantité de chenes abattus, &c.

poli ; qu'on coupe son corps en plusieurs morceaux, chaque partie a son mouvement & s'échappe avec rapidité.

Parmi les volatiles, il y a une espece d'oiseaux qu'on appelle *Raager* ; ils disparoissent vers la saint Michel, & reviennent ordinairement vers la fin de Février. Ils se tiennent quelque temps au bord de la mer ; ce n'est qu'un mois après qu'ils se perchent sur les arbres où ils font leurs nids. Ils multiplient extrêmement ; leur couleur est noire & brillante ; ils n'approchent jamais des cadavres. Les serpents & les insectes en général leur servent de pâture. Comme ils en trouvent beaucoup dans la terre, ils ont très grand soin de suivre pas à pas le laboureur, afin de manger ceux que le sillon met à découvert : ils ne dédaignent point le grain, dont ils font aussi leur nourriture, dès qu'il commence à mûrir, ce qui fait un tort considérable à la récolte. Le gouvernement voulant se garantir de ce petit fléau, il fut ordonné que chaque paysan paieroit une redevance de tant de têtes de ces oiseaux ; le nombre en diminua sensiblement ; mais aussi celui des insectes qui leur ſervent de pâture au printemps, augmenta ſi conſidérablement, & le ravage qu'ils faiſoient aux moiſſons & aux plantes étoit ſi grand, qu'on fut obligé de ſupprimer l'impôt des têtes de *Raagers*, & d'en ménager l'eſpece. Ces inſulaires mangent avec plaiſir ces oiſeaux dont la chair a le même goût que celle du pigeon ; mais elle n'eſt pas auſſi délicate (*b*).

---

(*b*) On eſt redevable de cet ouvrage écrit en Danois à M. *Thura*, Major général & Intendant des Bâtiments du Roi, dejà connu par deux autres Ouvrages intitules : *Vitruvius Danicus* & l'*Hafnia hodierna*.

# QUELQUES OBSERVATIONS
# SUR L'HISTOIRE
# *NATURELLE.*

LA nature est si variée dans ses phénomenes & si digne de nos recherches, qu'on ne sauroit avoir trop d'empressement à communiquer aux curieux les singularités qu'elle nous offre de temps en temps. Si l'on faisoit un mystere au public de certains événements par la crainte de proposer des observations qui paroissent d'abord ridicules, il pourroit arriver que nous perdrions pour toujours la chaîne des phénomenes, dont la connoissance tient quelquefois aux plus petites choses. Il n'y a rien à négliger dans les caprices de la nature; elle se montre plus à découvert dans ses bisarreries que dans ses voies ordinaires.

On sait que la naissance des crapauds a souvent étonné les observateurs;

quelquefois on en a trouvé en vie dans le cœur d'un tronc d'arbre, sans pouvoir découvrir de quelle maniere ils y avoient pu pénétrer, ou comment ils y auroient pu naître. On en a trouvé quelquefois dans le cœur d'un bloc de pierre ; souvent on en a vu tomber des nuées au milieu d'une pluie d'orage ; ces faits sont connus, en voici un qui ne l'étoit pas jusqu'à ce jour.

Crapaud vivant dans un œuf.

Le 17 Mai 1757, à *Brigh-vvell* en Angleterre, la fille d'un fermier apporta des œufs de canne pour régaler la famille : un de ces œufs étoit extraordinairement gros, & tacheté de petites marques bleues & noires ; les enfants se disputoient le plaisir de le manger ; aucun d'eux ne vouloit le céder à l'autre ; le fermier le fit tirer au sort pour les accorder, & pour éviter les petites jalousies Celui à qui il échut, ne se possédoit pas de joie ; ceux au contraire que le sort avoit exclus, le regardoient avec avidité, & le dévoroient des yeux. Toute la famille étoit assemblée ; on va casser cet œuf en leur présence pour le faire cuire, on ne doutoit pas qu'il n'y eût deux jaunes dedans ( ce qui arrive

quelquefois ) ; mais quel étonnement !
au lieu de deux jaunes ils apperçoi
vent un crapaud vivant qui remplilloit
la cavité de la coque. La jaloufie de
la petite famille, après le premier moment de furprife, fe change en joie.
Le fermier dont l'étonnement fut plus
grand parce qu'il étoit plus raifonnable, appella fes voifins qui ne furent
pas moins étonnés que lui. Plufieurs
perfonnes judicieufes ont vu ce phénomene, & celui qui en a envoyé le détail, affure en avoir été témoin oculaire, & en conféquence il communi-
qua cette fingularité à tous les auteurs
des papiers publics de Londres. Pour
nous, ( difent les auteurs du Journal
enciclopédique ) nous n'en fommes
point garants ; nous dirons feulement
que fi le fait eft vrai, il eft très fingulier, & qu'il mérite attention ; fi
c'eft un tour d'adreffe du fermier pour
guérir de bonne heure fes enfants de
la jaloufie, il eft très ingénieux ; dans
l'un & l'autre cas il mérite d'être ra-
conté.

Crapaud
vivant
dans un
oeuf.

# RAT AVEUGLE

## *NOURRI PAR D'AUTRES RATS.*

RAT
AVEUGLE
NOURRI
PAR
D'AUTRES
RATS.

M. *Joseph Purdevu*, premier aide du Chirurgien Major du *Lancastre*, vaisseau de guerre de Sa Majesté Britannique, observateur aussi vrai qu'exact & judicieux, écrivit l'anecdote suivante de Spitead à un de ses amis de Londres, en date du 12 Avril 1757.

,, J'étois ce matin dans mon lit à
,, lire ; j'ai été interrompu tout à coup
,, par un bruit semblable à celui que
,, font les rats qui grimpent entre une
,, double cloison , & qui tâchent de
,, la percer : le bruit cessoit quelques
,, moments, & recommençoit ensuite.
,, Je n'étois qu'à deux pieds de la
,, cloison , j'observois attentivement.
,, Je vis paroître un rat sur le bord
,, d'un trou, il regarde sans faire au-
,, cun bruit, & ayant apperçu ce qui
,, lui convenoit, il se retire : un instant
,, après je le vis reparoître, il con-

„ duifoit par l'oreille un autre rat
„ plus gros que lui, & qui paroiffoit
„ vieux : l'ayant laiffé fur le bord du trou,
„ un autre jeune rat fe joint à lui,
„ ils parcourent la chambre, ramaffent
„ des miettes de bifcuit, qui au fou-
„ per de la veille étoient tombées de
„ la table, & les porterent à celui
„ qu'ils avoient laiffé fur le bord du
„ trou. Cette attention dans ces ani-
„ maux m'étonna. J'obfervois toujours
„ avec plus de foin. J'apperçus que
„ l'animal auquel les deux autres por-
„ toient à manger, étoit aveugle, &
„ ne trouvoit qu'en tâtonnant le bif-
„ cuit qu'on lui préfentoit. Je ne doutai
„ plus que les deux jeunes ne fuffent
„ fes enfants, qui étoient les pour-
„ voyeurs fideles & affidus d'un pere
„ aveugle. J'admirois en moi-même
„ la fageffe de la nature qui a mis
„ dans tous les animaux une intime
„ tendreffe, une reconnoiffance, je
„ dirois prefque une vertu proportion-
„ née à leurs facultés. Dès ce moment
„ ces animaux abhorrés fembloient
„ devenir mes amis. Ils me donnoient
„ pour me conduire en pareil cas des
„ leçons que je n'aurois pas fouvent

RAT<br>AVEUGLE<br>NOURRI<br>PAR<br>D'AUTRES<br>RATS.

RAT
AVEUGLE
NOURRI
PAR
D'AUTRES
RATS

,, trouvées chez les hommes. J'étois
,, dans une rêverie agréable , admi-
,, rant toujours ces petits animaux que
,, je craignois qu'on n'interrompît. Le
,, Chirurgien major entre dans ce mo-
,, ment : les deux jeunes rats firent un
,, cri pour avertir l'aveugle , & mal-
,, gré leur frayeur ne voulurent pas
,, fe fauver , que le vieux ne fût en
,, fûreté : ils rentrerent à fa fuite , &
,, lui fervoient pour ainfi dire d'arriere-
,, garde.

# DESCRIPTION D'UN MONSTRE
## CICLOPE.

**M.** *Eller*, Docteur en Médecine, de l'Académie Royale de Berlin, a donné la Description d'un monstre ciclope né à Berlin le 19 de Février 1755. C'étoit un fœtus mâle de *huit à neuf ans*, dont la tête énorme & le visage étoient affreux. Au milieu d'un large & vaste front, il avoit l'œil bien fendu, grand, mais tortu, plutôt rougeâtre que blanc, enfoncé dans un trou quarré sans être couvert de sourcils ou de paupieres. Le regard en étoit farouche & menaçant : immédiatement au dessous de cet œil se trouvoit une excrescence assez épaisse & cilindrique, qui représentoit au naturel une espece de verge pourvue d'un canal ouvert en forme d'urêtre, d'un gland, d'un prépuce, qui, à cause de sa situation, couvroit la plus grande partie de cet œil. La peau extérieure de la tête couverte de cheveux, étoit tout à fait détachée de la partie postérieure du crâne, de sorte qu'elle formoit une espece de calotte ou de bonnet large retroussé qui descendoit au-delà de la nuque. La longueur de ce monstre étoit de 2 pieds 4 pouces ; & la tête seule étoit d'un pied 3 lignes en y comprenant la coëffe. La couleur du visage étoit d'un beau rouge, sur-tout du côté gauche ; le côté droit se montroit pâle & maigre ; la levre supérieure étoit épaisse & grande, & la joue droite descendoit plus bas que l'autre. L'œil décrit ci-dessus étoit placé 4 ou 5 lignes au dessus de la bouche : le trou qui le contenoit étoit d'une figure rhomboïde (*a*) ; il avoit quatre paupieres, savoir, l'une supérieure droite & gauche, & l'autre inférieure droite & gauche, séparées par quatre angles dont le premier étoit en-haut, le deuxieme au bas, le troisieme à droite & le quatrieme à gauche. Les paupieres n'étant pas assez larges, laissoient à découvert l'œil, dont le globe étoit

(*a*) Le lozange ou rhombe est un quarré qui a deux angles aigus & deux obtus.

plus grand que l'œil ordinaire d'un enfant nouvellement né ; il étoit pourvu de deux glandes lacrimales, dont l'une un peu plus grande, se trouvoit à l'angle droit, & l'autre dans la gauche de l'orbite, &c.

Nous n'entrerons pas dans le détail de la description ultérieure de cette tête monstrueuse, qui cependant renferme beaucoup de singularités : nous renvoyons le lecteur aux observations de Médecine, où tout est parfaitement détaillé. Il nous a paru qu'il y avoit une petite contradiction dans le fait, à le suivre tel qu'on nous l'a donné dans ce recueil. C'étoit, dit-on, un fœtus mâle de 8 à 9 ans ; & plus bas on assure que la mere de ce monstre (pauvre femme, épouse du nommé *Horrach*, ouvrier en laine à Berlin) *après un accouchement très laborieux, fut délivrée de cet enfant monstrueux dans le neuvieme mois de sa grossesse, ayant déjà mis au monde deux enfants pleins de vie & de santé, pendant un mariage de cinq ans.* Si elle étoit dans le neuvieme mois de sa grossesse, le fœtus monstrueux n'avoit pas 8 à 9 ans.

# COLLECTION

## ACADÉMIQUE, (*a*)

*Composée des Mémoires, Actes ou Journaux des plus célebres Académies & Sociétés littéraires étrangeres, des extraits des meilleurs Ouvrages périodiques, des Traités particuliers & des Pieces fugitives les plus rares, concernant l'Histoire naturelle & la Botanique, la Physique expérimentale & la Chymie, la Médecine & l'Anatomie, traduits en François & mis en ordre par une Société de gens de Lettres.*

COLLEC-
TION
ACADÉ-
MIQUE.

ON doit considérer cet ouvrage comme un vaste dépôt des principales richesses de l'esprit humain, où l'on consigne aujourd'hui les raisonnements,

(*a*) C'est le tome 4 de la partie étrangere, & le premier volume de l'Histoire naturelle séparée.

l'étonnement

l'étonnement & l'admiration de tous ceux qui d'un œil pénétrant & hardi ont su fixer les merveilles ou les caprices de la nature. On jugera de l'immensité de cet édifice par les matériaux qu'on y emploie : 1°. le supplément des *Transactions philosophiques* de Londres jusqu'en 1685 ; 2°. le supplément des *Ephémerides d'Allemagne* jusqu'en 1686 ; 3°. l'extrait de la sixieme année de la seconde décurie des mêmes éphémerides ; 4°. l'extrait du *Journal littéraire de l'Abbé Nazarri* ; 5°. l'extrait des actes de *Copenhague* en entier ; 6°. l'extrait de la Dissertation de *Stenon*, *de solido intrà solidum naturaliter contento*, &c. 7°. l'extrait de toutes les Œuvres de *François Redi* ; 8°. l'extrait de l'Ouvrage de *Wilis*, intitulé *de animâ brutorum*.

Il eût été à souhaiter, dit l'éditeur, que l'immensité de ce plan eût permis de réunir méthodiquement sous autant de titres séparés, tout ce qui a été dit ou pensé sur chaque point d'Histoire naturelle, de physique expérimentale & de médecine : mais sans insister sur la difficulté d'avoir continuellement sous les yeux un millier de volumes,

( & il n'en faudroit pas moins pour débrouiller ce cahos, ) il se contente de faire sentir que la nature des ouvrages qu'embrasse la *collection*, ne comporte pas une telle méthode, & que l'ordre chronologique qu'il a dû suivre, a ses avantages.

Nous nous soumettrons ( disent les auteurs du Journal encyclopédique) à la même distribution ; nous nous arrêterons d'abord aux objets les plus curieux tirés du supplément des transactions philosphiques, & le lecteur aura la bonté de se souvenir que tout ce qu'on rapporte, est authentique & appuyé de citations que nous supprimerons, parce qu'elles nous meneroient trop loin.

# PARTICULARITÉS

### SUR

## LES EAUX D'APONE

### *PRÈS DE PADOUE.*

LEs eaux des bains d'Apone près de Padoue, font chaudes, ont une odeur défagréable, & rendent une grande quantité de très beau fel, dont les habitants font ufage : on le recueille ainfi : après le coucher du foleil, on agite dans cette eau des morceaux de bois, le fel s'y attache, & on le re- tire par petits morceaux, d'une blan- cheur parfaite; il ne perd jamais fa faveur; mais celui qu'on tire des pierres, du gravier & de la terre au travers defquels paffent les ruiffeaux qui def- cendent de ces bains, n'a aucun goût de fel, quoiqu'il reffemble par la confi- guration & la couleur, à celui qu'on recueille avec les morceaux de bois.



H 2

# OBSERVATION

## *SUR DEUX HÉRISSONS.*

OBSERVA-
TION SUR
DEUX HE'-
RISSONS.

M. *Temple* affure qu'ayant ouvert deux hériffons, il en détacha le cœur dont le fiftole & le diaftole continue-rent deux heures entieres , quoique ces cœurs fuffent expofés au froid fur une fenêtre , & dans une affiette de fayance. La diftance entre les diaftoles fut inégale ; le mouvement en fut très grand pendant une demi-heure ; il di-minua fenfiblement & ceffa tout à fait au bout de deux heures ; il ne put ja-mais le réveiller avec la pointe d'une aiguille , quoique pendant la demi-heure précédente , ces cœurs euffent éprouvé une convulfion à chaque pi-quûre.

# VAPEURS
## ENFLAMMÉES
### *DES MINES.*

*LA collection philosophique de Robert Hook*, qui eſt à la ſuite des tranſactions philoſophiques, ne contient qu'une lettre de M. *Jean Beaumont* ſur les vapeurs enflammées des mines. Suivant cette lettre qui contient quelques particularités ſur les mines, il y a une mine près des montagnes de Mendippe, dont la veine de charbon de terre ſe diviſe en pluſieurs branches, & s'étend à la diſtance de 4 milles vers l'orient. Cette veine dont on tire beaucoup de charbon, exhale continuellement des vapeurs enflammées qui ont été très funeſtes à beaucoup de perſonnes ; quelques-unes ont été élevées du fond de la mine juſqu'à ſon ouverture ; & quelquefois l'effort de ces vapeurs a été ſi violent, que l'eſſieu du cabeſtan placé

VAPEURS<br>ENFLAM-<br>ME'ES DES<br>MINES.

H 3

**VAPEURS ENFLAMMÉES DES MINES.**

sur cette ouverture, en a été emporté. Pour éviter ces malheurs, on entretient, autant qu'il est possible, un courant d'air dans ces souterreins, &c. Les vapeurs qui ne sont, à ce qu'on prétend, qu'un esprit sulphureux également répandu dans tout l'intérieur de ces mines, s'enflamme lorsqu'on y porte une chandelle allumée.

# DIRECTION

## DES MINES D'AIMANT

### *Du Pays-bas de Devonshire.*

CE favant a obfervé que les veines des mines d'aimant qu'on trouve au pays-bas de Devonshire, tant celles où l'aimant eft difperfé çà & là par petits fragments, *que celles où l'on en trouve en grandes maffes & uni à la mine de fer, font toutes dirigées de l'eft à l'oueft, ce qui détruit l'opinion de ceux qui prétendent que l'aimant doit fa direction polaire à la direction qu'il avoit originairement dans la mine.*

MINES
D'AIMANT
DE DE-
VONSHIRE.

---

# EPHÉMERIDES

# DES CURIEUX

## *DE LA NATURE.*



AVant de préfenter tous les prodiges ou les caprices de la nature, épars dans les *ephémerides des curieux de la nature d'Allemagne*, & que les favants de Dijon ont réunis fous un même point de vue, nous donnerons une idée de ce corps célebre qui les compofoit, d'après les auteurs mêmes de la collection académique.

Avant que la Société Royale de Londres eût publié fes Mémoires (en 1665) M. *Baufch*, Médecin d'Allemagne, „ zélé pour les progrès de fon art, avoit „ tenté ce que les Empereurs auroient dû „ faire. Il imagina de former une Aca- „ démie difperfée des plus habiles mé- „ decins de l'Europe, & d'établir entre „ eux une correfpondance perpétuelle „ de découvertes & d'obfervations.

,, C'étoit une espece d'Académie uni-
,, verselle qui embrassoit, pour ainsi
,, dire, toutes les autres Académies,
,, puisque la plupart de ses membres
,, appartenoient aux sociétés les plus
,, célebres.

,, En 1670, elle mit au jour le premier
,, volume de ses Mémoires sous ce titre :
,, *Ephémerides de l'Académie des curieux*
,, *de la nature d'Allemagne*, & ce volume
,, a été suivi d'un grand nombre d'au-
,, tres jusqu'à ce jour. En 1687, l'Em-
,, pereur Léopold voulant encourager
,, cet établissement, le confirma par
,, des Lettres - patentes sous le titre
,, d'*Académie Impériale des curieux de*
,, *la nature*. Cinq ans après il lui ac-
,, corda de nouvelles prérogatives, &
,, il attacha à la place de Président,
,, ainsi qu'à celle de Directeur, la no-
,, blesse avec le titre de Comte du saint
,, Empire.

,, Les éphémerides ont eu trois pé-
,, riodes remarquables : d'abord elles
,, furent divisées par *décuries*, ensuite
,, par *centuries*, & enfin elles ont pris
,, le titre de Mémoires de physique &
,, de médecine ( *Acta physico-medica* ).
,, A toutes ces époques l'ouvrage a

„ acquis de nouveaux degrés de per-
„ fection. Chaque *décurie* ( il y en a
„ eu trois ) étoit compofée de dix vo-
„ lumes immenfes où quelques faits
„ bien obfervés , étoient noyés dans
„ une quantité de raifonnements , de
„ citations & de fables. On corrigea
„ dans les *centuries* une bonne partie
„ de ces défauts , & les Mémoires de
„ phyfique & de médecine ont été re-
„ cueillis avec encore plus de difcer-
„ nement & de foin. ,,

Après avoir fait connoître ce corps
célebre , paffons rapidement aux objets
les plus finguliers qui fe trouvent dans
cet article , en leur confervant autant
qu'il eft poffible dans une fimple no-
tice , *le caractere original que leur a
imprimé l'obfervateur* ; & que les auteurs
de cette collection ont ménagé avec
tant d'adreffe & de foins.

# SUPPLÉMENT
# DES EPHÉMERIDES
## *DES CURIEUX*
## DE LA NATURE (*a*).
### *HOMMES MARINS.*

IL parut en 1669, auprès du port de Coppenhague une fyrene qui fut apperçue du rivage par plufieurs perfonnes dignes de foi ; quoiqu'elles ne fuffent point d'accord fur la couleur de fes cheveux , toutes convinrent qu'elle avoit le vifage d'un homme fans barbe. Jonfton parle d'une Néréide

HOMMES MARINS.

---

(*a*) On aura la bonté de fe rappeller, qu'il a déjà paru ci devant plufieurs tomes de cette collection auxquels nous n'avons pas cru devoir remonter ; & que ce fupplément eft la fuite de ce qui a été préfenté dans ces volumes. Comme les faits font tous détachés , on peut aifément s'arrêter aux volumes qui paroîtront fucceffivement.

qui fut prife en 1403 , dans un lac de Hollande où la mer l'avoit jetée. Elle fouffrit qu'on l'habillât , elle fe nourrit de pain & de lait , & apprit à filer ; mais elle demeura toujours muette. Des Danois prétendoient avoir rencontré , en revenant de la Norwege à Coppenhague , une efpece d'homme à longue barbe , qui fe promenoit fur la mer , tenant fous fon bras une gerbe de *gramen* ; on reconnut qu'il avoit des pieds : cet homme fingulier s'étoit laiffé prendre à l'hameçon ; il fut tiré à bord du vaiffeau ; mais comme il proféra quelques paroles , & qu'il menaça de faire périr le vaiffeau , on lui rendit la liberté ( *a* ). Un Capitaine Anglois , nommé *Schmit* , vit en 1614 , dans la nouvelle Angleterre , une fyrene d'une grande beauté ; elle ne cédoit en rien aux plus belles femmes ; des cheveux bleus flottoient fur fes épaules ; mais la partie inférieure , en commençant à la région umbilicale , ref-

---

( *a* ) Les auteurs de cette collection difent qu'on auroit dû apprendre dans quel idiome cet homme s'énonçoit.

sembloit à la queue d'un poisson. Mon-
conys dans son voyage d'Egypte fait
aussi mention de ces hommes marins
semblables aux poissons par la partie
inférieure de leur corps, & aux hommes par la partie supérieure, à la ré-
serve que les doigts des mains sont
unis ensemble par une membrane comme les pieds des oies, ou comme les
aîles des chauve-souris.

HOMMES MARINS.

# OBSERVATIONS

## SUR L'ALOES.

OBSERVA-
TIONS SUR
L'ALOES.

ON croyoit autrefois que l'Aloës ne fleurissoit que dans sa centieme année ; mais suivant *Sachs de Levvenheim*, il y en a eu un en Silésie qui a fleuri au bout de trente & un an , & un autre en Misnie dans la cinquante-sixieme année. On prétendoit encore que la tige de cette plante au moment de son éruption éclatoit avec tant de fracas que la terre trembloit, & que les lieux voisins en étoient ébranlés ; cependant l'éruption de ces deux aloës se fit sans aucune explosion ; du moins un troisieme aloës qui fleurit à Gottorp, dans le Duché de Holstein , ne la produisit point ; Daniel Major l'assure avec d'autant plus de confiance , qu'il donna toute son attention pour découvrir la vérité de ce phénomene.

# MINE

## DE GUTTEMBERG.

ON sait que la Boheme est abondante en mines ; il y en a une à Guttemberg très riche qui se divise en neuf veines , ( *la mine du commissaire* ) dont le minéral est mêlangé d'argent & de cuivre ; on descend par un puits aux souterreins qu'on a creusés, pour arriver à ces neuf veines. L'eau qui s'amasse dans ce puits est si chargée de parties métalliques & de suc pétrifiant, que non seulement elle a converti en pierre les échelles qui étoient de bois , mais que l'eau courante à laquelle on a pratiqué des canaux , forme au dedans de ceux-ci d'autres canaux qui sont comme une matiere tartareuse dont on auroit enduit les premiers.

# MONTAGNES
## *DE GRENAT.*

Monta-
gnes de
grenat.

DAns la vallée de saint Joachim, sur les confins de la Boheme & de la Misnie, il y a des montagnes de grenat : tout y est plein de ces pierres ; on en voit une grande quantité sur la surface de la terre, mais de nulle valeur, ayant été calcinées par la chaleur du soleil. Pour avoir des grenats de quelque prix, il faut fouiller la terre de ces montagnes ; car il paroît qu'une certaine humidité est nécessaire pour les conserver ; on assure que cent de ces pierres contiennent quelques onces d'argent fin.

ARBRE

# ARBRE PÉTRIFIÉ.

Dans une des mines de la vallée de saint Joachim, qu'on appelle la mine de *sainte Susanne*, on voit un arbre pétrifié, dont on distingue très bien l'écorce, les branches & les racines ; la figure de cet arbre, la direction de ses fibres, font présumer que c'étoit autrefois un chêne.

# MINE D'ÉTAIN.



A Deux milles de la vallée de faint
Joachim, eſt un village fort élevé,
continuellement enſeveli dans les nuées
& les brouillards ; ce village eſt ſi
pauvre, ſon territoire ſi ſtérile, qu'un
oiſeau n'y trouveroit pas de quoi ſubſiſter ; on n'y voit ni herbes ni brouſ-
ſailles, ni arbres ni arbriſſeaux ; ſes
habitants ne connoiſſent que trois ſai-
ſons de l'année, ils n'ont jamais ſenti
les chaleurs de l'été ; l'air y eſt toujours froid & humide ; la terre eſt re-
vêtue d'une maſſe de *gramen* extrêmement püante, au deſſous de laquelle
eſt une terre argilleuſe, qu'on lave
pour en retirer une mine d'étain qui
eſt noire & peſante, & qui en fournit trois ou quatre onces ſur vingt
livres de terre.

# RICHE VEINE
## D'ÉTAIN.

IL y a à *Schaleckenvvaeld* une veine d'étain si riche, qu'à quelque profondeur qu'on ait creusé la terre, on n'a jamais pu en trouver la fin ; plus on creuse, plus la mine est riche, & ce qu'il y a de plus surprenant, c'est qu'à mesure qu'on fouille dans le bas, le minéral se reproduit dans le haut.

# VERS LUMINEUX.



M. *Grimem* raconte qu'étant fur les côtes de Coromandel à la campagne, il apperçut un foir quelque chofe de lumineux ; s'étant approché de plus près, il obferva un certain mouvement; n'ayant voulu rien toucher, il attendit que le jour parût, il reconnut alors que c'étoit des vers qui rendoient la clarté qu'il avoit apperçue ; ils étoient de couleur d'écarlate, roulés & entaffés les uns fur les autres ; ils n'avoient ni pieds ni aîles ; en ayant pris quelques-uns avec la terre fur laquelle ils étoient, il les enferma dans une phiole de verre. L'obfervateur affure qne pendant un mois entier, ils rendirent tant de clarté, qu'à la faveur de cette lumiere feule, il pouvoit lire.

# ROMARINS

## *BIEN CONSERVÉS.*

ENtre plusieurs choses très curieuses qui se trouvent dans la partie d'Histoire naturelle, (*décurie* 2) nous voyons qu'en 1687, en faisant une fosse dans le cimetiere saint Nicolas de la ville de Gorlitz, les fossoyeurs trouverent une couronne de romarin bien conservée & encore verte : on reconnut que c'étoit la couronne d'une jeune fille qui avoit été enterrée 50 ans auparavant ; le cordon qui avoit servi pour attacher cette couronne aux cheveux de cette jeune fille, avoit aussi été préservé de la pourriture. Au reste nous trouvons dans quelques naturalistes qu'il est arrivé que le romarin qu'on mettoit quelquefois dans des cercueils, avoit tellement crû, qu'il en avoit tapissé tout l'intérieur. L'Empereur Honnorius étant sur le point de se marier avec la fille de Stilicon, cette jeune



I 3

ROMA-
RINS BIEN
CONSER-
VE'S.

fille mourut subitement avant ses nôces;
il demanda la sœur de la défunte ; il
l'obtint, & elle mourut aussi avant la
consommation du mariage ; les parents
de ces jeunes filles les inhumerent avec
beaucoup de pompe & de magnificence.
En jetant les fondations de saint Pierre
de Rome, 1118 après, on trouva le
caveau où ces jeunes filles avoient été
déposées, on porta au Pape toutes les
richesses qui y étoient renfermées, qui
font encore (1687) en très bon état,
à l'exception des perles qui étoient si
tendres, qu'elles s'écrasoient facilement
entre les doigts.

# ŒUFS LUMINEUX.

L'An 1642, depuis le 12 Juillet jufqu'au 20 de Septembre, on a vu cinq œufs pondus à *Uime* par cinq différentes poules, & qui portoient fur leur coque l'image d'un foleil à treize rayons, deffinée affez réguliérement : quelques-uns prétendoient même que l'un de ces œufs avoit paru lumineux. M. Paulin affure que fon pere, entrant de nuit dans une chambre où il favoit qu'il ne pouvoit point y avoir de lumiere, fut fort furpris d'en appercevoir une très vive, à l'aide de laquelle il pouvoit diftinguer les objets ; s'approchant de plus près, il reconnut que cette clarté venoit de quelques œufs que couvoit une poule blanche, fécondée par un coq très ardent, lefquels étoient devenus lumineux.

ᕙᕗᕙ

I 4

# OBSERVATIONS

## *SUR UNE VIGNE.*



LE sieur *Krieg* ayant planté au mois de Mars quelques boutures de vignes, dont il appuya la plus foible avec un bâton de bouleau desséché, épais de trois pouces, & coupé depuis plus de sept mois, environ deux mois après, tous les ceps de vigne avoient déjà des feuilles sur leur premiere pousse, excepté celui qui étoit soutenu par le bâton de bouleau, lequel poussoit très lentement ; le maître commençoit à en désespérer, lorsqu'il apperçut une pousse de vigne sortir du bâton de bouleau, & qui parvint dans le printemps jusqu'à 24 lignes, chargée de 12 à 15 feuilles très petites, qui trois mois après se flétrirent & tomberent desséchées. La vigne étant morte, on arracha le bâton & le cep ; on trouva que la racine du cep étoit fortement attachée à la partie inférieure du bâton ; qu'elle s'étoit insérée dans sa substance , & que par un jeu de la nature elle avoit fourni une partie de sa seve à ce bois sec.

# REMARQUES

## SUR

## *LE POISSON NEUNAGE.*

POISSON
NEUNAGE.

ON pourroit confidérer comme un thermometre vivant un certain poiſſon qu'on appelle en Allemand *neunage*. Il eſt aſſez reſſemblant à la lamproie ; il y en a dans les fleuves, & plus communément dans les endroits marécageux ; on le tient enfermé dans un bocal de verre, & on ne lui donne pour toute nourriture qu'un peu de ſable & de l'eau de riviere ou de pluie ; il faut avoir ſoin de renouveller l'eau deux ou trois fois la ſemaine. Quand la température de l'air doit changer, on voit ce poiſſon inquiet & s'agiter dans ſon bocal la veille du changement, ou ſeulement une demi-journée auparavant ; il avertit même quelquefois par une ſorte de ſiffle-ment quand il y a une tempête ſubite à craindre, ou le tonnerre, ou quelque chose de semblable. On peut le garder pendant l'hiver dans le poële, pourvu qu'on le place près de la fenêtre.

POISSON<br>NEUNAGE.

# ANIMAUX
# *REMARQUABLES.*



*CLauder* avance qu'on a pris une chevrette qui avoit des cornes recouvertes de poils comme les refaits d'un cerf, offeufes & compofées de plufieurs pieces contigues & arrondies. On affure encore qu'un gentilhomme avoit pris aux environs de *Setz* un lievre qui avoit des cornes. *Paullin* foutient avoir vu dans le Duché de Holftein une oie mâle qui avoit fur la tête une petite corne pointue. Une femme du Comté de *Pinneberg* nourriffoit un chat qui avoit de chaque côté, près des oreilles, une excroiffance dure & d'une vraie fubftance de corne. On fit préfent dans la haute Saxe, à Chriftine, Ducheffe de Saxe, d'un corbeau qui avoit des cornes. Un habitant de Venife avoit chez lui un pigeon à deux têtes & trois aîles.

# OBSERVATIONS
## SUR L'ARBRE
### APPELLÉ LE CAUSCHY.

LEs Japonnois ont un arbre appellé le *Caufchy* dont ils font le papier : ils coupent le tronc fort près de terre pour faire pouffer des rejettons aux racines, & quand ces rejettons ont un pouce de groffeur, ils les coupent & les lient en de gros fagots qui ont trois pieds de hauteur, & qui en contiennent cinq fois autant qu'un homme en peut prendre entre fes bras : ils les font bouillir enfuite dans une grande chaudiere pleine d'eau jufqu'à ce que l'écorce fe fépare aifément du bois ; ils la font fécher ; étant bien defféchée, ils la mettent dans une chaudiere pleine d'eau de pluie, & la font bouillir pendant 24 heures avec les cendres du bois des rejettons : ils la lavent enfuite pour en ôter toutes les cendres ; ils nétoient la chaudiere, & font bouillir une troisieme fois cette écorce dans une eau très pure, en l'agitant souvent avec un bâton, jusqu'à ce qu'elle se mette en bouillie : ils la triturent ensuite dans des mortiers de bois avec des pilons de même matiere, après quoi ils la mettent dans des boëtes quarrées, & la recouvrent de petites planches qu'ils chargent de très grosses pierres, pour en exprimer toute l'eau : enfin ils la divisent dans des especes de moules de cuivre. Les autres opérations sont les mêmes que dans nos papeteries.

# RÉFLÉXIONS

## SUR

## *LES FAITS PRÉCÉDENTS.*

RE'FLE'-
XIONS SUR
LES FAITS
PRE'CE'-
DENTS.

LEs favants auxquels nous fommes redevables de cette collection , ont foin de prévenir ainfi le public : ,, fi ,, parmi les fingularités dont nous ,, avons fait ufage , il s'en trouve ,, quelques - unes d'incroyables , ou ,, même qui paroiffent abfurdes , tout ,, lecteur équitable ne nous l'impute- ,, ra point. Nous n'avons pas dû pren- ,, dre notre opinion pour regle dans ,, le choix des faits , mais donner tous ,, ceux qui ont pour garants des ob- ,, fervateurs dignes de foi ; c'eft la ,, regle que nous avons fuivie & que ,, nous fuivrons toujours , perfuadés ,, qu'il eft téméraire de juger de ce ,, qui eft , d'après ce que l'on conçoit ,, poffible. Au contraire , en Hiftoire ,, naturelle comme en Phyfique , ce

Re'fle'-
xions sur
les faits
prece'-
dents.

,, qui eft, & non ce que l'on con-
,, çoit, eft la véritable mefure du
,, poffible, & l'on ne peut être trop
,, réfervé à prononcer l'impoffibilité
,, d'un fait qui paffe nos connoif-
,, fances.

JOURNAL

# JOURNAL

## *DE L'ABBÉ NAZARI.*

LE Journal de l'Abbé Nazari, qui parut en Italie en 1668, fut à peine sorti de son berceau, qu'il toucha à sa fin : le peu d'articles qu'on en a tirés, prouve que la république des Lettres ne fit point alors une grande perte.

JOURNAL DE L'ABBÉ NAZARI.

Parmi les articles de ce Journal il n'y en a que six qu'on ait cru dignes de figurer dans cet ouvrage, nous n'en présenterons que deux qui rentrent l'un dans l'autre, & dont nous ne ferons qu'un article.

# SQUELETTE
## *PRODIGIEUX.*



ON découvrit dans un jardin de la haute Calabre un bâtiment dont l'enceinte étoit très vaste, environnée de plusieurs appartements, & une voûte peu élevée qui formoit une espece de grotte où l'on trouva des os dont la figure étoit extrêmement semblable à celle des os humains, mais dont la grandeur prouvoit qu'ils avoient appartenus à un homme d'une taille gigantesque (*a*). Le squelette entier avoit 18 pieds romains de longueur. Il étoit couché sur une très grosse masse d'une matiere bitumineuse, semblable à de la poix : les ouvriers en détacherent plus de 300 livres. Il est très vraisem-

(*a*) Voyez à la fin du tome quatrieme la dissertation historique & critique sur les géants, où l'on démontre ce qu'il faut croire sur cette matiere.

blable que c'étoit avec cette mixtion, quelle qu'elle soit, que ce cadave avoit été embaumé. Ce squelette, ajoute-t on, étoit peut être celui d'un éléphant. Est-ce qu'on auroit accordé à cet animal les honneurs de l'embaumement? Il est vrai que nous avons vu une Dame de distinction faire inhumer son chat avec tous les ornements & toute la pompe qu'exige l'attachement le plus tendre & en même temps le plus extravagant.



Des ouvriers creusant des fondements au pied du mont saint Julien en Sicile, découvrirent une grotte où ils trouverent un grand cadavre assis qui tomba en poussiere dès qu'on le toucha. De quatre dents molaires, qu'on garde à Rome dans le célebre cabinet des Barberins, trois resterent attachées à la partie antérieure & entiere du crâne qui égale en capacité plusieurs muids de Sicile. On a trouvé dans le siecle dernier auprès d'un ancien temple qui est à peu de distance de la ville d'Ancone, douze cadavres entiers séparés les uns des autres; le premier qui étoit un peu éloigné, avoit dix palmes romaines de longueur & ses dents étoient extrêmement semblables à celles d'un gros cheval.

# MÉMOIRES

# DE L'ACADÉMIE

## DE COPPENHAGUE.



LE recueil des Mémoires de l'Académie de Coppenhague est dû principalement aux soins de Thomas Bartholin, le premier des Danois qui ait donné des observations de médecine. Son projet, dit·on , étoit d'abord de faire une collection qui embrasât tous les genres de science ; mais effrayé par l'immensité de l'entreprise , il se borna aux différentes parties de la médecine & aux connoissances qui y avoient un rapport immédiat : c'est ce recueil qui a paru sous le titre *d'Actes de Coppenhague* , & dans lequel les auteurs de la collection ont trouvé une abondante moisson.

L'extrait des Mémoires de l'Académie de Coppenhague qui forme la plus grande partie de cette collection, nous offre des faits bien curieux quant à la partie de l'Histoire naturelle. Nous nous arrêterons à ceux qui demanderont le moins de discussion, & qui seront les plus dignes de la curiosité des lecteurs.

# OBSERVATIONS
## *SUR LE MUSC.*



SElon *Fallope* , le musc n'est autre chose qu'un sang corrompu, épais, noirâtre, contenu dans deux ou plusieurs abscès qui se forment naturellement sous la peau d'un certain animal des Indes appellé la *Gaselle*. On lie avec un fil cet abcès, ou plutôt cette tumeur, pour la faire tomber, & la séparer du reste de la peau, & c'est cette poche ainsi séparée, qu'on nous apporte avec le musc qu'elle contient. D'autres prétendent que ces abscès sont causés par les coups dont les chasseurs accablent l'animal, jusqu'à ce que le sang s'épanche sous la peau en forme de poche qu'ils ont soin de nouer avec un fil bien serré, & de couper ensuite pendant que l'animal est encore vivant: le Docteur Bartholin soutient que ce sang amassé par une cause violente, auroit une odeur fétide, au lieu d'une odeur agréable.

Voici l'hiftoire de l'animal qui produit le mufc, telle qu'on la donne
d'après Scaliger. Au royaume de Pegu
on trouve un animal blanc femblable
à la gafelle. Il a aux deux côtés de la
mâchoire inférieure des dents faillan-
tes ou des efpeces de défenfes : il fe
forme fous fon ventre une tumeur où
le fang s'amaffe. Quand on a pris l'a-
nimal, on coupe cette tumeur qu'on
emporte avec la peau. On reçoit, ou
bien on ramaffe avec foin les gouttes
de fang qui tombent dans l'opération, & on les conferve précieufement:
c'eft le mufc le meilleur & le plus
parfait, pour donner de l'odeur au
refte du fang. La tumeur étant cou-
pée, on applique les fangfues à l'animal, jufqu'à ce qu'elles aient tiré tout
fon fang, & que l'animal meure : enfuite on fait fécher ce fang qui eft
forti le premier : on prétend qu'il n'en
faut qu'une centieme partie de celui-
ci. On le ferre enfuite dans de petites bourfes, telles qu'on nous les
apporte.

OBSERVA-<br>TIONS SUR<br>LE MUSC.

K 4

# CULTURE

## *DU THÉ.*

 ON seme la graine du thé au Japon dans les environs du mois de Février : pour cela l'on fait dans une bonne terre une fosse ronde de la profondeur de 8 pouces ou à peu près, dans laquelle on jette pêle mêle 40 à 50 graines, après quoi l'on remplit la fosse, & on la couvre de paillassons, lorsque le froid se fait sentir. Ces graines produisent 6, 8, & jusqu'à 14 arbrisseaux qu'on laisse croître tous ensemble ; les touffes les plus épaisses, & dont les tiges s'élevent le plus, font celles dont on fait le plus de cas. Ces arbrisseaux excedent rarement la hauteur de 4 à 5 pieds ; on ne les transplante point, & on les laisse pendant trois ans avant que d'en cueillir les feuilles, ce qui se fait communément au mois d'Avril : voici ce qu'on observe soit pour les cueillir, soit pour

les préparer. Le thé ne perd point ſes
feuilles pendant l'hiver ; mais il en pouſſe
au mois d'Avril de nouvelles qui ſont
d'un beau verd , & les meilleures ; on
les diſtingue aiſément des anciennes ,
dont la couleur eſt jaunâtre. Après
qu'elles ont été cueillies dans le moment le plus chaud du jour , on les
fait deſſécher dans un pot de fer deſ-
tiné à ce ſeul uſage ; on les remue
ſans ceſſe avec la main juſqu'à ce
qu'elles ſoient fanées ; on les étend
enſuite ſur une natte bien propre , ou
ſur du papier où on les évente. Bien
refroidies on les met dans un vaiſſeau
de Bambou , dont le fond eſt plat ,
& contre lequel on les frotte avec les
mains juſqu'à ce qu'elles ſoient rou-
lées ; on les fait paſſer juſqu'à quatre
fois par différents pots en diminuant
la chaleur ſucceſſivement & par degré ,
juſqu'à ce qu'elles ſoient aſſez riſſo-
lées. Au bout de ſix jours on les tire
du dernier vaiſſeau , & l'on choiſit les
feuilles les plus petites & les plus déliées qui paſſent pour les meilleures.
On les fait deſſécher pour la derniere
fois dans un cinquieme pot , en obſervant toujours le même procédé ,

après quoi elles peuvent se conserver un an entier.

En Europe, on ne prend donc le thé que quand il a perdu sa vertu ; car enfin il est rare qu'on y fasse usage de celui de l'année. Nous aurions desiré quelque éclaircissement à ce sujet.

# ODORATS

## SINGULIERS.

NOus trouvons ici quelques faits singuliers sur le sens de l'odorat, & qui méritent d'être connus. *Mamurra*, selon *Martial*, ne confultoit que fon nez, pour favoir fi le cuivre qu'on lui préfentoit étoit de Corinthe. Des marchands Indiens ne font que fentir une piece de monnoie pour connoître fon titre. *Marco Marci* dit qu'un Religieux de Prague à qui l'on donnoit une chofe à fentir, diftinguoit au nez avec autant de certitude que le meilleur chien, par qui elle avoit été·maniée. Le même auteur ajoute *ce Religieux diftinguoit à l'odeur les femmes impudiques.* Pour acquérir une connoiffance fi parfaite, il falloit néceffairement que fon miniftere l'eût fouvent rapproché de ces fortes de femmes. Quelque fat ( car ce fiecle en eft plein ) dira peut-être que ce Religieux étoit bien dangereux dans la société, ou que c'étoit l'effet du hazard, & que les mœurs sembloient se prêter à la découverte de ce Moine. Laissons cette espece se dédommager un peu du mépris dont la société l'accable; ce qu'elle peut dire, ne tire jamais à conséquence que vis-à-vis de ses semblables; car entr'eux les fats ne se connoissent jamais, l'instinct les rapproche, la nécessité les lie & leurs ridicules se marient tellement ensemble, qu'on diroit qu'ils n'ont qu'une même ame. Chose singuliere! On ne verra jamais un fat isolé. Revenons à notre objet.

Les guides que l'on prend sur la route de Smirne ou d'Alep à Babylone, annoncent avec certitude le chemin qui reste à faire pour arriver dans cette derniere ville, en flairant seulement le sable. Peut-être, ajoute l'observateur, jugent-ils de cet éloignement par l'odeur qui exhale des petites plantes ou des racines mêlées parmi ce sable.

# REMARQUES

## SUR

## LES DIAMANTS.

La production du diamant n'est point affectée à certains pays particuliers ; on en trouvera vraisemblablement partout où se rencontrera l'eau la plus pure, la plus homogene, & dans un repos plus parfait ; car telle est la matiere du diamant, ou du moins celle qui contribue le plus à sa formation. Il y a dans différents endroits de l'Angleterre & de la France, certains cailloux noirâtres qui renferment de très petits diamants. Quelquefois il y en a dans le même caillou deux joints ensemble dont les angles & les pointes se distinguent aisément, quoique d'une petitesse extrême : on en trouve aussi dans du marbre. Aux Indes il y a des pierres précieuses jusqu'au sein des rochers les plus durs. L'opinion où l'on a été

de tout temps , que le feu ne fait aucune impreſſion ſur le diamant, a été
démentie par les nouvelles expériences:
cette pierre ne ſe liquéfie pas à la vérité , quoiqu'expoſée même pendant une
demi-heure aux miroirs ardents les plus
actifs, tel que celui de *Vilette* ; mais
elle perd ſon éclat, & elle ſe couvre
de quelques taches opaques de couleur
violette.

# TROUPEAUX

## *DE BETES MARINES.*

PLusieurs personnes ont vu aux environs de Coppenhague & dans d'autres endroits du nord, des troupeaux de bêtes marines qu'on appelle en Allemand *Strand-oder-meervich*, elles n'ont point de poil, elles font de différentes couleurs ; la tête est armée de cornes comme celle de nos vaches dont elles different cependant en ce que leur queue a la forme d'un éventail. Le taureau marin qu'elles ont parmi elles, se mêle quelquefois avec les vaches des habitants, & les petits qui naissent de cet accouplement, gagnent le rivage peu de temps après leur naissance, & vont se précipiter dans la mer. Un voyageur qui fait mention de l'éventail, qu'un des principaux Officiers du Roi de Perse agite pendant le repas de ce Prince pour lui donner de l'air, dit que cet éventail vient des Indes, & qu'il est

TROU-
PEAUX DE
BETES MA-
RINES.

compofé de quelque partie du corps d'une bête marine. Un autre voyageur rapporte qu'aux environs du Cap de bonne efpérance dans le golfe de *Taffel-Bay*, on voit des chevaux marins autrement appellés hippopotames, qui ont les pieds fourchus & la tête de bœuf; il ajoute que de temps à autre ils fe promenent fur le rivage de la mer, où ils fe nourriffent d'herbes; que les peintres Indiens emploient le fang de ces animaux parmi leurs couleurs, & qu'on fait ufage de leurs dents contre les maux des dents.

*PARTICULARITÉS*

# PARTICULARITÉS

## DES ISLES

## DE FEROË.

La description des isles de Feroë par *Lucas Jacob Debes*, a fourni à l'observateur Danois beaucoup de faits d'Histoire naturelle ; nous allons rapporter ceux qui nous paroissent les plus intéressants. Après avoir parlé des maladies qui regnent dans cette isle, il fait connoître tout ce qui sert à la nourriture de ses habitants. Les brebis y paissent d'elles-mêmes ; elles restent toujours dans les champs ; en hiver elles sont quelquefois toutes couvertes de neige, & on ne pourroit les trouver, s'il ne s'élevoit de l'endroit où elles sont, une vapeur qui avertit les paysans de les aller délivrer. Il leur arrive de demeurer un mois sous les neiges, & elles sont obligées, pour se nourrir, de brouter jusqu'aux racines

MOUTONS.

MOUTONS. des herbes, & même de se manger la laine les unes aux autres. Les plus forts moutons trouvent quelquefois le moyen de se faire une issue par laquelle les autres s'échappent aussi. Accoutumés au froid, les premieres chaleurs leur sont mortelles. On va à la chasse de ces animaux avec des chiens. Dans la partie septentrionale de cette isle, la plupart des brebis sont blanches, & noires dans la partie méridionale; les premieres le deviennent aussi lorsqu'on les y transporte.

COR-
BEAUX.

Le corbeau est de tous les oiseaux de proie le plus commun & le plus redoutable aux brebis; ce qui fait qu'on lui donne la chasse; tous les ans chaque habitant est obligé de porter à la chambre de Justice un bec de corbeau, on brûle tous ces becs ensemble. Il y a une amende pour ceux qui manquent de fournir leur contingent. Les corbeaux de cette isle, ainsi que ceux d'Islande, sont ou tout blancs, ou mêlés de blanc & de noir. Etant jeunes, on leur coupe le filet de la langue quand on veut leur apprendre à parler. L'observateur en avoit un chez lui qu'il tenoit quelquefois deux heures entieres sur ses genoux, sans que l'oiseau se lassât d'écouter & de caqueter. Le lendemain matin il ne manquoit pas de répéter tout ce qu'il avoit appris la veille, en épellant syllabe par syllabe, jusqu'à ce qu'il eût prononcé distinctement les mots, précisément comme les enfants apprennent à lire.

La mer de Feroë abonde en poissons de toute espece. Il y en a une qu'on appelle *phoques* : ce poisson est gros comme un bœuf. Il a sa retraite dans les creux & les cavernes des rochers, où il fait ses petits. On va les prendre avec de petites barques qui peuvent à peine entrer dans ces antres étroits. Les vieux ont l'adresse d'esquiver le coup de massue : mais pour peu qu'on les touche, ils ne font point de résistance, & présentent la gorge au couteau. On en a égorgé quelquefois jusqu'à 50 dans un jour. Leur cuir sert à faire des souliers ; la chair est bonne à manger.

On voit assez communément des baleines de différente grosseur sur les côtes de l'isle de Feroë ; les pêcheurs n'osent attaquer les plus grosses. La plus dangereuſe de toutes les eſpeces eſt le *Told-vval* , qui culbute ſouvent leurs barques , ou qui les ſouleve en paſſant par deſſous , & les ſoutient ſur ſon dos comme ſur un rocher. On a trouvé le ſecret de les éloigner en cachant du caſtoreum entre des planches , ſur le devant de leurs barques ; cette drogue les fait couler à fond comme une pierre. Au défaut du caſtoreum, on ſe ſert de copeaux de bois de genievre qui produit le même effet. On attribue la cauſe de ce fait à la ſubtilité de l'odorat de cet animal & à l'odeur forte & déſagréable du caſtoreum ou du genievre.

# EAUX MINÉRALES
# DE BATHZ
## EN ANGLETERRE.

Les eaux minérales de Bathz en Angleterre, ont la propriété de dorer l'argent ; on ne sait si cette vertu vient de la qualité du fond ; mais il est constant, dit-on, qu'après avoir tiré de la vase les pieces d'argent qu'on y jete, si on les frotte plusieurs fois, on leur voit prendre la couleur de l'or.

Eaux de Bathz.

# EXTRAIT

## DE LA

## DISSERTATION

## DE STENON, (*a*)

*Sur les corps solides qui se trouvent naturellement contenus dans d'autres corps solides.*

CORPS
SOLIDES
DANS
D'AUTRES
CORPS
SOLIDES.

ON voit dans cette Dissertation de bonnes expériences & des réfléxions heureuses qui jetent le plus grand jour sur la géographie physique : je remarque, dit cet auteur, que dans les sciences naturelles les doutes semblent ger-

---

(*a*) Stenon avoit fait ses études à Coppenhague sous les yeux de Bartholin qui l'associa ensuite à ses travaux ; il passa à Leyde où il se perfectionna dans l'anatomie, il parcourut ensuite l'Allemagne savante & se rendit à Paris où son mérite perça bientôt, & le mit en liaison avec les grands hommer fous la plume des écrivains , fe multiplier par les efforts même que l'on fait pour les écarter.

Après avoir confidéré en général la queftion du folide renfermé dans le folide , Stenon paffe à l'examen de plufieurs corps folides trouvés dans la terre , & qui ont été le fujet d'un grand nombre de difputes : telles font les incruftations, les fédiments, les corps anguleux , les coquilles & autres dépouilles des animaux de la mer & les figures des plantes. Après avoir parlé des couches terreufes ou lits horifontaux , de l'origine des montagnes , des différents fluides qui fortent de l'inté-

CORPS SOLIDES DANS D'AUTRES CORPS SOLIDES.

mes qui fleuriffoient alors : le célebre Evêque de Meaux fut du nombre , & tâcha de faire la conquête de Stenon à la Religion Catholique. Ce philofophe ne l'embraffa que lorfqu'après plufieurs voyages en Allemagne & en Italie , il fe fût fixé à la Cour du grand Duc Ferdinand II qui lui confia l'education de fon petit-fils. Stenon fut éleve à l'Epifcopat , & fur la fin de fes jours fe livrant entiérement à tout fon zele pour la religion , il alla de ville en ville pour convertir les Luthériens : Munfter , l'Electorat d'Hannovre & le Duché de Mekelbourg furent le théatre de fes miffions jufqu'en 1686, temps de fa mort; fon corps fut tranfporté de Hambourg à Florence où il fut inhumé dans le tombeau des grands Ducs.

rieur des montagnes, des pierres de diverses couleurs & des minéraux, il s'arrête au criftal, dont il ne prétend pas déterminer la formation dans fa premiere origine ; des phyficiens modernes croient que ce phénomene s'opere dans la nature de la même maniere, & fuivant les mêmes loix, que la criftalifation des fels dans le laboratoire du chymifte. Stenon fe contente de déterminer quel eft le lieu du criftal dans le temps où il reçoit un nouvel accroiffement qui arrive, felon lui, par la juxta-pofition, c'eft-à-dire par l'application fucceffive & réguliere d'une matiere nouvelle aux plants extérieurs du criftal déjà formé, & non par une efpece de végétation ou de nutrition. Le diamant fe forme dans le même lieu & de la même maniere que le criftal, c'eft à-dire dans le fluide contenu dans des cavités de rochers, quoiqu'un célebre écrivain, ajoute Stenon, ait prétendu que les diamants renaiffoient au bout d'un certain temps de la même terre d'où on les avoit tirés. Des marcaffites l'auteur paffe aux coquilles qui tiennent un rang confidérable parmi les corps folides naturellement renfermés dans d'autres corps folides ; il n'en eft point qui fe trouvent en plus grande abondance, ni dont l'origine foit moins incertaine. Il fait d'abord connoître celles qu'on tire de la mer, & enfuite celles qu'on trouve dans les entrailles des montagnes. Ce détail nous paroît très intéreflant furtout pour ceux qui s'attachent à l'Hiftoire naturelle. On découvre des coquilles, qui, felon l'auteur, ont été produites dans des temps voifins du déluge univerfel. Voici comme il prétend le prouver. „ Il eft „ inconteftable que la ville de Vol-„ terre étoit déjà florifante lors de la „ fondation de Rome : or dans de „ grands quartiers de pierres tirés de „ ruines très anciennes de cette ville, „ on trouve toutes fortes de coquilles, „ lefquelles étoient par conféquent „ formées dans le temps qu'on com-„ mença à bâtir Volterre : mais ce ne „ font pas feulement les coquilles pé-„ trifiées ou celles qui étoient renfer-„ mées dans la pierre qui fe font con-„ fervées pendant fi long-temps ; tout „ le côteau fur lequel eft bâtie cette „ ville ancienne, eft compofé de dif-

CORPS
SOLIDES
DANS
D'AUTRES
CORPS
SOLIDES.

„ férentes couches de sédiments ma-
„ rins posés parallelement à l'horison,
„ & l'on trouve dans ces lits strati-
„ fiés, & qui ne sont point pierreux,
„ une grande abondance de coquilles
„ véritables qui n'ont souffert aucune
„ altération : il y a donc 3000 ans &
„ plus que les coquilles non altérées
„ & bien conservées qu'on trouve dans
„ ce côteau, existent ; car l'on compte
„ depuis la fondation de Rome jus-
„ qu'à nos jours ( 1669 ) 2420 ans :
„ il a fallu plusieurs siecles pour que
„ les premiers hommes qui fixerent
„ leur demeure sur ce côteau, chan-
„ geassent leur habitation en une ville
„ florissante : ajoutez à cela le temps
„ qui s'est écoulé depuis celui où la
„ mer a déposé sa premiere couche
„ de sédiment qui a été le premier lit
„ du côté de Volterre, jusqu'au temps
„ où la mer a abandonné ce côteau
„ qu'elle avoit formé , & jusqu'au
„ temps où ce nouveau terrein a com-
„ mencé d'être habité , il sera facile
„ de remonter à l'époque du déluge.
„ C'est aussi un fait attesté par
„ l'histoire que ces ossements que l'on
„ trouve dans la terre aux environs

„ d'Arezzo, s'y font confervés pen-
„ dant 19 fiecles : car il eft certain,
„ 1°. qu'ils n'ont point appartenu à
„ des animaux de ce climat. 2°. Qu'An-
„ nibal paffa par cet endroit, avant
„ d'arriver au lac Trafymene, où il
„ défit les Romains. 3°. Que ce Gé-
„ néral avoit dans fon armée des
„ bêtes de fomme d'Afrique & des
„ éléphants qui portoient des tours
„ chargées de foldats. 4°. Qu'il per-
„ dit un grand nombre de ces ani-
„ maux en defcendant les montagnes
„ de Féfule (*a*) & en marchant dans
„ des lieux marécageux & inondés par
„ les pluies. 5°. Que le terrein d'où
„ on tire ces offements, eft formé de
„ plufieurs couches remplies de pierres
„ que les torrents ont détachées &
„ entraînées des montagnes voifines.
„ Ainfi les preuves hiftoriques confir-
„ mées par l'infpection des lieux &

---

(*a*) Le favant qui a détruit cette differtation obferve très judicieufement *qu'il ne reftoit à Annibal
qu'un feul elephant qu'il montoit ordinairement ; depuis la bataille de Tresbie : c'eft fur les bords de
cette riviere qu'on devroit trouver des fquelettes d'éléphants en abondance.*

„ par la nature même des os foſſiles „ qu'on y trouve, ne permettent pas „ de douter que ces os ne ſe ſoient „ conſervés pendant plus de 19 ſiecles. On voit par ce que nous venons de rapporter que le ſyſtême d'un célebre naturaliſte de ce ſiecle n'eſt pas auſſi neuf qu'on auroit pu le croire.

L'article qui regarde les plantes ou les ſubſtances végétables que l'on tire des couches terreuſes, ou de l'intérieur des rochers, eſt très curieux quoique très court.

# OBSERVATIONS

## *DE RHEDI.*

S'Il eſt vrai qu'aucun objet n'échappe aujourd'hui aux yeux des obſervateurs, quelle obligation n'a-t-on pas à ceux qui recherchent les plus utiles & les plus intéreſſants pour l'humanité ; & quelle reconnoiſſance ne devons-nous pas à Rhedi (*a*) qui a tourné toutes ſes vues à détruire les abus que la charlatanerie & l'ignorance avoient introduit dans la médecine. Ce qui caractériſe principalement cet obſervateur,



---

(*a*) François Rhedi avoit étudié la Philoſophie à Piſe ; il ſe lia à Florence avec Stenon ; ils firent pluſieurs obſervations en commun. Rhedi qui s'etoit eſſentiellement attaché à la marche de la nature dans la formation de ſes plus petits ouvrages, s'apperçut de bonne heure des abus que la charlatanerie & l'ignorance avoient introduit dans la médecine ; il employa une méthode nouvelle auſſi ſimple que facile d'arrêter les maladies. Egalement cher aux gens de Lettres & à ſes concitoyens, il mourut à Piſe en 1697.

„ c'eſt une ſage incrédulité à l'égard
„ du merveilleux, une grande atten-
„ tion à détruire les erreurs établies,
„ une ſagacité ſinguliere à obſerver la
„ marche de la nature dans la for-
„ mation de ſes plus petits ouvrages,
„ & une bonne foi ſcrupuleuſe à faire
„ l'hiſtoire de ce qu'il a obſervé. „



Dans ſes expériences ſur la *généra-tion des inſectes*, il préſente d'abord
tous les ſyſtêmes ou plutôt les rêves
des anciens philoſophes ſur la génération des êtres vivants, ce qui le conduit naturellement à la formation des
inſectes, à leur développement, leur
transformation, à la connoiſſance
exacte de ceux qui ſont nuiſibles à
l'eſpece humaine, & à la maniere de
parer les malheurs & déſordres que
ſouvent ils cauſent. Nous ne pouvons
ici qu'inviter les lecteurs à jeter les yeux
ſur ce qu'il dit principalement des vers,
& ſur les expériences curieuſes que ce
ſavant a faites pour trouver le véritable remede pour les détruire ; on verra
combien ceux qu'on ordonne familié-
ment, ſont inutiles ou dangereux,
objet important & qui mérite une extrême attention.

Quelle foule d'objets curieux & in-
téreffants ne voit-on pas dans fes *obfervations fur les animaux vivants qui
fe trouvent dans les animaux vivans.*

Les expériences utiles ont conduit ce
favant à d'autres expériences qui ne
font pas moins curieufes ; il a voulu
éprouver combien de temps les animaux pouvoient vivre fans boire ni
manger. Quelques chiens ont vécu 34
& 36 jours ; une civette, une hiene
odoriférante refta dix jours ; un chat
fauvage & une gafelle en vécurent
vingt , & un taiffon un mois entier
pendant l'hiver ; un grand lézard d'A-
frique huit mois ; des viperes jufqu'à
dix mois , & des torrues terreftres jufqu'à dix-huit mois. Il eft vrai , ajoute
cet obfervateur , que ces trois dernieres efpeces d'animaux paffent ordinairement l'hiver fans manger , ou du
moins ils mangent très peu & très rarement. On n'imagineroit pas , continue t-il , combien les parties intérieu-
res fe trouvent belles & faines , dans
les animaux qui font morts de faim ;
d'où l'on peut conclure que la diette
bien réglée eft le meilleur remede pour
tenir en bon état les vifceres du corps

de l'homme, pour dégorger les canaux les plus entortillés, & pour faciliter la circulation.

Parmi les productions des Indes auxquelles l'opinion publique attribue des propriétés merveilleuses sur la foi des voyageurs, il y a certaines pierres qui se trouvent, dit-on, dans la tête d'un serpent des Indes extrêmement venimeux ; on prétend que ces pierres sont très bonnes contre tous les venins. Rhedi fait voir par des expériences réitérées qu'on a abusé à cet égard de la crédulité du public. Il combat avec force la manœuvre odieuse des charlatans qui pour faire valoir leurs contre-poisons, mangent des scorpions, la tête & le fiel des viperes ; le peuple, dit-il, qui ne sait pas que ces choses prises par la bouche, ne sont pas des poisons, croit que ces gens n'évitent la mort que par la vertu de leurs antidotes, & que c'est aussi par ce moyen qu'ils se font mordre impunément par des viperes, tandis que c'est seulement parce qu'ils ont eu soin auparavant d'ôter les dents à ces animaux, de leur nétoyer la bouche, le palais & la gorge, & de déchirer les vésicules

des

des gencives où réside la liqueur jaune qui est le venin de la vipere : d'au-tres avalent, sans beaucoup de danger les corrosifs les plus forts, comme l'arsenic & le sublimé, moyennant la précaution de se remplir d'abord l'esto-mac de certaines pâtisseries fort onc-tueuses, & ensuite de se faire vomir aussi-tôt ce qu'ils ont avalé de corrosif.



Quoique l'huile de tabac soit un des plus violents poisons, comme il résulte de toutes les expériences que Rhedi rapporte ; il dit sur la foi des voyageurs, que dans le Brésil le re-mede le plus usité pour les blessures, est le suc de tabac frais, ou de feuilles de tabac ; que les Indiens guérissent les blessures faites par les fleches em-poisonnées des Cannibales avec ce suc. Plusieurs personnes mâchent tous les matins beaucoup de tabac & l'avalent sans inconvénient, au moins apparent ; & cependant la moindre goutte d'huile de tabac qui entre dans l'estomac, cause des accidents mortels. Ceux qui savent la maniere de faire l'huile de tabac, continue cet observateur, doi-vent être encore plus surpris de ce que tant de gens prennent impunément par

**HUILE DE TABAC.** la bouche la fumée de tabac, & s'en abreuvent tellement le palais & les parties voisines, qu'ils la rejetent au dehors, par les yeux, par les oreilles & par les narines. Cependant je ne crois pas qu'il y ait du danger à fumer, & l'on ne doit point être susceptible des craintes que Rhedi voudroit inspirer aux fumeurs.

**OS D'UN POISSON.** Avec quel soin ne releve-t-il pas la plupart des fables des voyageurs, & sur-tout ce qu'on raconte au sujet d'un certain poisson qu'on trouve, à ce qu'on prétend, dans les mers du Brésil : il a la face d'une femme ; ses os, à ce qu'on dit, ont la vertu d'arrêter toute espece d'hémorragie, lorsqu'on les porte sur soi, de maniere qu'ils touchent immédiatement la chair : un de ces voyageurs assure que ces os sont si froids, que si une personne en touche un, tandis qu'on lui tire du sang, le sang s'arrête à l'instant, & se coagule dans la veine ; il ajoute que ces os sont aussi très utiles contre l'incontinence ; qu'ils rendent même les hommes impuissants. Peut-on s'empêcher de rire, lorsqu'on lit que le cadavre d'un Prince de Malabar tué dans un combat naval

contre les Portugais , percé de plufieurs
balles de moufquet , n'avoit pas rendu
une goutte de fang , parce qu'il avoit au
col un morceau d'os de cheval marin ,
qu'on n'eut pas fi-tôt détaché , que le
fang fortit à grands flots de toutes fes
bleffures : ce font des contes qu'on peut
bien faire croire aux Indiens , comme
auffi qu'une pierre qu'on trouve dans
la tête ou dans le ventre d'un ferpent
de Monbafe , côte de Zenguebar en
Afrique , a la propriété de faire accou-
cher les femmes très promptement &
fans douleur , même lorfque le fœtus
eft mort , en attachant cette pierre à
l'une des cuiffes de la femme en couche. On ajoute qu'il faut l'ôter d'abord
après l'accouchement , parce qu'elle
attireroit hors du corps toutes les entrailles. Nous voyons en Europe de
ces erreurs s'accréditer tous les jours.
Quelle vertu n'attribue-t-on pas à la
pierre d'aigle ? &c.

OS D'UN
POISSON.

Laiffons toutes ces duperies aux Chinois qui nous affurent avec confiance
que dans la province d'Onan il y a
un fleuve où l'on pêche certains poiffons rouges dont le fang a une propriété finguliere ; car ceux qui s'en

POISSONS
ROUGES.

frotent la plante des pieds, peuvent, difent-ils, marcher fur les eaux, fans danger de s'y enfoncer : on rapporte à ce fujet qu'un Cabaretier d'Angleterre a trouvé un moyen plus fûr, pour marcher fur les eaux ; c'eft une machine de bois femblable à un aiffon ou grapin de galere à quatre bras fupporté par quatre barils pleins d'air, dont les proportions font tellement combinées, qu'ils fe foutiennent à fleur d'eau, & ne font pas vus : cet homme à l'aide de fa machine, paffoit à pied le petit lac d'*Iflington*, à deux milles de Londres, & fe vantoit en plaifantant que dans un grand calme il pourroit faire auffi à pied le trajet de Douvres à Calais.

Nous ne rapporterons pas les extraits des lettres de Rhedi fur divers points d'Hiftoire naturelle, quoiqu'ils foient tous curieux, & qu'ils portent vivement fur les erreurs populaires ou fur des découvertes heureufes & qui rempliffent l'objet de cette excellente collection. Nous pafferons à ce que dit *Thomas Willis* (a) au fujet de certains animaux.

______

(a) Ce favant étoit Anglois, fils d'un homme

Pour connoître le mérite de ce que rapporte ce savant au sujet de l'huître, il faudroit nécessairement avoir sous les yeux les différentes figures qui se trouvent dans une planche, & dont on donne l'explication d'après lui. Il en est de même de l'écrevisse, du crabe, du homard & de plusieurs autres crustacées de ce genre; ils nagent, pour ainsi dire, à rebours, & ont aussi leurs parties situées à rebours par rapport aux autres animaux, ainsi qu'on le voit par la description anatomique qu'on nous en présente. Celle du ver de terre n'est pas moins curieuse; la structure des ouies des poissons offre aussi des particularités qui plairont certainement à tous les naturalistes.

Remar-<br>ques sur<br>quelques<br>animaux.

---

de Lettres qui présida à ses études; à 22 ans il perdit son pere. Pour se soustraire aux désordres de la faction de Cromwel, il passa à Oxford, où après avoir étudié quelque temps la Théologie, il se tourna du côté de la médecine *sans rien perdre des mœurs pures ni de la conduite austere de son premier état.* Il publia quelques Traités de chymie & de médecine qui eurent beaucoup de succès. Il y obtint une place de Professeur en philosophie naturelle. Après avoir donné plusieurs excellents ouvrages qui avoient altéré sa santé, il mourut d'une pleurésie à Londres où il avoit été appellé en 1667 pour y exercer la médecine.

M 3

---

# *OBSERVATIONS*

### TIRÉES

## *DE L'HISTOIRE*

## DES NAVIGATIONS

### *AUX TERRES AUSTRALES.*

GUANACO.
**O**N trouve dans une description fort détaillée du détroit de Magellan, de ses ports, de ses caps, des terres voisines & des animaux, celle du Guanaco qui ressemble au chameau par la tête & la longueur du col, & au cheval par le reste du corps. Il a 12 paumes de hauteur ; son dos est couvert d'une laine assez longue de la couleur de rose seche, sous le ventre elle est blanche. Elle est d'une finesse & d'une beauté préférable à la soie.

ABONDAN-
CE D'E-
CAILLES
D'HUI-
TRES.
Au port saint Julien dans le détroit, on remarque que le pays a généralement de grandes dunes couvertes d'her-

bes. On trouve dans les veines de la terre jufqu'au fommet des montagnes des écailles d'huitres de fept à huit pouces de largeur, quoiqu'il ne s'en trouve ni de grandes ni de petites dans tout le havre.

*Abondance d'écailles d'huitres.*

Dampierre un des plus fameux navigateurs, & qui a fait le tour du monde par l'eft & par l'oueft, après avoir traverfé la mer du fud, relâcha à l'ifle de *Guaham* dont il donne la defcription. On y trouve un fruit appellé *fruit à pain.* L'arbre qui le porte reffemble au pommier. Lorfque ce fruit eft mûr, on le fait cuire au four, la premiere écorce fe grille ; après l'avoir ôtée, il refte une croute mince & tendre ; le dedans eft auffi bon que la mie de pain & fort agréable à manger. Ce fruit de la groffeur d'un pain d'un fol, nourrit les habitants pendant près de huit mois qu'il dure.

*Fruit a pain.*

Le Pere Feuillé, Minime, envoyé par le Roi pour faire des obfervations dans la mer du fud, parle d'une efpece de renard nommé *chinche* ; cet animal étant pourfuivi, piffe fur fa queue ; fon urine, qu'il jette en l'air comme avec un goupillon, répand

*Renard nommé chinche.*

une odeur si puante, que les hommes ni les animaux n'osent l'approcher. Cette bête, pour mieux se mettre à couvert, empuantit ainsi l'entrée de son terrier.

# DISSERTATION

## SUR

## *LES CRUSTACÉES*

*ET AUTRES PRODUCTIONS MARINES qu'on trouve dans les montagnes, par le R. P. CIRILLO GENERELLI, Carme (a).*

De tout temps les Théologiens & les Philosophes chrétiens se sont exercés avec plus ou moins de succès sur les questions du déluge & de son universalité. Pour en établir la vérité, conformément au récit de l'historien sacré, ils ont appellé à leur secours toutes les preuves que peut fournir ce grand événement. Ceux qui ne sont que théologiens, ont insisté sur l'uni-



_______________

(*a*) Cette Dissertation a été lue en 1749 à l'Académie qu'il y avoit alors à Crémone.

formité des traditions & leur généralité. Et comme Moïſe a fixé l'époque du déluge à une durée de temps qui ne paroît point s'accorder avec les annales chinoiſes & égyptiennes, ils ont été forcés, pour la juſtifier, à porter flambeau de la critique dans ces temps reculés & couverts de nuages. De-là toutes ces ſavantes diſſertations qui circonſcrivent la durée que les Chinois & les Egyptiens, jaloux d'une antiquité faſtueuſe, donnoient à leurs nations. Les phyſiciens & les naturaliſtes ont parcouru la ſurface de la terre, ont ſouvent gravi les rochers pour obſerver de leur ſommet les grands eſcarpements & les angles alternatifs de nos vallées, ont ſondé la profondeur des mers & meſuré leur vaſte circonférence; ont enfin fouillé dans les entrailles de la terre, & là d'un œil curieux, ont examiné la nature & la poſition de ſes couches. Tout a parlé d'abord en faveur du déluge. La correſpondance des angles alternativement oppoſés, les énormes fractures & crevaſſes qui ſont répandues par tout le globe, les divers coquillages & autres productions marines qui ſont épars de tous côtés & enfoncés dans les marbres les plus durs, jufqu'à la profondeur de 7 à 800 pieds, ont paru des monuments inconteſtables d'un déluge univerſel. Il n'y a pas jufqu'aux allégories des Egyptiens & des Orientaux, que le défir de prouver le déluge n'ait fait fervir à cette fin. Le monſtre aquatique tué, & *Oſiris* reſſuſcité ; des figures hideuſes fortant de la terre & entreprenant de le détrôner ; des géants monſtrueux, dont l'un avoit pluſieurs bras, l'autre arrachoit les plus grands chênes ; un autre tenoit dans ſes mains un quartier de montagne, & le lançoit contre le ciel ; *Horus* ſon fils bien aimé, ſe délivrant heureuſement des pourfuites de *Rhœcus*, en ſe préſentant à ſa rencontre avec les griffes & la gueule d'un lion : ce tableau a paru hiſtorique, & tous les perſonnages qui le compoſent, ont paſſé pour être autant de ſymboles ou de caractères ſignificatifs qui expriment les défordres qui ont fuivi le déluge, les peines des premiers hommes, & en particulier l'état malheureux du labourage en Egypte. Mais toutes ces preuves diverſes, laborieuſement accumulées en faveur du déluge, ont laissé après elles des difficultés qui semblent les renverser. C'est à détruire ces difficultés que plusieurs savants ont consacré une partie de leur loisir philosophique. Tel est entr'autres le Pere *Cirillo Generelli*. A-t-il été heureux dans l'exécution ? C'est ce que nous allons examiner.

L'auteur de la dissertation s'appuie du sentiment de *Vallisnieri*, du Comte de *Marsilli* & de *Woodvvard*, qu'il trouve beaucoup plus plausible que tous les systêmes inventés dans les derniers siecles. Il y joint celui du célebre *Antoine Lazzaro Moro*, lequel prétend que toute la surface du globe s'est élevée au-dessus des eaux par l'explosion des feux souterreins qu'il renferme dans son sein. Il ne donne point d'autre origine aux premieres montagnes qu'une explosion plus violente, causée par un plus grand amas de matieres combustibles mises en fermentation. Cette opinion acquiert quelques degrés de vraisemblance par la maniere nouvelle dont il explique quelques passages de l'Ecriture. Il conjecture que le premier & le second jour de la création, la terre étoit parfaitement

sphérique , & n'étoit hériffée d'aucunes montagnes. Sa furface étoit alors enveloppée d'une croute pierreufe très unie , & couverte d'eaux. Malgré les inégalités , cette furface exifte encore maintenant , felon le Comte de *Marfilli* ; & il en trouve la preuve dans la facilité qu'il a d'expliquer par cette hypothefe la maniere rapide dont fe propagent au loin les tremblements de terre. Le Pere *Generelli* prétend enfuite que quand Dieu dit au troifieme jour, *congregentur aquæ in locum unum , & appareat arida* ; les feux allumés dans le fein de la terre , furent alors les miniftres de la volonté divine , & que s'élançant avec force de tous côtés, ils éleverent au-deffus des eaux cette croute pierreufe qui enveloppe le globe. Pour expliquer la formation des premieres montagnes , il ne faut que fuppofer en certains endroits du globe une explo
fion plus violente. Mais comment cette furface toute pierreufe pourra-t elle être propre à nourrir des végétaux , & par eux tout ce qui refpire ? Qu'à cela ne tienne , dit le Pere *Generelli.* Du fein des montagnes & des entrailles de la terre , il eft forti avec les fédi-

ments qu'a laiſſé l'eau en ſe précipitant, aſſez de matiere pour former les diverſes couches que nous rencontrons ſur la ſurface du globe. Le troiſieme jour il s'éleva d'autres montagnes portant ſur le dos toutes les matieres humides qui avoient été vomies par les montagnes qui avoient précédé celles-ci. L'auteur trouve dans ce phénomene l'explication de cet endroit de la Geneſe : *Non enim pluerat Dominus ſuper terram, ſed fons aſcendebat de terrâ irrigans uni-verſam ſuperficiem terræ.* L'explication de la ſalure des mers n'eſt pas moins ſinguliere. La quantité des minéraux de toute eſpece que vomirent les montagnes, a été plus que ſuffiſante pour imprégner les eaux de la mer de parties ſalines.

En s'élevant de deſſus les eaux, la voute de la terre les a forcées à ſe répandre dans les vuides immenſes qu'elle a laiſſé. Il y a donc dans l'intérieur du globe des cavités profondes où ſéjourne la plus grande partie des eaux qui le couvroient les deux premiers jours de la création. Bien plus, ces cavités peuvent être meſurées par la maſſe des montagnes ; car autant que

les montagnes fe font élevées au-deſſus
de la ſurface du globe, autant doi-
vent-elles avoir laiſſé de vuide dans
ſon intérieur. La capacité des montagnes eſt donc la vraie meſure des profondeurs de l'abyme. *Varenius* dans ſa
Géographie générale, liv. 1. chap. 13,
obſerve que la plus grande profondeur
de la mer eſt de quatre milles d'Italie,
ce qui eſt préciſément la plus grande
hauteur des montagnes, & que les
maſſes de terre plus hautes que la ſurface des mers, égalent les maſſes d'eau
qui les rempliſſent. Ainſi pour couvrir
d'eau les plus hautes montagnes, il ne
faut que trouver le moyen de la faire
ſortir de ſes gouffres profonds ; ce qui,
ſelon notre auteur, s'eſt opéré au temps
du déluge par l'exploſion des feux ſou-
terreins, que Bellarmin appelle les *mi-*
*niſtres ordinaires de la colere divine.* D'un
autre côté, les eaux ne pouvoient ſortir
en bouillonnant du ſein des abymes,
qu'il ne s'élevât des vapeurs épaiſſes
vers l'atmoſphere. De-là ces pluies ex-
ceſſives qui régnerent dans ce temps,
comme on le trouve dans l'Ecriture
ſainte.

Pour expliquer comment il s'eſt formé

dans la suite des temps d'autres montagnes, le Pere *Generelli* examine la structure extérieure de la terre, & rend compte de ses différentes surfaces. Il fait cadrer avec le sentiment qu'il embrasse, les différentes observations qu'il a faites touchant les productions marines qu'on trouve dans les montagnes; il rapporte à ce sujet plusieurs histoires de nouvelles isles & de nouvelles montagnes qui se sont formées par des tremblements de terre, de la matiere qui s'échappe de temps en temps des volcans. Enfin il explique physiquement pourquoi il y a des montagnes qui quelquefois s'entrouvrent, & d'autres qui s'abyment entiérement; des montagnes qui s'élevent, tandis que d'autres s'abaissent. Sur ce systême du Pere *Generelli*, on peut faire quelques remarques.

1°. Ce physicien a fait une faute de méchanique; il n'a pas songé que la terre dans son hypothese doit faire voute de tous côtés, & par conséquent qu'elle n'a pu recevoir des feux souterreins la force de s'élever en certains endroits.

2°. En supposant avec lui que la

capacité

capacité de l'abyme eſt déterminée par l'eſpace qu'occupent ſur la ſurface du globe, toutes les montagnes dont il eſt ſillonné, on ne pourroit néanmoins conclure que les eaux de l'abyme aient pu ſuffire à ſurpaſſer de 15 coudées, les ſommets des plus hautes montagnes.

3°. Le plus difficile dans l'explication phyſique du déluge n'eſt pas abſolument d'aſſigner la juſte quantité d'eau qu'il a fallu pour envelopper tout le globe ; car quand même on pourroit imaginer une cauſe proportionnée à cet effet ; il ſeroit encore impoſſible de trouver quelqu'autre cauſe capable de faire diſparoître les eaux.

4°. Le ſyſtême de Woodward, auquel l'auteur s'attache, n'eſt rien moins que propre à revendiquer pour le déluge, ces amas de coquilles pétrifiées, que le commun des naturaliſtes regarde comme les médailles & les monuments que Dieu nous a laiſſé de ce terrible événement, afin qu'il ne s'effaçât jamais de la mémoire du genre humain. Cette diſſolution univerſelle du globe qu'il a gratuitement imaginée, & de laquelle il a excepté, on ne ſait pas pourquoi, les plus fragiles coquillages, prévient les efprits contre la théorie du déluge.

Le défaut des naturalistes en général, eft d'avoir voulu expliquer par des puiffances phyfiques le déluge univerfel, qui eft un miracle dans fa caufe & dans fes effets, & d'avoir mêlé une mauvaife phyfique avec la pureté du livre faint.

„ Au lieu de fe fervir de leurs ob-
„ fervations & d'en tirer des lumieres,
„ ils fe font enveloppés, dit l'illuftre
„ auteur de l'Hiftoire naturelle, dans
„ les nuages d'une théologie phyfique,
„ dont l'obfcurité & la petiteffe dé-
„ rogent à la clarté & à la dignité de
„ la révélation, & ne laiffent apper-
„ cevoir aux incrédules qu'un mêlan-
„ ge ridicule d'idées humaines & de
„ faits divins. Prétendre en effet, con-
„ tinue t il, expliquer le déluge uni-
„ verfel & fes caufes phyfiques; vou-
„ loir nous apprendre le détail de ce
„ qui s'eft paffé dans le temps de
„ cette grande révolution, deviner
„ quels ont été les effets, ajouter des
„ faits à ceux du livre facré, tirer des
„ conféquences de ces faits, n'eft-ce
„ pas vouloir mefurer la puiffance du

„ Très-haut ? Les merveilles que fa
„ main bienfaifante opere dans la na-
„ ture d'une maniere uniforme & ré-
„ guliere, font incompréhenfibles ; à
„ plus forte raifon, les coups d'éclat,
„ les miracles doivent nous tenir dans
„ le faififfement & dans le filence. „

Le fentiment qui n'attribue l'origine
& la pofition des foffiles marins qu'à
un long & ancien féjour de toutes nos
contrées préfentement habitées fous les
mers, prend faveur de jour en jour.
Par lui s'évanouiffent les grandes difficultés dont font remplis les autres
fyftêmes ; tout s'y explique naturellement. On n'eft plus furpris qu'il fe
trouve dans les différentes couches de
la terre, dans les vallées, dans les
montagnes, & à des profondeurs furprenantes, des amas immenfes de coquillages, de bois, de poiffons, &
d'autres animaux, & végétaux terreftres & marins : ils font encore dans
la pofition naturelle où ils étoient,
lorfque leur élément les a abandonnés,
& dans les lieux où les fractures &
les ruptures arrivées dans cette grande
cataftrophe, leur ont permis de tomber & de s'enfevelir. Il eft fâcheux que

ce système, si commode d'ailleurs, se trouve combattu par une puissante objection qui se tire de la ressemblance qu'il y a entre le nouveau & l'ancien monde. Quoiqu'il en soit, il nous restera toujours, au défaut des corps marins, des preuves historiques & physiques du déluge & de son universalité, dans l'uniformité des traditions, & dans les grands escarpements & les angles alternatifs de nos vallées.

# GROTTE

## *PRÈS DE TOULON.*

UN payfan en fouillant la terre fur une montagne qui eft à deux lieues de Toulon , trouva en 1757 une grotte extrêmement vafte où la nature a produit quantité de merveilles. On y voit divers fruits pétrifiés, des plantes marines & des pierres brillantes de toute couleur. L'extrême fraîcheur de ce lieu empêche qu'on y puiffe refter affez long temps pour en découvrir toute l'étendue.

GROTTE
PRE'S DE
TOULON.

# RELATION

## D'UNE ESPECE

# DE SERPENT

*Trouvé dans le ventricule gauche du cœur.*

Serpent dans un ventricule du coeur. LE 7 Octobre de l'année 1756, je me rendis avec un Chirurgien, dit un Médecin Anglois dans sa relation, chez Miledy *Ifferris* pour procéder à l'ouverture du cadavre de son neveu qui étoit mort la nuit précédente, à l'âge de 21 ans. On vouloit savoir quelle étoit la cause de la mort de ce jeune homme qui étoit depuis long-temps dans une langueur continuelle. Il y avoit quelques années que j'avois guéri sa mere de la pierre ; & quelques foibles indices faisoient croire qu'il étoit mort de la même maladie.

Après avoir commencé l'ouverture du cadavre par la région des parties naturelles, nous avons trouvé la vessie

remplie d'une matiere purulente & cor-
rompue, & le tiſſu entiérement pourri :
cependant il n'y avoit rien qui indi-
quât la pierre ou la gravelle. Ayant
pouſſé plus loin nos obſervations, nous
avons vu que le foie étoit ſain & entier, mais cependant trop adhérant
d'un côté aux membranes latérales, ce
qui avoit pu être occaſionné par une
fauſſe poſition du corps, ce jeune
homme s'étant toujours beaucoup occupé à écrire.

Nous avons continué l'ouverture du
cadavre juſques dans les régions vitales ;
les poulmons étoient ſains ; mais le
cœur étoit plus gros qu'à l'ordinaire,
beaucoup plus rond que long ; le ventricule droit étoit très reſſerré, vuide,
& d'une couleur brune ; le péricarde
étoit ſec ; le ventricule gauche étoit
dur comme une pierre, & excédoit
l'autre de beaucoup, ce qui nous a
engagés à y faire une inciſion ; il en
eſt ſorti auſſi-tôt une grande quantité
de ſang ; nous nous ſommes alors dé-
terminés à l'ouvrir entiérement, &
nous y avons découvert une ſubſtance
enveloppée qui avoit la forme d'un ver,
ou plutôt d'un ſerpent. Nous avons

SERPENT<br>DANS UN<br>VENTRI-<br>CULE DU<br>COEUR.

N 4

séparé cette subſtance du cœur où elle adhéroit, & nous l'avons miſe ſur la fenêtre pour l'examiner mieux. Ce corps extraordinaire étoit auſſi blanc que la plus belle peau d'homme ; il étoit ſi luiſant qu'on eût dit qu'il étoit revêtu d'un vernis ; ſa tête étoit enſanglantée, & reſſembloit ſi bien à celle d'un ſerpent, que tous les ſpectateurs en ont été ſaiſis d'horreur. Les fibres, les nerfs, en un mot toute la contexture de ce corps, étoit de couleur de chair ; pour mieux connoître la nature de ce corps, nous en avons examiné toutes les parties ; la tête étoit d'une ſubſtance ſolide, ſanguine & glanduleuſe, un peu déchirée du côté du col, ce qui devoit provenir des efforts qu'on avoit fait pour le ſéparer du cœur. Le corps étoit creux & d'une ſubſtance ſolide, & il nous a paru que cette eſpece d'animal avoit des veines & quelques boyaux pour les uſages naturels. Les ſpectateurs qui en doutoient l'ont examiné de près, & n'ont pu revenir de leur étonnement. On a vu peu de faits auſſi étonnants : on eſt convenu que cette ſubſtance attachée au cœur a été la cauſe de la mort de ce jeune homme.

# OBSERVATION
## SUR UN VER
*Tiré de la dent d'un enfant.*

**M**. *Dufour*, Docteur en Médecine de la Faculté de Montpellier, a communiqué une observation sur un ver tiré de la dent d'un enfant âgé d'environ 4 ans. Cet enfant se plaignant beaucoup d'un violent mal de dents, son pere, en présence de ce médecin, lui mit les doigts dans la bouche, comme pour le soulager : & après avoir fait plusieurs contours tant sur les gencives, que sur les dents, il les retira & entraîna un ver mort. Cet insecte avoit pris naissance dans une des dents mollaires supérieures du côté droit; elle étoit extrêmement creuse, & l'émail en étoit totalement détruit par la carie, qui avoit pénétré fort avant. Cet insecte ayant été mis dans de l'eau-de-vie de lavande, à laquelle on avoit

VER TIRÉ D'UNE DENT.

ajouté un peu d'eau & de sucre, y
a été conservé près de dix ans. Vu
dans son état naturel, il n'a pas plus
de quatre lignes de long sur deux de
contour ; mais à l'aide d'un bon microscope, qui le représentoit long d'environ un pied sur quatre pouces de
circonférence, on a observé à la tête
deux cornes, qui se terminoient en
pointe dans le milieu ; à l'une des deux
est adhérent un jet qui se ramifie en
trois branches ; à côté de l'autre corne
il s'élève un faisceau de poils extrêmement longs, qui réunis ensemble
forme une espece d'antenne. L'entre-
deux des cornes est garni de poils semblables aux soies d'un sanglier ; il a au
côté droit une longue patte qu'on a
jugé telle par rapport à son insertion,
qui est immédiatement à l'épaule du
côté droit ; on n'a découvert aucune
trace de la patte du côté opposé ; ce
qui a fait soupçonner qu'elle a été
arrachée radicalement, lorsqu'on a tiré
ce ver de la dent, ou que la nature a
formé cette irrégularité. Son dos étoit
couvert d'une espece d'écaille radiée,
d'un rouge brun à peu près comme
celle d'une tortue desséchée, avec des

sections circulaires en forme d'anneaux ; dans toute l'étendue des deux cotés, ce ver étoit hissé de soies semblables à celles d'un porc-épic, à cela près que celles-ci s'élevent par floccons. Sa queue est également pourvue de ces mêmes soies, & se termine en s'arrondissant. Il sort des deux côtés de son extrémité, deux apophises dont l'une a paru plus grande & recourbée en dedans, l'autre droite & aiguë se jetant sur le dos.

Nous ne suivrons point tout le détail qu'en donne M. *Dufour* ; ce que nous en rapportons suffit pour faire connoître la différence qu'il y a entre ce ver & les dentaires dont M. *Andry* a traité.

# COLLECTION

## ACADÉMIQUE,

*Composée des Mémoires , Actes ou Journaux des plus célebres Académies & Sociétés littéraires étrangeres , &c. Tome V. de la partie étrangere , & le I I. volume de l'Histoire naturelle séparée , contenant les observations de J. Svvammerdam , sur les insectes.*

COLLEC-
TION ACA-
DÉMIQUE.

CE n'est pas un petit mérite pour l'esprit philosophique d'avoir retiré les hommes de l'étude frivole de quelques faits assez peu importants qui remplissent l'Histoire civile , pour les ramener à l'Histoire naturelle ; elle est plus propre sans doute à intéresser leur esprit & leur cœur par la considération des ouvrages où éclatent également la puissance & la sagesse du Créateur. Il faut louer notre siecle de ce goût marqué pour la connoissance

des productions de la nature. C'est à
ce goût que nous sommes redevables
de la belle Histoire naturelle de MM. de
*Buffon* & d'*Aubenton*, & de la collection
académique destinée principalement à
nous enrichir de tout ce que la litté-
rature étrangere a produit de plus précieux dans cette partie. Tel est , par
exemple, l'ouvrage de Swammerdam
sur les insectes , qui remplit tout le
cinquieme volume de cette collection.
Ce traité est vraiment original , &
contient seul plus de découvertes importantes & d'observations neuves, que
tous les ouvrages postérieurs auxquels
il a donné naissance. Ce seroit un
grand ouvrage pour la collection académique, si elle présentoit sur chaque
matiere un ouvrage fondamental, qui
fût comme un centre de lumiere auquel se rapporteroient les faits particuliers de même genre disperfés dans
la suite de ce recueil , & qui en
éclairant ainsi chaque partie , donne-
roit plus de liaison & d'unité au tout
ensemble.

Les deux volumes *in-folio* du *Biblia
natura* de Swammerdam sont ici réduits à un seul *in-*4°. , parce qu'on

en a supprimé non seulement le texte Hollandois, mais encore retranché toutes les réflexions moitié chagrines, moitié dévotes, qui se ressentoient du commerce de l'auteur avec *la Bourignon*, tous ses raisonnemens sur les fins de la nature, toutes ses digressions sur la misere de l'homme, toutes les réfutations devenues inutiles par le discrédit actuel des opinions réfutées. Quand on aura lu la vie de l'auteur, on sera moins surpris de ces hors d'œuvres qui allongent son ouvrage. Nous détacherons ici quelques traits de sa vie qui serviront à le caractériser.



Jean Swammerdam naquit à Amsterdam le 12 Février 1637. Son pere, qui étoit Apothicaire, le destinoit à la prédication; mais Swammerdam fut entraîné par son génie à l'étude de la nature. S'il est permis de conjecturer ce qu'un homme auroit pu devenir, Swammerdam eût été sans doute un grand prédicateur; il joignoit à la vigueur du raisonnement une délicatesse de conscience qui alloit jusqu'au scrupule; il avoit au plus haut degré cette tristesse d'imagination qui produit le sublime, & cette sévérité de mœurs qui donne du poids aux paroles.

Un riche cabinet d'Histoire naturelle qu'il trouva dans la maison paternelle, détermina son penchant. il eut occasion de se familiariser de bonne heure avec la nature ; mais il prit un goût de préférence pour ses plus petits ouvrages : il cherchoit sans cesse des insectes, il les observoit avec soin, & les observoit en anatomiste. Son adresse à les disséquer, lui donna le desir d'étendre son talent. Il obtint la permission d'ouvrir tous les cadavres de l'Hôpital d'Amsterdam. Après s'être perfectionné quelque temps dans l'anatomie, il vint à Leyde où *Van-Horne* lui procura toutes sortes de secours pour faire des observations anatomiques. Il se forma insensiblement un cabinet d'Histoire naturelle, dont le grand Duc lui offrit douze mille florins, à condition qu'il viendroit lui-même en Toscane pour en avoir soin : ce Prince faisoit plus de cas des hommes que des choses ; & il avoit raison de vouloir s'attacher Swammerdam ; mais cet homme, né au sein de la liberté, nourri dans l'habitude de ne soumettre sa conduite qu'aux loix, &

ſes opinions qu'à ſa conſcience, étoit trop ſage pour paſſer d'une ville de Hollande dans une Cour d'Italie.

Tandis que livré à ſa paſſion dominante pour les inſectes, il travailloit à enrichir de plus en plus ſon cabinet de curioſités, il a le malheur de tomber ſur les ouvrages *d'Antoinette de Bourignon* : leur lecture produit dans ſa maniere de penſer une révolution, qui nuſt beaucoup à l'ardeur qu'il avoit eue juſqu'alors pour l'étude : il y puiſe un dégoût ſincere pour tout ce qui flatte la cupidité & l'ambition, & en même temps une grande averſion pour les inſectes. Il ne leur donne plus que quelques heures ; & encore ces heures ſont-elles interrompues par ſes ſoupirs, ſes ſanglots & ſes larmes: preſſé par l'eſprit de pénitence, il n'a pas plutôt achevé ſon ouvrage ſur les inſectes, qu'il le confie à un tiers, ſans s'embarraſſer beaucoup de ce qu'il deviendra : en un mot, il n'aſpire plus qu'au moment de pouvoir s'abymer entiérement dans la ſpiritualité que profeſſoit *la Bourignon*.

„ Comment un homme qui avoit
„ tant de lumiere & de fermeté dans
„ l'eſprit put-il abandonner la direc-
„ tion

» tion de fa conduite à une enthou-
» fiafte ignorante, & foumettre ainfi
» la force à la foibleffe, la fageffe à la
» folie ? Seroit-il vrai qu'une obferva
» tion trop continuelle de petits objets
» rétrécît le génie, énervât l'ame, &
» lui ôtât jufqu'au fentiment de fes
» propres forces ? ou plutôt n'eft-il
» pas évident que fur tous les fujets
» que nous n'avons pas examinés par
» nous mêmes, nos préjugés, & fou-
» vent ceux d'autrui, nous tiennent
» lieu de principes ? Swammerdam
» avoit beaucoup étudié la ftructure
» des animaux grands & petits, mais
» peut-être n'avoit-il jamais réfléchi un
» peu profondément fur les êtres mo-
» raux & métaphyfiques, fur cet ordre
» de vérités auquel fe rapportent tou-
» tes les vérités ; dès là il n'eft pas fort
» étonnant qu'après avoir diffipé &
» rectifié les erreurs des naturaliftes
» fur le développement des infectes &
» fur la nature de la chrifalide, il
» foit lui-même tombé dans plus d'une
» erreur fur divers points de morale
» & de métaphyfique ; & qu'après
» s'être élevé quelquefois au-deffus de
» Defcartes en philofophie, il fît gloire

*Tome V.*            O

„ de se prosterner aux pieds de *la*
„ *Bourignon.* „

GÉNÉRA-
TION DES
INSECTES.

Comme le devoir d'un philosophe
est de ne respecter que ce qui lui paroît marqué du sceau de la vérité, on
ne doit pas être étonné de voir le savant éditeur défendre contre Swammerdam la génération spontanée des
insectes que celui-ci regardoit comme
impossible. Le naturaliste Hollandois
ne pouvoit souffrir que de petits animaux, en qui il avoit découvert tant
de parties organisées avec tant d'art,
un appareil de pieces si différentes,
concourant par leur forme, leur mouvement & leur situation, aux diverses
fonctions animales, fussent l'ouvrage
de la corruption ; & il accumuloit les
preuves & les invectives contre ceux
qui soutenoient ce sentiment. Il faut
avouer que Swammerdam a convaincu
d'erreur les partisans de la génération
spontanée, sur plusieurs faits qu'ils
avoient allégués à l'appui de leur opinion ; mais étoit-il en droit d'en conclure l'impossibilité absolue de cette
voie de génération ? Non, dit l'éditeur :
est-il contradictoire que les parties
constituantes des germes puissent exister

séparées les unes des autres, qu'elles se dispersent, qu'elles entrent dans la composition de différents corps, qu'elles s'en dégagent ensuite lorsque ces corps viennent à se dissoudre ou à se corrompre, & que se trouvant à portée les unes des autres, elles se réunissent & forment un nouveau germe ? Est-il contradictoire que cette réunion des parties puisse se faire ailleurs que dans une matrice proprement dite ? Comme personne n'est capable de prouver cette contradiction, on ne peut conclure que la génération spontanée soit métaphysiquement impossible. Elle n'est pas plus contraire aux loix de la nature.

Les véritables loix de la nature sont éternelles & générales, bien différentes de ces loix particulieres & momentanées, qu'une philosophie imprudente établit précipitamment, & qui s'abrogent d'elles-mêmes bientôt après. Mais pour s'élever à la connoissance de ces loix qui sont les vrais ressorts de l'univers, il faudroit une chaîne immense d'observations, qui embrasât tous les temps, tous les lieux, tous les phénomenes, tous les états antérieurs de ce globe que nous habitons, tous ceux

du grand fyftême dont il fait partie.
Or combien ne fommes nous pas éloignés de ce haut degré de connoiffance ? Il y auroit donc de la témérité à
prononcer fur l'impoffibilité phyfique
de la génération fpontanée ? D'ailleurs
la génération eft fondée fur les phénomenes connus, & fur les réfultats qu'on
a tirés de ces phénomenes, & qui
maintenant ont force de loi en philofophie.

Mais pour prévenir toute interprétation maligne, l'éditeur donne ici
l'exclufion à la génération fortuite. Il
eft bien éloigné de croire que rien fe
faffe dans ce monde par hazard : le
hazard n'eft rien, ou n'eft qu'un mot
inventé pour cacher notre ignorance.



Ici viennent à l'appui de la poffibi-
lité de la génération fpontanée les trois
regnes de l'Hiftoire naturelle ; & l'éditeur en tire beaucoup de faveur de fon
fyftême.

Le regne minéral n'offre peut-être
pas une feule matiere qui dans certaines circonftances ne prenne de foi-
même une forme déterminée. Les criftaux,
les talcs, les fpars, les gipfes, les fels,
la glace, le neige, la régule d'anti-

moine, les marcaffites, &, felon quelques-
uns, les filons des mines font des corps
naturellement figurés , & conféque.nt
ment produits par une efpece de génération fpontanée : pourquoi donc feroit-il abfurde d'accorder aux éléments
de la matiere vivante cette faculté qu'ont
les éléments de la matiere brute, de
fe réunir avec ordre, & former par
leur réunion des corps d'une figure déterminée, qui participent à la nature
de leurs éléments ?

Les végétaux préfentent auffi plufieurs exemples de génération fpontanée.
Les botaniftes ont fait une claffe entiere des plantes dont on ne connoît
ni les fleurs ni les graines : or par cela
feul la génération fpontanée eft prou-
vée à l'égard des plantes, & elle acquiert un nouveau degré de probabi-
lité à l'égard des animaux. C'eft en
vain qu'on objecteroit la forme conftante & réguliere des fubftances végétales, comme étant la preuve qu'elles
viennent d'une graine où le deffein de
leur forme & l'ordre de leur développement étoient tracés ; les fels que l'on
tire de différe tes matieres, prennent
une figure non moins conftante & non

moins réguliere, quoiqu'ils ne viennent pas de graines.

Le regne animal est celui qui nous offre les preuves les plus nombreuses & les plus décisives ; on ne s'y refuseroit pas sans la répugnance très peu philosophique que l'on sentit à faire naître des corps organisés du sein de la corruption. Mais que peut-on objecter contre les phénomenes de la maladie pédiculaire ? Est il possible de les expliquer autrement que par la génération spontanée ? Comme la maladie pédiculaire est une maladie de corruption , il est facile de concevoir que la substance animale , à mesure qu'elle se dissout en se corrompant, se recombine sur le champ sous de nouvelles formes , & qu'elle est déterminée par sa nature à produire les insectes dont il s'agit.



Mais , dit-on , c'est une loi de la nature que tout animal n'ait qu'une voie unique pour se perpétuer ; une preuve que cette loi n'est pas générale , c'est qu'elle est démentie par les faits. On dit encore : si la génération spontanée avoit lieu , un animal pourroit engendrer un autre animal qui ne se-

..t roit pas femblable à lui, ce qui feroit
contre l'ordre de la nature. La réponfe
eft facile : fi l'obfervation prouve la
génération fpontanée, il faut bien avouer
que la génération fpontanée eft dans
l'ordre de la nature. On oppofe encore
à la génération fpontanée une autre
loi prétendue de la nature, par laquelle
les infectes font, dit-on, auffi inva-
riables dans leur forme que les efpeces
de grands animaux ; ce qui ne pourroit avoir lieu, fi la génération fpontanée pouvoit faire éclorre d'un animal des animaux qui ne fuffent pas
femblables à lui. Mais, au lieu de conclure de-là contre tant de preuves,
qu'il n'y a point de génération fpontanée, ne feroit-il pas plus raifonnable de douter de l'invariabilité des efpeces, laquelle n'eft rien moins que prou-
vée ? Il femble que la nature entiere,
qui n'eft qu'une grande fcene mouvante, où les êtres remplacent fans
ceffe les êtres, démontre le contraire.
La nature ne manque jamais de temps
pour faire ce qui eft poffible, c'eft
l'homme qui manque de temps pour
obferver.

Il réfulte de tout ceci que la géné-

Remar-<br>ques sur<br>la géné-<br>ration<br>sponta-<br>née.

ration spontanée ne doit être regardée comme impossible dans aucun sens ; que de plus elle a de l'analogie avec les loix connues de la nature, & que même elle a lieu réellement à l'égard de plusieurs animaux auxquels on ne pourroit assigner une autre origine.

Au reste cette opinion a été généralement reçue des anciens philosophes, & parmi les modernes, elle a trouvé des défenseurs illustres, tels que *Licetus*, *Scaliger*, les Jésuites *Cabec*, *Kirker* & *Bonanni*. Ces hommes avoient trop de lumieres pour donner dans les absurdités que l'on prête ordinairement aux partisans de la génération spontanée ; par exemple pour personnifier la corruption & le hazard, & pour avancer que ces deux causes pussent engendrer des êtres organisés : mais ils étoient entraînés dans cette opinion par la nécessité d'éviter celle des germes pré-éxistants, & contenus à l'infini les uns dans les autres.

En réfutant sur cet article Swammerdam, l'éditeur n'a prétendu rien diminuer de la gloire si légitimement due au talent & à l'habitude que le naturaliste avoit d'observer, à son assiduité infatigable dans ce genre de travail, à la dextérité de sa main, à la sûreté de son coup d'œil, à ses connoissances dans les différentes parties des sciences naturelles, à la force de raisonnement qu'il montre en plus d'un endroit de ses ouvrages, & sur-tout à son amour pour la vérité. Justifions cet éloge par l'examen de son histoire des insectes.

La nature nous étonne par la grandeur des ouvrages qu'elle a produits en déployant, pour ainsi dire, toute sa puissance sur la matiere : mais elle ne nous est pas moins incompréhensible, lorsque travaillant à la formation du plus petit insecte, elle concentre toutes ses forces dans un seul point. Comme les plus grands corps sont composés d'éléments imperceptibles, dont la connoissance plus ou moins exacte répand plus ou moins de jour sur la constitution de ces corps, il s'enfuit que la nature, pour être bien comprise, doit être étudiée dans ces petits objets. En effet le petit est l'élément du grand, il est par-tout, il pénetre la nature entiere.

L'éléphant aux yeux d'un philosophe

REMARQUE SUR LA GÉNÉRATION SPONTANÉE.

EXAMEN DE L'HISTOIRE DES INSECTES.

Examen
de l'his-
toire des
insectes.

qu'a-t-il de plus qu'un infecte ? „ L'un
„ & l'autre eft vivant ; & c'eft le vivant
„ qui étonne & qui confond le philo-
„ fophe ; l'un eft pourvu de toutes les
„ parties folides & de toutes les li-
„ queurs néceffaires à fa confervation,
„ à fon accroiffement, & à fa repro-
„ duction : l'un & l'autre a fon inftinct,
„ fes inclinations, fes mœurs ; tout
„ cela même femble plus à l'aife dans
„ l'éléphant que dans la fourmi, dont la
„ petiteffe eft une merveille de plus. „

L'étude des infectes n'a donc rien
qui ne foit digne de la philofophie.
Elle lui offre dans ces atômes animés
& dans leurs diverfes fonctions, une
méchanique auffi profonde, plus variée
& cependant plus facile à obferver que
dans les plus grands animaux.

Division
de l'his-
toire des
insectes.

L'hiftoire des infectes , telle qu'on
la préfente ici , eft divifée en quatre
parties : la premiere a pour objet l'état
de *nimphe*, que l'auteur établit comme
la bafe de toutes les transformations,
de toutes les métamorphofes , ou plutôt
de tous les développements fucceffifs
de l'infecte. La feconde partie eft deftinée à diffiper les nuages qu'une mauvaife philofophie a répandus fur la ma-

tiere. La troifieme réduit à quatre ordres de développements, toutes les va-
riétés qui s'obfervent dans les prétendues
transformations des infectes. La quatrieme préfente des exemples particuliers
de ces ordres de développements.

La nimphe & la chrifalide ne font
point deux efpeces diftinctes : toutes
deux ne font autre chofe que le ver
ou la chenille parvenue à l'état de parfait accroiffement & de dernier développement de fes membres, état analogue à celui de la fleur dans le bouton :
en effet, la nimphe contient l'infecte qui
en doit fortir, cet infecte y eft parfaitement formé, ou plutôt la nimphe eft cet
infecte même renfermé dans fon enveloppe : ainfi, à proprement parler, le
ver, ou la chenille ne fe change pas
en nimphe, mais devient nimphe
par l'accroiffement & le développement
de fes membres : & de même la nimphe ne fe transforme pas en animal aîlé,
mais c'eft encore ce même ver, cette
même chenille, qui devient un animal
aîlé, en quittant fa dépouille de nimphe. C'eft à l'établiffement de cette
vérité que l'auteur emploie toute la
premiere partie de fon hiftoire des in-

sectes. Les raisonnements, les faits, s'appuient tour à tour dans son systê-me. Swammerdam ne manquoit assu-rément ni d'érudition, ni de lumieres, ni d'éloquence. On les voit briller sur tout dans la maniere dont il réfute les fables grossieres que *Mouffet*, *Wotton*, *Gesner*, *Pennius*, *Harvey* & plusieurs autres ont mêlées à la génération des insectes.

Après avoir exposé en général les développements des insectes ; après avoir tiré de la nature même de la chose l'explication de ces développe-ments, & avoir dépouillé cet objet de tout le fabuleux qui le défiguroit, Swammerdam met la derniere main à ce tableau, & pour en éclairer toutes les parties, il entre dans les détails, & il distingue les différents ordres de transformations.



La nature affecte par-tout un désor-dre sublime, elle fuit toute contrain-te, & n'en paroît que plus belle. A cet air libre qui la caractérise, il est aisé de reconnoître la souveraine de l'univers. En voyant ces masses qui ef-fraient l'imagination, ces groupes d'ê-tres qu'elle a jetés sur la surface du globe, nous sommes transportés d'admiration ; mais c'est un étonnement aveugle & stérile. Il faut, pour créer en nous un plaisir plus délicat, qu'un ordre méthodique nous offre en détail, ce que l'univers nous présente dans un amas confus. Le nombre des productions de la nature est si prodigieux, que les naturalistes ont été obligés de les distribuer en plusieurs classes, afin de pouvoir mieux les observer. Une seule partie de l'Histoire naturelle, comme l'histoire des insectes, ou celle des plantes, suffit pour occuper plusieurs hommes ; & les plus habiles observateurs n'ont donné, après un travail de plusieurs années, que des ébauches assez imparfaites, quoiqu'ils se fussent uniquement attachés à quelques branches particulieres de cette histoire.

„ Trop petit pour cette immensité,
„ accablé par le nombre de merveilles,
„ l'esprit humain succombe, dit M. de
„ Buffon. Il semble que tout ce qui peut
„ être, est ; la main du Créateur ne
„ paroît pas s'être ouverte pour donner
„ l'être à un certain nombre déterminé
„ d'especes ; mais il semble qu'elle ait
„ jeté tout à la fois un monde d'êtres
„ relatifs & non relatifs, une infinité

„ de combinaisons harmoniques &
„ contraires , & une perpétuité de
„ destructions & de renouvellements.
„ Quelle idée de puissance ce spectacle
„ ne nous offre-t-il pas ? Quel senti-
„ ment de respect cette vue de l'uni-
„ vers ne nous inspire t-elle pas pour
„ son auteur ! Que seroit-ce si notre
„ esprit assez vaste pour embrasser la
„ chaîne qui lie tous les êtres , pou-
„ voit appercevoir l'ordre général des
„ causes & de la dépendance des effets?
„ Mais nos yeux ne mesurent qu'une
„ petite partie de cet univers ; & tan-
„ dis que nos jours se précipitent vers
„ leur terme , son immensité nous
„ échappe , & sa durée s'étend dans
„ les abymes de l'infini. „

Puisque la seule voie qui nous soit
ouverte pour arriver à la connoissance
des choses naturelles, c'est d'appercevoir quelques effets particuliers , de
les comparer & de les combiner ; il
faut aller jusqu'où cette route peut
nous conduire. C'est aussi ce qu'a fait
Swammerdam dans la partie de l'Histoire naturelle, qu'il a prise pour l'objet
de ses spéculations. Par la méthode
qui regne dans la distribution des dif-

férentes claſſes des inſectes , il paroît
que ce naturaliſte a ſenti combien
l'ordre eſt utile & même néceſſaire dans
l'étude de la nature. C'eſt en développant celui qu'il a mis dans ſon livre
que nous réuſſirons à ſaiſir le fil de ſes
idées , & à connoître ſa marche dans
le labyrinthe où il s'eſt engagé. Au
reſte, en vantant la méthode , gardons-
nous bien de lui donner plus d'influence qu'elle n'en doit avoir , & de
réduire la nature à de petits ſyſtêmes
qui lui ſont étrangers. La méthode
n'eſt proprement qu'une commodité
pour étudier, un aide pour la mémoire , & une facilité pour s'entendre;
mais le ſeul & le vrai moyen d'avancer
la ſcience , eſt de travailler à la deſcription & à l'hiſtoire des choſes qui
ont été faites.

Comme les différentes formes que
prend la nimphe dans les diverſes eſpeces d'inſectes , la déguiſent & la
dérobent quelquefois aux yeux les plus
clairvoyants, Swammerdam a cru devoir la repréſenter ſous ſes divers aſ-
pects. C'eſt pour cela qu'il la décrit
dans quatre différents ordres d'inſectes.
Le premier comprend tous les inſectes

qui sortent de leurs œufs parfaitement formés, & pourvus de tous leurs membres, qui croissent ensuite par degrés, & qui deviennent nimphes en arrivant à leur dernier point d'accroissement. Tels sont l'araignée, la punaise, la puce, l'escargot, le crabe nommé *Bernard l'hermite*, la pine marine, &c.

Nous ne conseillons point à ceux dont l'ame veut être flattée par des peintures riantes & gracieuses, de s'engager dans la lecture de ce volume : il est hérissé presque par-tout de descriptions anatomiques trop circonstanciées pour pouvoir plaire à l'imagination. Tandis qu'elle ne trouve rien ici à admirer, la raison dans le silence contemple l'intelligence profonde du grand ouvrier, qui a formé le tissu délicat des membres organisés des insectes. A voir le peu d'accord qui se trouve entre la raison & l'imagination, on diroit que l'homme est fait de pieces rapportées.



Cependant pour égayer un peu ce tableau ; nous choisirons les faits les plus propres à l'embellir. Un des plus singuliers peut être, c'est l'accouplement des escargots. Long-temps avant

de

de s'accoupler, ces animaux fe raffem-
blent, fe tiennent en repos les uns
auprès des autres & mangent très peu :
leur corps eft fitué de maniere que la
tête & le col font dreffés en haut : la
pointe de la fpirale de la coquille porte
fur la terre, & l'animal fe foutient dans
cette fituation droite. Le moment du
plaifir les invite à s'approcher de plus
près : alors leur tête & leur corps s'attachent exactement, & il paroît aux
mouvements finguliers de ces deux têtes & des huit cornes, que ces animaux s'entrebaifent à la maniere des
pigeons, & que leurs levres s'uniffent
& fe mêlent dans ces careffes.

Pendant l'accouplement, les cornes
font recourbées prefque circulairement,
& tout leur mouvement confifte à fe
retirer de temps à autre, & à fe déployer de nouveau. L'animal s'étant
prefqu'épuifé par cet acte, paroît morne;
il fe retire dans fa coquille & rampe
lentement, jufqu'à ce qu'ayant repris
fes forces, de nouveaux defirs viennent
effacer l'impreffion de laffitude qui leur
étoit reftée de l'effort du plaifir.

L'auteur fait par rapport à ces infectes une remarque bien finguliere,

*Tome V.* P

ACCOU-
PLEMENT
DES ES-
CARGOTS.

c'eſt qu'étant hermaphrodites , ils ne puiſſent cependant ſe reproduire que par le concours de deux individus. Ceci dérange un peu les idées de certains phi-loſophes, qui naturellement portés à éta-blir en tout une eſpece d'ordre & d'uni-formité , parce qu'ils n'approfondiſſent pas aſſez les ouvrages de la nature , s'imaginent à cette premiere vue qu'elle a toujours travaillé ſur un même plan.

DÉ'VELOP-
PEMENT
DU VER DU
SECOND
ORDRE.

Le développement du ver du ſecond ordre , ſe fait à peu près par l'acqui-ſition de différentes parties extérieures. Lorſque ce ver a changé pluſieurs fois de peau, il lui pouſſe des aîles renfer-mées dans des fourreaux , comme les fleurs dans leur bouton ; & ces aîles ſe gonflant enſuite par un accroiſſement inſenſible, acquierent à la longue aſſez de force pour rompre leurs enveloppes & ſe déployer au dehors.

Le caractere de ce ſecond ordre conſiſte donc en ce que le ver ayant quitté la forme de nymphe qu'il avoit dans ſon œuf , où il ne prenoit point de nourriture , s'accroît & acquiert de nouveaux membres extérieurs par le ſecours des aliments , redevient enſuite une eſpece de nymphe, ſans cependant perdre le mouvement, & paſſe de cet état à celui d'un animal aîlé, adulte & propre à perpétuer ſon eſpece. De ce nombre ſont, la ſauterelle, le grillon, le ſcarabée, les punaiſes volantes, le ſcorpion, le perce oreille, l'éphémere, la demoiſelle, &c.

C'eſt une choſe bien admirable, par exemple, que le développement des demoiſelles. D'abord ce ne ſont que des vers : parvenues à l'état de nymphe, elles ſortent de l'eau, vont dans des endroits ſecs, ſur des herbes, des morceaux de bois, & s'y cramponnent avec les ongles de leurs pieds. Elles y reſtent un peu de temps immobiles, & alors on voit leur peau ſe fendre, d'abord ſur la tête & ſur le dos. „ La „ tête de l'inſecte & ſes yeux en ſor- „ tent les premiers, puis les ſix pieds, „ dont les dépouilles vuides reſtent „ accrochées comme auparavant. En- „ ſuite l'inſecte ſe traîne un peu en „ avant, & tire ainſi ſes aîles & une „ partie de ſon corps hors de ſa peau; „ puis s'étant encore un peu avancé, „ il s'arrête de nouveau. Cependant „ ſes aîles commencent à ſe déployer, „ leurs plis & leurs rugoſités s'effa-

DE'VELOP-<br>PEMENT<br>DU VER DU<br>SECOND<br>ORDRE.

DEMOI-<br>SELLES.

DE MOI-
SELLES.

,, cent, & le corps s'étend aussi juf-
,, qu'à ce que tous les membres aïent
,, acquis leur juste grandeur. ,,

Le spectacle de ces transformations
assez rare en France, est plus commun
en Hollande. *Mouffet* a mal interprété
la nature, lorsqu'il a cru que les de-
moiselles s'engendroient des joncs pour-
ris. Swammerdam est persuadé qu'elles
proviennent d'œufs, ainsi que tous les
animaux. Ces insectes en volant sai-
sissent leur proie dans l'air : leurs grands
yeux luisants comme des perles leur
font d'un grand usage pour leur chasse.
On ne peut les conserver long-temps
vivants dans des boëtes, à moins qu'on
ne leur donne tous les jours des mou-
ches dont ils sont très friands. Ils aiment beaucoup la chaleur du soleil,
dont ils ont reçu, pour ainsi dire,
la vie & le mouvement : lorsque le
temps est couvert, ils ne mangent
point, & s'engourdissent presque tout
à fait. Ce qu'il y a de plus remarquable dans ces insectes, c'est leur accouplement. ,, Le mâle voltigeant & tour-
,, noyant rapidement dans l'air, pré-
,, sente sa queue à la femelle, qui se
,, l'applique à l'articulation du col &

„ l'embrasse avec ses pieds. Le mâle
„ de son côté, pour rapprocher &
„ joindre ensemble les parties carac-
„ téristiques des deux sexes, racourcit
„ son corps, & le recourbe en arc ;
„ tous deux s'agitent & se trémoussent
„ en volant, & l'accouplement s'acheve
„ au sein des airs. La femelle étant
„ ainsi fécondée, va plonger sa queue
„ dans l'eau, & y répand des œufs
„ oblongs, qui d'abord mols & blan-
„ châtres, peu à peu se durcissent,
„ deviennent jaunes, & prennent une
„ couleur noire à leur pointe. „

L'éphémére est un insecte qui a quatre aîles, deux petites antennes, six pieds, & la queue composée de deux filets longs & velus. Elle vit tout au plus cinq heures après être arrivée à cette forme. Son habitation est dans l'argile dont elle se nourrit. Lorsqu'elle est devenue un animal aîlé, elle ne mange plus. Elle emploie le peu de temps qui lui reste à vivre après sa derniere transformation, à voltiger dans les airs, à se jouer sur les eaux. Si l'on est étonné de son peu de durée, il faut se rappeller qu'avant qu'on la voie paroître dans un état brillant,

P 3

elle a déjà vécu trois ans sous l'eau, qu'elle y a pris son entier accroissement, & même que les œufs ont toute leur perfection & leur maturité dans son corps, avant qu'elle quitte sa dépouille de ver ; en sorte que quand elle prend la forme d'insecte volant, elle touche à son terme & n'a plus qu'à déposer ses œufs, les féconder & mourir.



L'insecte du troisieme ordre, après s'être formé & accru comme ceux des deux précédents ; après être sorti de son œuf encore plus informe que ceux du second, se trouve revêtu d'une peau, sous laquelle naissent & croissent les membres qui lui manquoient, à peu près comme les fleurs se forment & se nourrissent dans leur bouton. Cette peau gonflée & distendue par l'accroissement des membres qu'elle renferme, est forcée enfin de s'ouvrir ; l'insecte, en la quittant, redevient une vraie nymphe, immobile comme lorsqu'il étoit dans son œuf.

La production & l'accroissement des membres de l'insecte de ce troisieme ordre, se fait donc sous la peau du ver, comme par une addition insensible de nouvelle matiere ; leur dernier degré d'accroissement se manifeste à l'extérieur par le gonflement de cette peau ; & lorsque l'insecte s'en est dépouillé, tous les membres qu'elle couvroit, paroissent distinctement. C'est cette enveloppe, cette espece de voile, qui en cachant la naissance & l'accroissement successif des membres de l'insecte, a donné lieu à toutes les erreurs des philosophes sur cette matiere.

Parmi les insectes de cet ordre, celui qui mérite le plus notre admiration, c'est le papillon, phénomene toujours singulier, & méconnoissable sous chacune de ses métamorphoses.

Prenons-le dans son premier état : qu'offre-t-il à notre vue ? Un insecte hideux & tout hérissé d'épines, condamné à se nourrir d'aliments cruds & grossiers, à se traîner avec beaucoup de peine, exposé à mourir sous nos pieds. Voyons-le dans son nouvel état : du fond de son tombeau, où il s'étoit renfermé pour subir une espece de mort apparente ; il sort tout à coup revêtu des couleurs les plus éclatantes & vivant d'une vie beaucoup plus parfaite, il ne se nourrit plus que du nectar le plus

L'l'phe'-<br>me're.

Le pa-<br>pillon.

P 4

pur ; il agite ses aîles & voltige sans cesse dans les airs , & sur les fleurs dont il tire le suc le plus délicieux.

Swammerdam a décrit avec beaucoup de précision tous ces changements si surprenants , par lesquels la chenille passe de la disette à l'abondance , de l'abjection à l'éclat , & de la peine au plaisir. Disons quelque chose de ces métamorphoses.

Dès que les chenilles ont pris assez de nourriture & d'accroissement , elles se reposent pendant quelque temps dans une espece d'insensibilité. Quoique tous les membres qui paroissent lors de leur dépouillement , existassent déjà réellement sous leur peau , dans le temps qu'elles mangeoient encore , & qu'elles rampoient , ils étoient pour lors si petits & si délicats , qu'il étoit presqu'impossible de les bien voir. C'est donc ici le moment de les observer. Si, lorsqu'elles sont sur le point de se dépouiller , on enleve avec dextérité la peau qui recouvre leurs membres , on apperçoit d'abord les deux antennes & les deux branches de la trompe ; ensuite on découvre deux pointes saillantes qui sont les cornes : au-dessous des

cornes on remarque les yeux , & un
peu plus bas dans la région de la
poitrine on voit les quatre aîles , qui
font pliſſées fous la peau : outre les
aîles on découvre les ſix jambes antérieures dépouillées de leur peau ; les
dix autres jambes ne paroiſſent plus :
elles ont été emportées avec la vieille
peau , ainſi que les piquants & les
épines. Par cette defcription , on peut
juger de la métamorphoſe de la chenille en chryſalide , métamorphoſe qui
a ſi long-temps embarraſſé les eſprits
ſyſtématiques , plus occupés des ſpécu-
lations du cabinet que de l'obſervation
de la nature.

Après que la chenille a achevé ſa
toile, elle y renferme ſon corps qu'elle
courbe un peu en forme de croiſſant :
alors elle ſe redreſſe peu à peu & ſe
raccourcit, pour ainſi dire , à vue d'œil :
le troiſieme & le quatrieme anneaux
de ſon corps , où ſont cachées les aîles
& les jambes , ſe gonflent & s'étendent
ſi conſidérablement , par l'effort de l'air
& des liqueurs qui dilatent ces parties,
qu'il n'eſt pas poſſible qu'il n'en de-
vienne pas plus court : on obſerve auſſi
la même dilatation dans la trompe ,

les cornes, les yeux & les antennes.
Lorfqu'après bien des mouvements la
chenille a quitté fa dépouille, toutes
ces parties paroiffent enfin très diftinctement fur fon corps, ce qui lui donne
une autre figure. Elle prend alors le
nom de chryfalide. Dans ce nouvel état,
elle eft d'abord de couleur verte, fur-
tout dans les endroits où fes membres
font gonflés par l'effort des liqueurs qui
y font pouffées ; mais dix ou douze heures après la transformation, elle prend
la plus belle couleur d'or qu'on puiffe
voir.

La transformation de la chryfalide
en papillon fe fait en dix-huit jours,
fi c'eft en été, & dix jours plus tard,
fi c'eft en automne. Lorfque le papillon
eft forti de fa dépouille, fes aîles commencent à s'étendre & à s'aggrandir à
vue d'œil avec tant de vîteffe, qu'elles
prennent leur entier accroiffement en
moins d'un quart d'heure. Dans un
efpace de temps auffi court elles acquierent cinq fois plus de volume
qu'elles n'en avoient, & les taches
dont elles font bigarrées, s'étendent
fur tout leur corps & leurs aîles : ainfi
ce qui n'étoit d'abord qu'un mêlange

confus de petits points à peine visibles, forme bientôt un assortiment agréable des plus jolies couleurs.



Les insectes du quatrieme ordre, considérés dans leurs œufs, sont pareillement des nymphes dont toutes les parties sont cachées : ainsi ils ressemblent parfaitement alors à ceux des trois premiers ordres ; mais au sortir de l'œuf, ils different de ceux du premier ordre, en ce qu'ils sont sous la forme de vers imparfaits ; ils different de ceux du second ordre, en ce que leurs membres se forment & croissent sous une peau qui les cache, & ils ressemblent en cela à ceux du troisieme ; enfin ils different de ceux-ci, en ce que leurs membres ne paroissent jamais à découvert avant leur derniere transformation ; mais ils se changent en nymphes & restent immobiles au dedans de la même peau sous laquelle ils ont crû. L'auteur place particuliérement dans cet ordre les vers des latrines, la mouche asyle, le taon, la mouche chevaline, le ver du fromage, le ver du chou ; n'oublions pas la teigne ; cet insecte est un fléau de ménage ; il faut le connoître. Les teignes  sont des ennemis d'autant plus dange-

reux qu'ils nuifent fans être apperçus ;
ce font de véritables vers, qui fe logent
dans des fourreaux tiffus qu'ils favent
fe conftruire ; & par une économie
finguliere de la nature, la matiere de
leur logement leur fournit la nourriture.

La teigne conftruit fon fourreau avec
beaucoup d'art ; c'eft un cilindre creux
ouvert par les deux bouts, plus renflé
dans fon milieu, & plus étroit du côté
des ouvertures. Au moyen de cette
conftruction, l'infecte peut fe retourner à fon aife dans le milieu de fon
habitation, & fortir au befoin par
l'une ou par l'autre iffue. Elle n'avance
jamais hors de fon fourreau que les fix
jambes antérieures qui lui fervent pour
marcher ; elle ne fait ufage des dix
autres que pour fe cramponner au dedans de fon habitation. Elle tranfporte
toujours, ainfi que les tortues, fon logement avec elle ; mais elle eft libre
de changer de fourreau, quand il lui
plaît. Les matériaux qui lui fervent à
rebâtir fa maifon, elle les prend par-
tout. Si elle habite une piece de drap
verd, elle formera tout le dehors de
fon fourreau d'une matiere verte, en
détachant avec fes dents de petits brins

de laine qu'elle treſſera artiſtement avec
ſa toile ; & comme elle ſe nourrit encore de la même matiere , ſes excré-
ments ſeront pareillement verds.

Mais ce n'eſt que ſur le dehors de
ſon logement que la teigne met en
œuvre les matieres étrangeres , le dedans n'eſt jamais garni que de la toile
qu'elle ſe file elle-même ; c'eſt un
tiſſu bien uni , doux & mollet ; tel
enfin qu'il doit être pour embraſſer
immédiatement le corps d'un animal
délicat , & pour lui ſervir de lit. Telle
eſt la maniere de vivre de ce petit inſecte , juſqu'au temps où ſes membres
prennent tout leur accroiſſement ſous
une peau de chenille : alors il ferme
exactement les deux portes de ſon habitation , il s'y défait de ſa peau , &
ſe change en une chryſalide , qui
ne tarde pas à devenir papillon. On
donne quelquefois le nom de teigne
à ce papillon , mais ce n'eſt pas lui
qui fait tort à nos étoffes & à nos
habits , ſi ce n'eſt en y dépoſant de
petits œufs oblongs , d'où écloſent enſuite des chenilles qui ſont les vraies
teignes. La laine graſſe , le poivre ,
l'huile d'olive , une forte infuſion de

tabac, une diffolution de fel de foude, l'efprit-de-vin , toute fumée épaiffe, mais fur-tout la fumée du tabac , & par deffus tout la térébentine , font , fuivant M. de Reaumur , d'excellents préfervatifs contre ces infectes & plufieurs autres. Swammerdam les décrit tous avec la même exactitude que celui-ci. Les obfervations microfcopiques fur les diverfes transformations des infectes , le conduifent à appercevoir en elles des développements parfaitement analogues à ceux qu'on remarque dans les membres des animaux qui ont du fang. Il prend la grenouille pour exemple , il en fuit le développement dans toutes fes nuances, & l'analogie fe manifefte de plus en plus.

Cette comparaifon des animaux qui ont du fang avec les infectes , l'auteur l'étend jufqu'aux plantes. Il fait plus : l'intervalle immenfe qui fépare l'homme des infectes , ne peut lui dérober la forte d'analogie qu'il trouve entre notre efpece fuperbe & l'efpece rampante. Tout le morceau où il examine les juftes limites de cette analogie , eft extrêmement curieux & intéreffant.

Quoiqu'un autre ouvrage du même

genre, ne puisse être comparé, pour le nombre des découvertes importantes & des observations neuves, à celui de Swammerdam, les traducteurs & l'éditeur ont cru néanmoins devoir l'enrichir encore de toutes celles qui avoient échappées à cet auteur, & qu'ils ont puisées dans les meilleures sources, telles, par exemple, que les écrits de M. de Reaumur. Les notes où se trouvent ces additions, contiennent aussi des éclaircissemens sur la concordance des noms des insectes, des remarques critiques sur quelques opinions de Swammerdam, ou sur les censures qu'on lui a fait essuyer. Ajoutez à cela le nombre de planches nécessaire pour suppléer à ce que les descriptions de l'auteur ne peuvent souvent peindre à l'esprit; & vous jugerez alors de quelle utilité doit être ce cinquieme tome.

Les savants auteurs de cette collection, & principalement celui qui en est l'éditeur *, méritent les éloges & la reconnoissance du public, pour les soins laborieux qu'ils se donnent de

La TLI-GNE.

___________

* M. Gueneau.

fouiller dans toutes les bibliotheques,
d'extraire de tous les Mémoires acadé-
miques, qui en font l'ornement, ce
qu'il y a de plus curieux & de plus
intéreſſant dans l'Hiſtoire naturelle. En
raſſemblant ſous un ſeul point de vue
toutes les vérités que les philoſophes
modernes ont découvertes, ils en forment, pour ainſi dire, un corps de lumiere qui éclaire le temple qu'ils élevent à la nature. Heureux le mortel
qui peut y pénétrer, & la contempler
dans ce ſanctuaire où elle n'eſt pas
moins vénérable ſous les métamorpho-
ſes continuelles des inſectes, que dans
l'appareil terrible des quadrupedes monſtrueux.

HISTOIRE

# HISTOIRE

## *NATURELLE*

# DES FOSSILES,

*Par Emmanuel Mendés DA COSTA.*

THéophraste est le premier auteur qui ait écrit sur ce sujet. *Dioscoride*, qui vivoit dans le premier siecle du Christianisme, est le second ; mais il ne parle que des fossiles employés en médecine. *Pline*, presque son contemporain, copia divers endroits de ses ouvrages, & il n'ajouta rien à cette partie de l'Histoire naturelle. La barbarie gothique fut aussi fatale à cette science qu'aux autres. Vers le milieu du seizieme siecle, la métallurgie commença à faire des progrès en Allemagne, qui exciterent l'émulation des Espagnols & des Italiens. Cette science n'a cessé depuis cette époque d'être cultivée jusqu'à ce jour par une foule



*Tome V.*      Q

d'auteurs. Mais le temps où elle a le plus fleuri, comprend une bonne partie du dix-septieme siecle. Elle ne tarda pas à produire beaucoup de disputes parmi ceux qui s'y consacroient. Le plus distingué d'entr'eux est le célebre Woodward : il entreprit d'en faire une science réguliere, en publiant une méthode de classifier les fossiles, fondée sur leur formation, leur structure & leur tissu. Mais on a trouvé depuis qu'un systême qui n'avoit que ces principes pour fondement, ne suffisoit pas pour distinguer exactement les corps du regne des fossiles. La méthode qui divise les corps suivant les différents changements que le feu produit sur eux, en corps qui se calcinent, qui résistent au feu, qui se vitrifient, &c. prévaut aujourd'hui généralement. Ce sont les Suédois & les Allemands qui l'ont mise en vogue. D'après cette méthode ont été composées la *Minéralogie* de M. *Wallerius*, *l'Histoire naturelle des fossiles* de M. *Hill*, & *l'Oryctologie* de M. *d'Argenville*. Ces ouvrages, quoique applaudis du public, n'ont pas eu le bonheur de plaire à M. *da Costa*. En réunissant les méthodes de Woodward

& de Wallerius, c'est-à-dire en arran-
geant les fossiles non seulement selon
la maniere dont ils croissent, se com
posent & sont configurés, mais aussi
suivant leurs qualités, autant qu'on
peut les découvrir par le feu, l'acier
ou les dissolvants acides, il a cru donner
un systême plus parfait.

Les terres, cette premiere classe des
fossiles, remplissent une bonne partie de ce premier volume. Il y en a
de trois sortes. Les unes naturellement
humides & d'un tissu ferme, ont au
toucher une douceur semblable à celle
des corps onctueux. Tels sont les bols,
les terres glaises & les marnes. Il y en
a d'autres qui sont naturellement seches ou rudes, & d'un tissu lâche,
savoir les craies & les ochres. Enfin il
y en a qui sont naturellement mixtes,
& qui conséquemment ne se trouvent
jamais dans l'état de pure terre.

Dans la seconde classe des fossiles
sont rangées les pierres de diverses especes. Les unes ont un grain visible
ressemblant au sable, peu brillantes,
& à peine susceptibles de poli : elles
se trouvent par couches continuées,
elles sont grossieres, rudes au toucher

& d'un tiſſu lâche. Il y en a d'autres qui forment des couches continues, qui ſont brillantes & d'un grain ſi fin qu'elles ſe poliſſent aiſément : elles ſont aſſez dures, elles fermentent avec les acides, & ſe réduiſent en chaud par le feu. Ce ſont les marbres. Celles qui ſe trouvent détachées dans des couches d'autres ſubſtances, l'auteur les appelle marmoroïdes.

Jugeons de l'inépuiſable fécondité de la nature par les 81 eſpeces de marbres que nous connoiſſons. On peut les ranger ſous quatre diviſions, dont la premiere comprend ceux d'une ſeule couleur, la ſeconde ceux de deux couleurs, la troiſieme ceux de plus de deux couleurs, & la quatrieme ceux qui contiennent des coquillages, du corail & d'autres corps étrangers. Les corps qui n'ont que la reſſemblance des marbres ſans participer à leur nature, ſont les granites & les porphires. Ils ſont diſtingués des vrais marbres en ce qu'ils ne ſe réduiſent point en chaux & qu'ils ne fermentent point avec les acides.



Une pierre qui mérite notre attention, c'eſt celle qui croît naturellement en polygones, formée de pieces contigues, mais détachées & posées les unes sur les autres. Elle est d'un noir assez foncé; elle peut prendre une surface unie; son tissu est fin, très fort, serré & uniforme. Elle est brillante & fort dure, l'acier en tire aisément du feu. Brûlée pendant une heure, elle acquiert une nuance de couleur de fer; mais dans un feu violent elle se vitrifie. Sa dureté la rend peu propre à embellir les maisons. Cette espece extraordinaire de pierre, n'a été trouvée que dans le Comté d'*Antrim* au nord d'Irlande. Elle est appellée la *chauffée des géants*, & forme un assemblage de plusieurs milliers de colonnes. Cette chaussée construite par la nature, est de forme à peu près triangulaire. Elle est composée d'environ trente mille colonnes angulaires de différentes grandeurs, la plupart perpendiculaires à l'horison, & très intimément unies malgré leur forme. Leurs hauteurs sont depuis 3 ou 4 pieds jusqu'à 40; & ces hauteurs dans quelques endroits d'une assez grande étendue sont si parfaitement égales, que leurs sommets réunis forment une surface plane & unie. En creusant au pied de quelques-unes de

PIERRE SINGULIERE.

ces colonnes , on en a vu la conti-
nuation à huit pieds de profondeur ; &
peut-être les eût-on trouvées encore
plus enfoncées, si l'on eût creusé plus
avant. Chaque colonne conserve le
même diametre, qui est depuis 15 jusqu'à 26 pouces, les mêmes angles, &
les mêmes faces dans toute sa hauteur.

Cet ouvrage si singulier de la nature a souvent attiré les regards des curieux
& des naturalistes. Celui sur tout qui
en a fait une étude particuliere, c'est
le Docteur *Pococke*, célebre par ses
voyages en Orient, & actuellement
Evêque d'Ossori en Irlande. Il suppose
que les différentes parties de ces colonnes furent d'abord formées en figure
de cilindre. C'est à l'affaissement d'une
matiere pierreuse qui nage dans un
fluide, qu'il en attribue la formation
successive. Dans cette opération le sommet de la derniere piece formée étant
convexe, celle qui se formoit au-dessus
prenoit une forme concave, & s'ajustoit
à la piece inférieure, soit par sa gra-
vité, soit parce qu'elle étoit plus molle.

Pour rendre plus sensible la description de ce phénomene étonnant, M. *da
Costa* a fait graver les figures qui re-

préfentent la *chauſſée des géants*. Elles
ſont tirées en partie de celles qu'a pu-
bliées le Doċteur *Pococke* dans les Tran-
ſaċtions philoſophiques, tome quarante-
huitieme , & en partie des vues de la
chauſſée des géants données par Ma-
dame *Drury*. Mais c'eſt la nature qu'il
faut voir pour la bien connoître. Toujours admirable dans la régularité de
ſes opérations, elle ſemble devenir plus
piquante dans les écarts de ſon capri-
ce. L'Angleterre ſur-tout eſt riche dans
ces ſortes de ſingularités.

# DISCOURS

*De M. LOMONOSOVV , fur la génération des métaux caufée par le mouvement de la terre à Petersbourg.*



IL falloit une révolution bien étonnante dans le monde littéraire, pour allumer le flambeau des fciences dans une contrée que les ténebres avoient fi long-temps enveloppée, & les frimats comme engourdie. Le nom de Pierre le Grand figurera parmi ceux des Légiflateurs qui ont en quelque forte créé leurs fujets , & dont le génie a triomphé de la barbarie. Son augufte fille, l'Elifabeth du nord , fera placée dans l'hiftoire à côté de celle dont l'Angleterre conferve fi précieufement le fouvenir. Tel eft l'afcendant des Princes fur les peuples ; ils en font le bonheur ou le malheur ; ils créent & cultivent, ou bien ils détruifent & dévaftent. Ces derniers afpirent quelquefois à une gloire fupérieure à celle des premiers ; mais fi

l'adulation ou la crainte la leur décer-
nent pendant leur vie , elle ne sauroit
soutenir les jugements de l'équitable
postérité.

Ces réflexions se présentoient naturellement à la vue de quelques disser-
tations de l'ordre de celle que nous
allons faire connoître. Elle a quelque
chose de frappant.

Les phénomenes inconnus ont toujours été redoutables pour le vulgaire ;
on s'est accoutumé à les regarder comme des effets sinistres de la colere du
ciel. Telles étoient autrefois les come-
tes , dont la vue glaçoit d'effroi les
hommes. Newton ne les envisagea
point comme les avant-courieres de
quelque grand malheur sur la terre ;
il présumoit au contraire qu'elles étoient
très bienfaisantes , & que les fumées
qui en sortent, ne servent qu'à secourir
& à vivifier les plantes. M. *Lomonosovv*
pense à peu près comme Newton. Il
ne voit dans les phénomenes qui alar-
ment les esprits foibles , que des marques de la clémence du ciel , puisque
la terre en retire des avantages. La
foudre , selon lui , contribue par sa
vertu électrique à l'accroissement des

plantes. Les tremblements de terre ont aussi leur utilité. Leurs ravages sont bien compensés par les trésors qu'ils forment dans les entrailles de la terre.

On ne peut douter que les secousses qu'ils donnent au globe, n'aient produit de grands changements sur sa surface. Pline, dans son Histoire naturelle, (livre 2) a rapporté les principales révolutions de cet ordre dont la tradition s'étoit chargée. Parmi les exemples modernes il n'y en a guere de plus frappant que celui des nouvelles isles formées au milieu de la mer, & en particulier de l'isle qu'un tremblement de terre fit paroître l'an 1707 entre les Cyclades près de l'isle de Santorim. Elle ne fut d'abord que comme une pointe de rocher ; dans l'espace de quatre ans elle acquit une étendue de quelques milles. Lima & Lisbonne ont éprouvé un sort tout contraire.

Les anciens Babyloniens attribuoient ces effets à la force des astres ; & Pline, en développant leur opinion, semble l'adopter. Il n'est pas impossible que la nutation du centre des grands corps qui composent l'univers, n'influe par une action réciproque sur le mouve-

ment de la terre ; en forte que la ligne
de direction des corps pefants venant
à être troublée fubitement, ces corps,
en tendant vers un autre point, éprouvent de violentes vibrations. Mais ces
recherches ne fauroient mener à aucune
explication de détail. Il vaut mieux
fe borner avec la plus faine partie
des philofophes tant anciens que modernes, à regarder le feu fouterrein
comme la caufe prochaine & efficiente
des tremblements de terre.

Ce feu eft en quelque forte l'ame
de la nature ; du fein de notre globe
il perce, pénetre & arrive à la furface
du globe, d'où il s'élance même dans
l'atmofphere, & entre dans la compofition des météores. Les volcans où il
eft concentré, font des foupiraux utiles au globe. L'ardeur des zônes brû-
lantes n'augmente point fa vivacité ; le
froid exceffif des climats glacés ne la
modere point. Le Pérou, la Sicile, les
Cyclades, l'Iflande, le Kamfchaka, les
terres Magellaniques, vomiffent également par leurs montagnes des torrents
de matiere enflammée ; il en fort même
du fond des mers ; & on a lieu de
croire fur-tout que la mer Tyrrhéne &

mer Egée repofent fur des feux fou-terreins. Joignez à ces phénomenes ce-lui que préfentent les fources chaudes qu'on trouve dans toutes les contrées. Les plantes qui croiffent dans le fein des mers, & qui fervent à la nourriture de tant de milliers d'animaux marins, prouvent encore la réalité d'une chaleur par tout répandue, fans laquelle au-cune végétation ne fauroit avoir lieu. Comment l'océan feptentrional, tou-jours couvert de glaçons, fourmille-roit-il d'amphibies de divers genres qui fe nourriffent de poiffons, fi le fond de fes eaux, entiérement privé de l'action du foleil, n'étoit échauffé par un feu fouterrein ?

Mais quelle peut être la nature d'un feu auffi étendu & auffi permanent ? Depuis tant de fiecles qu'il fe confu-me, où doit-il trouver une matiere propre à lui fervir d'aliment ? Dans le foufre qui par fa nature eft prompt à s'allumer & capable d'entretenir la flamme ? Ce minéral pénetre & circule dans toutes les veines de la terre. Il eft l'inépuifable fource qui fournit à l'en-tretien éternel des volcans & des fon-taines chaudes. L'on ne trouve prefque pas un minéral ou une pierre, qui par le frottement ne rende une odeur sulphureuse.

Voyons maintenant des phénomenes d'une nature bien différente. Auprès de Befançon on trouve une caverne, où il fe forme tous les étés une grande quantité de glace. Le thermometre prouve que la température y eft conftante toute l'année, c'eft-à-dire, à quelques degrés au deffous de la congélation. Les gouttes de pluie qui diftillent en été au travers de la voûte, fe changent en piramides de glaces ; tandis que le froid de l'hiver n'y fait rien geler. L'action de l'air externe n'entrant donc pour rien dans ce phénomene, on eft obligé de recourir à une vertu frigorifique fouterreine. Et comme cet exemple, s'il étoit unique, ne frapperoit pas affez. M. *Lomonofovv* rapporte des faits analogues qu'il tient d'un navigateur, qui a vifité pendant plufieurs années les côtes de la nouvelle Zemble & du Spitzberg. On y voit des rivieres dont les deux rives ont cette différence finguliere, qu'en été l'une fe revêt de verdure, tandis que l'autre demeure couverte de glace. Cette diversité de phénomenes ne sauroit assurement être attribuée à la diversité de l'action du soleil, puisque toutes les circonstances sont d'ailleurs égales. Il faut donc supposer sous le bord glacé une cause réeile qui ne sauroit être qu'un froid souterrein.

Mais afin que ce froid ne paroisse pas un mot vuide de sens, une simple qualité occulte; l'Académicien de Petersbourg imagine une hypothese fort spécieuse pour en assigner la cause. On sait que dans certains tremblements de terre non seulement des villes ou des isles, mais des contrées entieres ont été englouties. Lorsque ces désastres sont arrivés près du pôle où se trouverent d'immenses montagnes couvertes de glaçons éternels, quelques-unes ont pu s'abymer sous des terres & dans des climats qui ne permettent pas à l'action du soleil d'y pénétrer. Il faut des siecles pour que le froid de ces glaces souterreines arrive à la surface de la terre, qu'il entre en conflit avec la chaleur du feu interne, qu'il en résulte un équilibre, que le froid soit enfin vaincu par le chaud, & les glaces fondues en eau. Avant qu'on puisse faire de pareilles obſervations , non ſeulement les obſervateurs meurent , mais les générations s'enfuient, les nations diſparoiſſent, & la mémoire des événements s'efface.

En fouillant dans l'intérieur de la terre, on y trouve toutes les matieres fournies par les végétaux & les animaux. De leur union réſulte une eſpece de matiere mixte. Tel eſt le ſel foſſile : car quoiqu'il paſſe pour un minéral, il doit pourtant ſon origine au regne tant animal que végétal. En effet, ſuivant l'auteur, c'eſt un ſel marin, & le ſel marin naît de la deſtruction des végétaux & des animaux. Viennent enſuite les corps bitumineux, comme les ardoiſes, les lithantraces, la petrole, le napthe & les diverſes eſpeces de ſuccins. Tout cela ſort du regne végétal.

Nous paſſerons ici quelques détails que l'auteur a employés pour arriver à la génération des métaux, qui fait ici ſon principal objet. Des parties animales & végétales, qui s'inſinuent & ſe mêlent par-tout, contribuent ſurtout à la production des métaux. On en diſtingue principalement de quatre fortes, favoir 1º. les veines métalli-ques, qui ne font proprement que les fentes des montagnes, remplies de ma-tieres métalliques & minérales ; leur fituation varie prefque à l'infini fuivant les diverfes plages du monde & leur inclinaifon. 2º. Les lits ou couches métalliferes des montagnes, ordinaire-ment paralleles à l'horifon. 3º. Les minieres amoncelées dans les monta-gnes. 4º. Enfin les minieres qui fe montrent à découvert, comme les fa-bles mêlés d'or, l'étain en Angleterre, & le fer en Ruffie, en Suede, en Fin-lande. C'eft aux tremblements de terre qu'il faut, felon l'auteur, rapporter les diverfes fituations de tous ces lieux.

Toutes les fois qu'on creufe des puits, on trouve dans les couches, des terres, des bois, & quelquefois des forêts en-tieres, auffi-bien que des offements de toutes fortes d'animaux. Les couches qui ont le plus de rapport à la généra-tion des métaux, font celles de qui la compofition offre des pierres de gravier, de l'ardoife, des charbons de pierre & du bois pétrifié ; les minieres des divers métaux y font ordinairement renfer-mées. On peut citer à ce fujet les mines

de

de cuivre & d'argent qui font près de Frankemberg dans le pays de Heſſe. Quoique toutes les veines métalliques tendent de la ſurface de la terre vers ſon intérieur ſuivant diverſes directions, cependant elles ſont preſque toujours bouchées à la ſurface par la terre qui repoſe deſſus, & vont en s'élargiſſant à meſure qu'elles deſcendent. C'eſt dans les montagnes dont la pente eſt inſenſible, qu'on trouve les veines riches en métaux. Quant aux matieres dont ces veines ſont compoſées, outre les métaux, on y rencontre des pierres différentes de celles qui forment la maſſe de la montagne.

Tout ceci a un rapport néceſſaire avec les tremblements de terre. La diverſe ſituation des maſſes & les ſurfaces des montagnes ſont leur ouvrage. Car plus la cauſe motrice d'un coté eſt puiſſante, & la réſiſtance du ſol foible de l'autre, plus les tremblements de terre ſont grands & produiſent des effets conſidérables. Une énorme quantité de ſoufre, embarraſſé dans les entrailles de la terre, dilate l'air chargé de vapeurs qui s'exhalent des cavités; & pouſſant la terre qui les couvre,

elle l'ébranle par des fecouffes qu iré-
pondent à la quantité de la force &
à la variété de la direction ; jufqu'à
ce que la réfiftance fe trouvant trop
foible dans quelque endroit, il s'y fait
une éruption. Au milieu de ces agi-
tations qui bouleverfent la terre, eft-il
étonnant qu'il fe forme dans fon fein
des couches, où les végétaux s'affocient
non feulement aux minéraux , mais
acquierent même la folidité des pierres ?
L'eau de pluie, en pénétrant les montagnes , détache les parties terreftres
qui fervent à la formation des pierres.
C'eft ce qu'on voit dans la production
des ftalactites. Il eft donc décidé que
les tremblements de terre difpofent fes
couches de maniere que les minéraux
& les autres foffiles y font pêle mêle
confondus. Il ne refte plus qu'à confidérer comment fe forment les veines
métalliques elles-mêmes.

Quand les matieres embrafées viennent à s'éteindre , le feu qui y demeure caché , cherchant après un certain temps à rallumer des flammes,
produit une fubite expanfion de l'air
placé fous quelque nouvelle couche.
La terre en conféquence fe fouleve un

peu. Elle s'affaiſſe enſuite par degrés ; & le ſol des campagnes tombe dans les cavités qui ſe ſont formées ſous elles. De-là vient que les pentes des montagnes ſont pour la plupart inſenſibles, mais en même temps interrompues par des coupures dont la direction varie. Cependant la partie inférieure des terreins affaiſſés, laquelle doit être concave, a des ouvertures qui s'aggrandiſſent néceſſairement, tandis que celles qui répondent à la ſurface extérieure concave, ſe retréciſſent & ſe réduiſent à de petites fentes. Voilà pourquoi les veines des métaux ſont plus larges à meſure qu'elles approchent du centre de la terre, tandis qu'au voiſinage de la ſurface on les apperçoit rarement. Pendant ce temps là l'eau filtrée à travers les montagnes, charriant des minéraux en ſolution, pénetre dans ces fentes, & y dépoſe une ſubſtance pierreuſe, qui les remplit avec le temps.

Des quatre principales ſortes de lieux où l'on trouve les métaux, les deux premieres dépendent manifeſtement des tremblements de terre. La troiſieme qui conſiſte dans les minieres que les montagnes offrent dans un état d'entaſſement, n'eft pas un effet moins fenfible de la même caufe. D'où pourroient venir de femblables amas auffi confus, finon du défordre que les tremblements caufent dans les veines métalliques ? Enfin la quatrieme efpece, où les métaux expofés fur la furface de la terre, ne démentent pas la même origine. L'or, par exemple, qu'on trouve par petits grains en plein air, eft mêlé de gravier ou de terre. Le gravier, de l'aveu des phyficiens, fe forme de cailloux brifés. Ces grains fe font donc trouvés primitivement renfermés dans des pierres qui faifoient partie de quelque miniere, laquelle aura été rompue & difperfée par un tremblement de terre.

Ce n'eft pas le mouvement de la terre qui forme proprement les métaux, il les raffemble, il les réunit. Peut être qu'avant de s'engager dans la queftion que nous venons de traiter, euffions-nous dû préalablement examiner s'il naît encore actuellement des métaux, ou s'ils ont été créés en même temps que le monde; de façon que leur quantité demeure toujours la même. Jufqu'ici rien n'a encore été décidé au gré de la raison. L'auteur juge l'omalogie favorable à la génération actuelle des métaux ; nous n'entrerons pas dans les preuves qu'il en donne, ni dans son hypothèse sur la formation continuelle des corps métalliques.



L'auteur insiste, en finissant, sur l'extrême influence qu'ont les végétaux & les animaux dans la génération des métaux par les sels qu'ils fournissent. Et voilà sans doute pourquoi à une médiocre profondeur les veines métalliques sont toujours plus riches, sur-tout celles d'argent, & vont en s'appauvrissant à mesure qu'elles descendent. C'est que dans le voisinage de la terre elles sont plus à portée des exhalaisons animales & végétales. On peut achever de se convaincre à cet égard par la réduction des métaux, auxquels on rend leur forme splendide au moyen de cendres vitrescentes mêlées de charbon animal & végétal. Les métaux sur-tout qui ont le principe arsenical, exigent le charbon animal : la lune cornue & la chaux d'étain éludent en quelque sorte la forme métallique, tant qu'on n'emploie

pas le charbon favoneux. Le phyfi-
cien & le chymifte trouveront dans
cette diflertation beaucoup de détails
curieux dans lefquels il nous eft im-
poflible d'entrer.

# DISSERTATION

*Sur la maniere de conserver parfaitement les grains, par M. BARTHELEMI INTIERI. 1754.*

L'Espoir d'une couronne académique, ou plutôt le desir d'être utile à ses semblables, a fait chercher & découvrir à M. *Tillet* la cause la plus ordinaire de la diminution de nos récoltes & le moyen de les augmenter. M. *Intieri* nous fournit celui de les conserver. Sa dissertation ne voit le jour que depuis l'année derniere (1753); mais ses recherches existent depuis 1728, & ses expériences depuis 1731. Il y a 25 ans que le remede imaginé par ce physicien pour la conservation des grains, est mis en usage, dans le Royaume de Naples, avec un succès prodigieux; & c'est ce qui vient enfin de le déterminer à rendre public son secret. On demandera peut-être pourquoi l'auteur a tant différé. Il répond que

CONSER-
VATION
DES
GRAINS.

R 4

son sentiment a toujours été qu'il valoit mieux, par un sage délai, se mettre en état d'assurer le public d'une heureuse réussite, que de se hâter de le remplir d'espérances vaines & de probabilités.

Au reste, si M. *Intieri* marque avec exactitude l'époque de ses recherches & celle de ses expériences, c'est dans la crainte où il est d'être accusé de larcin. En 1740, le Docteur *Hales* (*a*) imagina le *ventilateur* pour renouveller l'air des hôpitaux, celui des prisons, des vaisseaux, des mines, & des autres endroits clos. Son dessein étoit aussi de le faire servir à l'avantage des grains, en faisant entrer, dans les magasins qui les renferment, non seulement l'air pur & frais, mais encore les vapeurs du soufre, ou autres, propres à faire périr les insectes.

M. *du Hamel du Monceau*, de l'Académie des Sciences de Paris, a suivi les idées de M. *Hales* qu'il a perfec-

______

(*a*) C'est une espece de soufflet ou pompe d'air qui attire tout celui d'une chambre, le conduit dehors, & donne lieu à celui du dehors de le remplacer.

tionnées. En 1753 il publia un *Traité de la conservation des grains*, dans lequel, outre l'invention de divers cribles ingénieux, de ventilateurs & de magasins de nouvelles formes, il est fait mention d'une étuve pour les desfécher. M. *Intieri* témoigne beaucoup d'estime pour l'écrivain Anglois ainsi que pour le François, mais il espere qu'ils conviendront tous deux qu'il a trouvé avant eux la maniere de conserver les grains, & que celle dont il se sert, est plus simple, plus facile, & plus sûre que la leur. Ce n'est point à nous à décider de la vérité de cette derniere assertion. Nous allons simplement rendre compte de l'ouvrage Italien. C'est un de nos devoirs de nous montrer dépouillés de toute prédilection nationale, & il nous sembleroit injuste d'ailleurs de priver quelqu'un de la gloire qui lui est due, parce qu'un autre aura mérité la même gloire.

L'auteur s'attache d'abord à montrer qu'aucun écrivain, soit ancien, soit moderne, n'a découvert la maniere de conserver parfaitement les grains. Il rapporte les sentiments des principaux d'entr'eux , & , non content de les combattre , il fait voir ce qu'ils ont de ridicule. On lit , dit-il , dans *le Spectacle de la nature* (*b*) , qu'il faut déclarer la guerre aux insectes qui mangent les grains , en laiſſant aller ſur le tas divers poulets , qui, par un inſtinct naturel , mangent les inſectes, & laiſſent les grains : un plaiſant de notre nation , ajoute-t-il, homme d'ailleurs fort ſage , trouvoit le conſeil de M. *Pluche* excellent lorſque les poulets étoient à nous, & le grain à d'autres. On a vu par expérience que les poulets mangeoient indifféremment les inſectes & le grain , & l'on peut aſſurer qu'ils le nettoieroient bien , ſi on les laiſſoit faire.

Mais le plus remarquable de ces prétendus antidotes eſt celui que Pline propoſe. Veut-on, dit cet auteur, préſerver parfaitement quelque magaſin que ce ſoit de tout dommage , qu'on prenne un crapaud, & qu'on le pende, par une patte de derriere, ſur la porte (*c*).

_______________

(*b*) Tome I. je demande ſi cet ouvrage méritoit la réputation dont il a joui.

(*c*) Le texte dit *une grenouille de buiſſon* , *rubeta rana;* c'eſt une eſpece de crapaud.

Après avoir rapporté , en peu de
mots, quelques-uns de ces fyſtèmes ,
M. *Intieri* expoſe le ſien , ou plutôt
ſes expériences. La clarté avec laquelle
il le fait, le ſoin qu'on voit qu'il a
pris pour ſimplifier le tout , & le rendre le moins difpendieux qu'il ſoit
poſſible , mettent chacun à portée de
le lire & de l'imiter.

Il commence par donner la véritable idée de la conſervation parfaite des
grains. Ce qu'on doit entendre par-là
eſt, dit-il , de préſerver pendant long-
temps une quantité de grains, quelque
conſidérable qu'elle ſoit, de la fermentation & des inſectes (*d*) , de le faire,
à peu de frais , ſans beaucoup de peine , ſans perdre un ſeul grain , ſans
en diminuer le poids , & en lui conſervant tout ſon goût. Il faut, conti-
nue-t-il , pour que l'on puiſſe ſe flatter
d'avoir trouvé ce moyen de conſervation , que chacun puiſſe faire la même
choſe pour ſes grains , & que l'opération ſoit ſur tout proportionnée au peu
d'intelligence des habitants de la cam-



---

(*d*) Les principaux de ces inſectes ſont les *cha-
renſons* & les *teignes*.

pagne; que le remede proposé soit utile à toutes sortes de grains, tendres, humides, & même mouillés, regardés jusqu'à présent comme hors d'état de se conserver; que les grains auxquels on l'aura appliqué, puissent être embarqués, être serrés dans les magasins, non éventés, & rester un long temps, sans qu'il soit nécessaire de les visiter; qu'en un mot, le laboureur délivré des frayeurs cruelles que lui cause la culture incertaine du grain, puisse, après qu'il l'aura recueilli & qu'il aura pris les précautions indiquées, dormir tranquillement & sans aucune crainte sur la récolte serrée dans ses greniers.

Rempli de cet objet, dans sa totalité, la premiere chose que M. *Intieri* observa, fut l'accord unanime de tous les hommes à reconnoître la nécessité de dessécher parfaitement le grain, avant que de le renfermer. Les anciens Romains, après l'avoir foulé, étoient dans l'usage de le tenir long-temps sur l'aire, exposé au soleil brûlant: c'étoit là leur unique ressource; & c'est ce qui fit tenter à notre auteur de faire parfaitement, avec le feu, ce que les Romains ne faisoient qu'à demi par le

moyen du foleil, dont l'action n'eft
pas toujours fuffifante, foit parce qu'elle
n'eft pas toujours affez continue, foit
parce que la faifon devient pluvieufe. &c.

Ce qui le confirma dans fon idée,
fut la maniere ufitée parmi les Egyptiens, depuis un temps immémorial,
d'imiter la chaleur naturelle des poules, de l'entretenir dans une égalité
parfaite durant plufieurs femaines, &
de faire éclorre par ce moyen, dans
leurs fours, des milliers de poulets :
méthode que M. *de Reaumur* a fi bien
mife en pratique. Il fe rappella encore
l'art avec lequel les botaniftes entre-
tiennent dans leurs étuves, pendant
des années entieres, la température
des climats chauds; ,, tellement, dit-
,, il, que les plantes étrangeres, trom-
,, pées, pour ainfi dire, y naiffent
,, heureufement, & y fructifient comme
,, dans leur fol natal. ,, Il étoit queftion, non de faire germer du bled, mais
au contraire d'en deffécher le germe,
chofe qui ne lui parut pas plus difficile
à trouver que le refte. Il favoit d'ailleurs
que cet ufage étoit pratiqué par les habitants des montagnes de l'Apennin,
dépendantes de la Tofcane, & qu'on

faifoit la même chofe pour les glands
& les oignons. Enfin il étoit perfuadé
que la chaleur, en defféchant le germe du grain, feroit périr auffi les
œufs des infectes qui le rongent. Voici
quelle fut fa premiere expérience.

Il fit faire une caffette de peuplier
( bois propre à donner entrée à la
chaleur, fans en retenir beaucoup. )
La largeur de cette caffette étoit prefque celle de l'ouverture d'un four, & fa
longueur le diametre. Elle étoit ouverte
par le haut. Ses bords avoient environ
un demi-pied, &, pour que la chaleur
la pénétrât mieux, il y avoit fait faire
de petits trous femblables à ceux d'une
rape. Il la remplit de grains jufqu'à
la hauteur d'environ un tiers de pied;
& à peine eût-on tiré le pain du four,
qu'il y ferra cette caffette, dont le fond
ne portoit point fur le fol, mais fur
des planches. Il la laiffa dans le four,
jufqu'à ce qu'il fût refroidi. Pour lors
il l'en tira, vuida le grain dans un
vaiffeau plus ample, & l'ayant obfervé avec foin, il remarqua qu'il étoit
fort fec, qu'il gliffoit fous le tact
(figne indubitable de la bonté du grain)
& qu'il étoit beau à la vue, fans avoir

contracté ni odeur , ni autre mauvaise
qualité.

Encouragé par ces heureux commen-
cements , il continua son expérience.
Il sema , dans un vase, cinquante de
ces grains , en mit cinquante autres
de la même espece , mais qui n'avoient
pas été au four , dans un vase égal ,
en tout, au premier. Il eut le même
soin des uns & des autres ; & dans
sept ou huit jours au plus , tous les
grains qui n'avoient pas été étuvés ,
poufferent , tandis qu'aucun des autres
ne poussa , même après plusieurs mois
d'arrosement & de culture.

Voilà le germe du grain desséché : voici
ses ennemis détruits. M. *Intieri* continua
de serrer sa cassette de peuplier dans le
four , avec la même quantité de grains
que la premiere fois , jusqu'à dix reprises différentes. Il les déposa ensuite
dans un tonneau défoncé par un bout,
pour les tenir ammoncelés , & provo-
quer ainsi la fermentation & la génération des insectes. Il les y tint plus
d'un mois, sans qu'ils donnassent aucun signe d'être endommagés , ni qu'il
y parût d'insecte d'aucune espece. Il
mit ensuite dans un second tonneau ,

semblable au premier, une égale quantité de grains, de la même espece & de la même qualité que ceux qui avoient déjà passé par le four, mais qui n'avoient été soignés qu'avec la pelle & le crible, selon l'usage de la terre de Labour. Il fit porter ce tonneau dans l'endroit où étoit l'autre. A peine y fut-il une semaine, que les grains qu'il renfermoit commencerent d'être attaqués par les insectes, & furent pénétrés d'une chaleur si forte, qu'elle les eût réduits en pourriture & en poussiere, si on ne les eût tirés bien vîte du tonneau, & fait vanner. Cependant M. *Intieri* fit moudre une partie du grain étuvé : il rendit une très belle farine, dont on fit de fort beau pain, d'un goût excellent & très bien levé.

On conçoit aisément quelle fut la joie de notre physicien. Son esprit étoit tout occupé de l'application du préservatif qu'il avoit découvert, lorsqu'il en envisagea toutes les difficultés. Il vit combien peu il seroit aisé de communiquer à de grands tas de grains une chaleur, & pour ainsi dire, une cuisson égale, sans que les plus voisins du du feu fuſſent brûlés, tandis que les plus éloignés & les plus enſevelis dans les tas reſteroient froids. Il ſentit le pénible embarras de mettre tant de grains dans une ſituation favorable, & cependant de quelle importance il ſeroit de les y tenir, & de les en tirer vîte & ſans peine. Ces réflexions parurent le déconcerter : mais il trouva des reſſources dans ſon génie. Ce qu'il avoit à découvrir ſe réduiſoit à deux points ; ſavoir, la matiere propre à faire des caſſettes dans leſquelles on pût chauffer une quantité conſidérable de grains, & la hauteur à laquelle on pouvoit porter les grains renfermés dans ces caſſettes, pour que ceux du milieu fuſſent parfaitement deſſéchés, ſans que ceux qui ſeroient aux ſuperficies fuſſent endommagés par le feu.

Quant au premier article, les bois tendres & légers, tels que le ſapin & le peuplier, lui parurent les plus convenables. L'épaiſſeur des planches ne devoit pas excéder un pouce ; on devoit les unir avec des clous de bois, ou par le moyen de la colle & des engrenures. Les clous de fer, auxquels la chaleur du feu ſe communique for-

Tome V.　　　　　　　　S

tement, auroient brûlé quantité de grains, ou les auroit beaucoup endommagés. Enfin, pour faciliter l'entrée à la chaleur, il falloit, comme on l'a déjà vu, faire de petits trous aux planches des caſſettes.

Quant au ſecond article, il étoit à propos de donner peu de hauteur aux couches de grains, en obſervant que, comme l'action du feu eſt plus grande, quand la chaleur monte en ligne droite que quand elle ſe communique horiſontalement, les couches de grains des caſſettes ſupérieures pourroient être portées juſqu'à la hauteur d'environ quatre pouces ; mais celles des caſſettes inférieures ne devoient pas excéder trois pouces.

Après ces premieres découvertes, M. *Intieri* fit une groſſiere ébauche de ſon étuve. Elle conſiſtoit en une chambre ſans fenêtres, dont il garnit les murs, tout autour, de rangs de caſſettes, aſſez reſſemblans aux tablettes d'une bibliotheque, ou plutôt aux logettes dans leſquelles on conſerve les fruits. Mais une ſemblable diſpoſition étoit encore fort défectueuſe par la peine & le temps qu'il falloit employer

à remplir & à vuider les caſſettes, & 
par la néceſſité d'ouvrir la chambre 
après chaque étuvée ; ce qui faiſoit 
perdre à l'air & au bois toute leur 
chaleur, tandis qu'en la conſervant 
elle eût abrégé de beaucoup la ſeconde 
étuvée : nouveau ſujet de réflexions & 
de recherches qui firent enfin imaginer 
à l'auteur une machine exempte de tout 
inconvénient.

Ce qui le conduiſit à cette découverte fut l'eſpece de fluidité du grain, 
commune à toutes les autres matieres 
compoſées de pluſieurs petits corps preſque ronds. L'effet de cette fluidité eſt 
de les faire couler ſur des plans in-
clines, pourvu que l'inclinaiſon ſoit aſſez 
conſidérable. Mais il y a une différence 
eſſentielle entre la fluidité des grains, 
& celle des corps liquides. Elle conſiſte en ce que, dans les tubes, le 
grain ne monte point à la hauteur 
de la colonne qui le preſſe, comme 
ces corps là. De ces deux propriétés, 
M. *Intieri* tira tout l'artifice de ſon 
étuve.

Il partagea par le milieu les files de 
caſſettes qui s'étendoient d'un angle 
à l'autre de chaque mur de la cham-

bre, & qui étoient paral'eles au fol. Il les inclina l'une contre l'autre, de maniere que la partie fupérieure de chacune étoit attachée à l'angle du mur, & panchoit vers le milieu. Entre les deux files de caffettes, il plaça un canal fait en équerre de même largeur que les caffettes, & de la hauteur de tout le mur. Toutes les caffettes embouchoient ce canal qui reffembloit affez bien à la groffe épine d'un poiffon à laquelle les épines latérales tiennent. Dans les deux angles de la muraille, où tenoit la partie fupérieure des caffettes, il plaça deux canaux femblables en tout à celui du milieu, avec la feule différence qu'ils n'étoient percés que par les flancs qui les uniffoient aux caffettes. Cela fait, il fuffifoit de faire tomber le grain, du haut du toit, dans ces deux canaux, d'où il entroit de lui-même dans les caffettes. La pente qu'elles avoient, les faifoit entrer dans le canal du milieu, dont le bas perçoit le mur de part en part. On en ouvroit la cataracte, & l'on vuidoit toutes les caffettes, en très peu de temps, & avec une facilité extrême, fans ouvrir la porte de l'étuve, ni la refroidir.

'Tout cela s'exécutoit avec le plus grand succès ; mais il restoit un point essentiel. C'étoit de faire en sorte que les caffettes, dont la situation, d'abord horisontale, avoit été rendue inclinée, fussent pleines de grains, sans le répandre, quoique leurs bords n'eussent pas plus de cinq ou six doigts de haut, & semblassent ne pouvoir suffire pour retenir le grain dans la partie inférieure. En les élevant davantage, le grain y seroit si accumulé, que l'action du feu ne pourroit pénétrer que difficilement dans le milieu ; inconvénient qu'il falloit éviter plus que tout autre.

Pour y remédier, M *Intieri* imagina de mettre à chaque caffette trois tables en travers, à une distance égale l'une de l'autre. Ces tables, comme autant de digues, tenoient le grain dans quatre différents niveaux, & chaque compartiment de la caffette en contenoit la quantité suffisante. Au reste, il s'en falloit d'un doigt que les tables ne touchassent le fond des caffettes. Elles laissoient ainsi passage au grain, pour qu'il descendît jusqu'au dernier compartiment. Par ce moyen, aucune partie de la caffette ne restoit vuide de grain,

Conserva-<br>vation<br>des<br>grains.

S 3

aucune n'en étoit trop remplie. De plus, selon l'espace qui se trouvoit entre les tables qui traversoient les cassettes & le fond, on pouvoit varier les niveaux du grain, & les faire plus ou moins hauts. Par conséquent, selon que le grain seroit plus ou moins humide, on avoit la facilité de lui préparer des étuves propres à le dessécher parfaitement.

Voilà une idée générale de la machine. L'auteur la peint ensuite d'une maniere plus détaillée. Il décrit d'abord la fabrique de l'étuve. C'est un petit édifice de briques, semblable à une tour quarrée; l'intérieur n'a qu'une chambre, dont la longueur, la largeur & la hauteur doivent avoir une proportion déterminée. Elle doit être faite en voute; & la forme de cette voute doit être aussi déterminée. Il n'y a qu'une seule porte, au dessus de laquelle est un œil de bœuf, qui sert de soupirail. La grandeur de l'un & de l'autre est encore marquée. Au haut de la tour & en dehors est une terrasse fermée de parapets. Si la tour est bâtie dans un lieu couvert, comme, par exemple, dans l'intérieur même des magaſins, elle n'a pas beſoin d'autre couverture; mais ſi elle eſt en plein air, il faut conſtruire autour une ſeconde chambre, dont les murs & le toît défendent la premiere, & ſur-tout la terraſſe, de la pluie & des vents.

Au milieu du plancher de la terraſſe ſont ſix trous ronds, larges chacun de trois doigts, & placés à une diſtance égale l'un de l'autre, ſur la même ligne, qui répond au faîte du dedans de la voute. Ces trous la percent, & font paſſer le grain verſé ſur la terraſſe, dans l'intérieur de la petite chambre, dont l'un des murs eſt occupé par la porte & le ſoupirail, & les trois autres ſont garnis de caſſettes & de conduits. Les caſſettes ſont au nombre de quatre-vingt-quatre, tant grandes que petites, les conduits au nombre de huit, dont quatre occupent les coins de la chambre, deux coupent, par le milieu, les deux murailles latérales, & ſervent à vuider les caſſettes qui s'y trouvent. Des deux qui reſtent, l'un ſert à remplir, l'autre à vuider celle du mur qui eſt en face de la porte. Ils ont tous, dans le flanc, autant de fentes horiſontales, qu'il y a de caiſſes qui s'y embouchent. Il faut obſerver néanmoins, que ceux qui partagent les murailles latérales, ont des fentes dans les deux flancs, mais que les autres n'en ont que dans un.

L'auteur décrit encore de nouveau la ſituation des caſſettes le long des murs; & c'eſt ſur-tout pour montrer la différence de cette ſituation, dans les murs latéraux, d'avec celle du mur qui eſt en face de la porte. Il revient à l'article des caſſettes, & détaille avec la derniere exactitude leur forme, leur profondeur, & la configuration de la partie ſupérieure & de la partie infé-rieure des plus grandes. On ne ſauroit ſe former une idée bien nette de tout cela, ſans avoir ſous les yeux les ſept planches de gravure qui ſont à la fin de l'ouvrage, & qui n'en relevent pas peu le mérite (e).

Tout le dedans de la machine, ou le château de bois, eſt couvert d'une eſpece de toît de même matiere, en

_______________

(e) Nous avons fait graver la principale, & nous croyons qu'elle ſuffira pour rendre au lecteur cette machine ſenſible. Elle eſt placée à la fin de cet article.

forme de caffette. Les deux côtés en
font inclinés ; & l'un eft tourné vers
la porte, l'autre vers le mur qui eft
en face. Le comble touche au haut de
la voute, & répond aux fix trous de
la terraffe. Ce toît en a quarante & un.
Ce font autant de bouches qui communiquent aux caffettes ou aux canaux.
Toute cette conftruction porte fur une
bafe de la hauteur d'environ quatre
pieds. Trois raifons ont déterminé l'auteur à conftruire ainfi. Premiérement,
afin que le château de bois ne fût pas
trop voifin du feu, & par conféquent
expofé à l'incendie, ou que du moins
le grain ne fût pas endommagé ; en
fecond lieu, afin que les canaux d'é-
miffion (*f*) fe trouvaffent élevés au-
deffus de la terre, & puffent verfer le
grain ; enfin, parce que, fans cela,
le feu n'eût pas agi fuffifamment fur
les caffettes les plus baffes, & paralleles au brafier. Ce brafier confifte en
cinquante livres de charbon allumé

---

(*f*) L'auteur appelle canaux *d'émiffion* ceux qui
fervent à vuider les caffettes, & canaux *d'immiffion*
ceux qui fervent à les remplir.

dans un chaudron, porté fur des roues. Quand on l'a mis dans la petite chambre, on en ferme la porte : on l'y laiſſe brûler pendant ſix ou ſept heures, & même moins, ſi l'étuve eſt déjà échauffée. Durant ce temps-là, le grain ſue plus ou moins, ſelon ſa nature. Pour le plus ſec, il eſt inutile de tenir le ſoupirail ouvert ; mais il n'en eſt pas de même pour le plus humide & le plus tendre, d'où la violence du feu tire quelquefois tant d'eau, qu'elle coule juſqu'à terre, à travers les fentes des planches.

L'auteur marque enſuite la maniere la plus ſimple & la plus facile de porter le grain ſur la terraſſe de l'étuve, pour le précipiter dedans. Il décrit une machine de ſon invention, propre à cet effet, & qui épargne beaucoup de peine & de dépenſe. Il fait obſerver la capacité de l'étuve, avoue l'erreur où il avoit été d'abord qu'on ne devoit en retirer le grain que quand il étoit tout à fait ſec & qu'il craquoit ſous la dent, marque la dépenſe de l'étuve, & fait voir qu'il a, dans ſes recherches, rempli tout ſon objet ; c'eſt-à-dire, que le remede qu'il a trouvé,

pour la confervation parfaite des grains,
eft für ; qu'il eft applicable aux grains
de toute efpece ; qu'il fuffit d'en ufer
une feule fois ; qu'il eft proportionné
à l'intelligence des habitants de la campagne ; & qu'on peut même y faire
des erreurs confidérables, foit par la
quantité de charbon, foit par le nombre des heures, fans que le grain en
fouffre : la preuve qu'il donne, eft
qu'on en a laiffé dans l'étuve jufqu'à
45 heures, & qu'on la retiré en fort
bon état. Le remede eft d'ailleurs d'une
très petite dépenfe, & tourne double-
ment à profit : car, non feulement il
préferve le grain de la pourriture &
des infectes, mais il en augmente encore le poids jufqu'à fept pour cent,
ce qui a été exactement obfervé par
l'auteur (g).

Quel fujet de gloire pour un favant,
& de fatisfaction pour un bon citoyen
qu'une pareille découverte ! M. *Intieri*



---

(g) M. *du Hamel* affirme pofitivement le contraire, & prétend que le grain diminue de pefanteur dans l'étuve. Comme il s'agit d'un fait, on
ne peut prendre parti pour l'une ou l'autre affer-
tion, qu'en faifant foi-même des expériences.

avoit lieu de s'applaudir d'avoir pouffé jufques-là fes recherches ; mais fon zele l'a porté plus loin. Ayant obfervé de quelle utilité étoit pour la conferva-tion du grain, l'humide brûlant qui qui le pénetre dans l'étuve, il lui vint auffi-tôt dans l'efprit de tenter de le conferver par le moyen de l'eau bouillante. Il en prépara dans une chaudiere, y plongea le grain, & l'y tint environ une minute, après quoi il le fit fécher à l'air & au vent : la couleur & le goût n'avoient nullement été altérés par cette immerfion ; il en planta, mais il ne germa point : preuve certaine que l'eau bouillante en avoit éteint la vertu générative. Voilà une découverte encore plus précieufe que la premiere. En tout temps, en tout lieu, fans machines, fans art, fans induftrie, fans autre chofe qu'un peu d'eau & de feu, on peut fe procurer & communiquer à fes femblables un des plus grands avantages de la fociété.

On trouve, dans le corps de la differtation de M. *Intieri*, deux lettres de M. *Maréchall*, François, zélé pour le fervice du Roi, & dont l'état eft d'être particuliérement attaché aux vivres. L'une de ces lettres est adressée à M. *de Troi*, & l'autre au Cardinal *Valenti*. Il propose, par leur canal, des difficultés à M. *Intieri* au sujet de son étuve sur le modele de laquelle il en a fait construire une à Lille, avec quelques petits changements. L'auteur répond à ces difficultés, & les résout par des raisons solides.

Le zele de cet écrivain qui se fait sentir dans tout le cours de son ouvrage, éclate dès l'avant-propos, dont la lecture est attendrissante. L'auteur y dit que se sentant chargé d'années & près de quitter la vie, il croiroit avoir quelque reproche à se faire en mourant, s'il ne faisoit une profession solemnelle des sentiments affectueux que son ame renferme depuis long-temps pour le bien public. Il ajoute que s'il a quelque regret de se voir bientôt séparé de nous, ce regret est non seulement adouci par l'espérance de la béatitude éternelle, mais encore par la joie inexprimable qu'il ressent, en voyant qu'il laisse le genre humain dans un bien meilleur état qu'il ne l'a trouvé. „ Les vertus des Princes, les

„ mœurs des peuples, la gloire des
„ lettres & celle des arts, l'agricultu-
„ re, le commerce se font tellement
„ accrus & perfectionnés, durant le
„ *court espace de ma vie*, qu'un senti-
„ ment intérieur me fait espérer que
„ dans peu de temps toutes ces choses
„ arriveront à un point, où non seu-
„ lement l'histoire ne nous apprend pas
„ qu'elles soient jamais arrivées, mais
„ ou peut-être nous ne saurions nous
„ imaginer qu'elles arrivent un jour. „
Voilà le langage d'un parfait citoyen.

L'auteur est parvenu à l'âge de quatre-vingt-dix ans, & jouit (en 1755) d'une santé parfaite. Il a raison, malgré cela, de dire que c'est un *court espace* pour ceux qui, comme lui, sont occupés du bonheur de leurs semblables. Mais c'est un espace trop long pour les êtres oisifs & mal-faisants, dont la stupide langueur pese à la terre qui n'en retire aucun avantage, ou dont la funeste existence fait gémir l'humanité du poids de leur orgueil & de leur dureté.

Il faut espérer qu'après avoir appris de MM. *Intieri* & *du Hamel* la maniere de conserver parfaitement le grain, &

de M. *Tillet* la cauſe qui le corrompt & le noircit dans les épis , quelque nouveau génie , de la trempe du leur , nous fera connoître l'origine de la carie , cauſe de cette corruption , & le moyen de la prévenir. C'eſt aux Académies à faire entreprendre un ſi beau travail par l'eſpérance de la gloire , & au public à le récompenſer par ſes applaudiſlements.

CONSER-
VATION
DES
GRAINS.

# MÉTHODE

*Pour extraire du sucre des plantes communes, par M. MARGGRAF.*



LEs plantes que j'ai examinées chymiquement dans la vue d'extraire du sucre, de leurs racines, & qui en rendent beaucoup, sont très communes dans plusieurs contrées, & ne demandent ni un terrein favorable, ni une culture assidue. Telles sont :

1°. La poirée blanche, *cicla officinarum.*

2°. Le chervis, *Sisarum Dodonæi.*

3°. La beterave.

On peut connoître la racine des plantes qui contiennent du sucre par ces caractéristiques. Si vous coupez les racines en morceaux & les nettoyez avec soin, elles auront un goût fort agréable : & si vous les examinez dans le microscope, vous y distinguerez des particules blanches cristallines, qui sont un vrai sucre.

Le

Le sucre étant un sel qui se dissout
dans l'eau-de-vie, j'imaginai qu'on
pourroit aussi l'extraire de la plante
avec l'eau-de-vie de la meilleure & de
la plus forte qualité. Pour déterminer
provisoirement la quantité de sucre qui
pourroit se dissoudre par cette méthode, je mis dans un verre une once
du meilleur sucre & du plus fin, bien
pulvérisé, avec quatre onces de la plus
forte eau-de-vie. Le tout étant bien
digéré, je le fis bouillir, & le sucre
fut parfaitement dissous. Pendant que
la dissolution étoit encore chaude, je
la passai à travers un linge fin dans
un autre vase. Je le bouchai exactement,
& j'eus le plaisir au bout de huit jours
de voir le sucre se former de nouveau
en beau cryſtal. Pour réussir dans l'expérience, il faut que le vase & le sucre
soient bien secs, & l'eau-de-vie bien
rectifiée.

M'étant ainsi instruit & préparé, je
pris des racines de poirée blanche, &
les ayant coupées en tranches bien minces, je les fis sécher au feu, en ob-
servant de ne pas les brûler. Je les ré-
duisis en poudre un peu grossiere, &
je la laissai sécher une seconde fois,

SUCRE DES
PLANTES
COMMU-
NES.

parce qu'elle contracte facilement l'humidité. Tandis qu'elle étoit encore chaude, j'en mis huit onces dans un verre, & je versai dessus seize onces d'eau-de-vie si forte qu'elle allumoit la poudre à canon. Le vase étant à moitié plein, après l'avoir bien bouché, je le mis dans un bain de sable jusqu'à ce que l'eau-de-vie commençât à bouillir, ayant soin de bien remuer la poudre, afin qu'elle ne prît pas au fond.

Aussi tôt que l'eau-de-vie eut commencé à bouillir, j'ôtai le vase du feu, & je versai la mixtion aussi vîte qu'il me fut possible dans un sac de toile, en le pressant bien pour en exprimer toute la liqueur. Je passai ensuite cette liqueur dans un linge fin, tandis qu'elle étoit encore chaude, & je la mis dans un vase de verre que je bouchai bien, & que je tins dans un lieu chaud. La liqueur fut trouble au commencement; mais au bout de quelques semaines, on vit paroître un sédiment crystallin qui avoit tout le caractere d'un sucre impur qui étoit rempli de crystaux épais. Pour purifier davantage la liqueur, je la fis dissoudre une seconde fois dans l'eau-de-vie, & je continuai, comme j'avois fait, avec le sucre ordinaire.



Par cette premiere expérience, je tirai des trois racines ci dessus mentionnées les quantités suivantes de sucre.

1. D'une demi-livre de racine de poirée blanche, une demi once de sucre pur.

2. D'une demi-livre de chervis, une once & demie de sucre pur.

3. D'une demi-livre de betterave, une once un quart du même sucre.

Ces expériences prouvent que l'eau de chaux n'est pas nécessaire, comme l'ont prétendu quelques chymistes, pour sécher & épaissir le sucre, puisqu'il se crystallise sans cela.

Etant bien assuré qu'il y avoit un sucre réel dans les plantes, je m'occupai à chercher une maniere moins dispendieuse de l'extraire, & je crus que la meilleure voie seroit, 1°. d'exprimer ce jus des plantes, de purifier ensuite le jus, & de le préparer à la crystallisation par l'évaporation, 2°. de bien purifier les crystaux qui en proviendroient.

Je pris une certaine quantité de chervis, j'en coupai les racines fraîches en petites parcelles, & je les pilai de toute ma force dans un mortier de fer. Je les mis enfuite dans un fac de toile, & j'en exprimai le jus dans une preffe préparée à cet effet; après quoi je verfai de l'eau fur les racines qui étoient reftées dans le fac, & je les preffai une feconde fois. Je mis enfuite toute la liqueur dans des vaiffeaux propres, & je la tins dans un endroit frais pendant 48 heures. Au bout de ce temps, elle fe clarifia, & il s'amaffa au fond une fubftance farineufe. Je verfai alors tout doucement la liqueur, & je la paffai à travers un linge fin dans un autre vaiffeau.

La premiere clarification ainfi faite, j'ajoutai quelques blancs d'œuf à ce jus que je fis bouillir dans une poële de cuivre en l'écumant continuellement, jufqu'à ce qu'il ne parût plus d'impuretés fur fa furface. Je la paffai encore, de forte que la liqueur étoit alors auffi tranfparente que le vin le plus clarifié. Je fis bouillir encore de nouveau la liqueur dans une moindre poële, jufqu'à ce qu'elle diminuât confidérablement, & je continuai ainfi en de plus petits vaiffeaux, de forte qu'il ne refta plus qu'un fyrop affez épais, que je tins dans un lieu chaud pendant fix mois, au bout duquel temps, le fucre s'arrêta fur les côtés du vafe en forme de cryftaux. Pour purifier ces cryftaux, je mis le vafe dans de l'eau chaude, & quand la chaleur eut rendu la mixtion fluide, je verfai la liqueur & les cryftaux dans un vafe de terre à large ouverture, dont le fond étroit étoit percé de plufieurs trous. Je mis enfuite ce vafe dans un autre, & je les laiffai dans un endroit tempéré. Par ce moyen le fyrop tomba par gradations dans le vaiffeau d'en-bas, & les cryftaux refterent dans le fupérieur.

Je mis alors ce fucre crud dans du papier brouillard plié de différentes façons, & je le preffai légérement dans le filtre. Cela le rendit plus pur, le papier imbibant beaucoup du fyrop vifqueux & tenace qui étoit attaché à ce fucre.

Après l'avoir ainfi dégagé de fes impuretés, je le fis diffoudre encore dans l'eau, je le paffai à travers une toile claire, je le fis bouillir, & je lui fis prendre la confiftance d'un fyrop épais. J'y verfai enfuite un peu d'eau de chaux,

SUCRE DES PLANTES COMMUNES.

T 3

& je le fis encore bouillir jusqu'à ce qu'il filât. Après cela je l'ôtai du feu & je le remuai pendant tout le temps qu'il fut à refroidir ; puis je versai le tout dans des vases de terre bien cuite, ayant la forme d'un cône & bien bouchés avec un fouloir de bois. Je mis ces vases dans d'autres plus épais. Quand ils eurent été huit jours dans un lieu tempéré, & que le sucre se fut rempli de cryftaux, j'ôtai le fouloir pour laisser écouler le syrop, & séchant encore le sucre par le moyen du papier brouillard comme auparavant, j'eus la satisfaction de le voir aussi beau que le meilleur sucre de saint Thomas, connu sous le nom de *Mofcorod*. On observera que ce syrop fert au même usage que la thériaque commune.

On peut par la même opération extraire du sucre de la poirée blanche & de la beterave. Celui de chervis est meilleur que celui de beterave ; mais celui de poirée blanche est le meilleur de tous.

J'essayai d'en extraire des tiges & des feuilles de ces plantes, mais je n'en obtins qu'une sorte de terre. Il est singulier que les racines de ces plantes contiennent du fucre , tandis que les tiges & les feuilles en font entiérement deſtituées.



Ne feroit-il pas fort avantageux pour les pauvres habitants de la campagne , de fe procurer à leur porte du fucre , au lieu de l'acheter fort cher ? Ils n'auroient même pas befoin de fuivre d'un bout à l'autre l'opération que je viens de prefcrire : il leur fuffiroit d'exprimer le jus , de le purifier un peu , & de le faire bouillir jufqu'à la confiſtence de fyrop.

De plus, ces expériences nous apprennent que les contrées qui produifent les cannes de fucre , n'en produifent pas exclufivement , puiſque ia nature en a fourni toutes les autres.

J'ai fait depuis des expériences fur tous les autres végétaux : les carottes rendent un jus fort doux , mais qui reſſemble plutôt au miel qu'au fucre. On en peut dire autant des courges. Le chiendent n'en fournit point du tout. J'en ai tiré un peu des panais , ainfi que de l'aloës américain. Le jus forti par l'incifion qu'on fait en hiver à l'arbre du boulleau , rend une efpece de manne. Enfin les raifins humectés & enfuite preffés donnent un fyrop qui coutient un peu de fucre.

T 4

# RÉFLEXIONS

## *SUR*

# LES INSECTES

### *Qui ravagent les Livres.*

INSECTES QUI RAVA-GENT LES LIVRES.

IL y a un très petit infecte qui dépofe au mois d'Août fes œufs fur les livres, & fpécialement fur les feuilles les plus proches de la couverture. C'eft une efpece de mitte affez femblable à celle qui fe trouve dans le fromage, laquelle mitte change d'état & devient efcargot. Lorfque le temps de leur transformation approche, ces infectes cherchent à prendre l'air , & mangent tout ce qui fe trouve fur leur chemin, jufqu'à ce qu'ils aient atteint l'extrémité du livre.

Pour dégoûter ces mittes des livres, les relieurs font ufage d'une pâte qui attirent ces infectes, & à laquelle ils mêlent des amers, tels que l'abfynthe.

Cette mixtion ne réuffit pas toujours. Les fels minéraux que tous les infectes haïffent, font le meilleur remede, & même le feul. Il faut mêler à la pâte dont on a parlé le fel connu fous le nom de *Arcanum duplicatum*, l'alun & le vitriol. Avec cette précaution, on peut être affuré que les livres feront garantis de toute infulte.



M. *Prediger*, qui a fait imprimer à Leipfick en 1741 des inftructions aux relieurs Allemands, leur confeille, entre autres chofes, de faire leur pâte avec de l'empois, au lieu de farine dont ils fe fervent. Il veut qu'on mêle de l'alun pulvérifé avec du poivre fin, & qu'on en foupoudre les livres, leur couverture & les tablettes fur lefquelles ils font. Il eft auffi d'avis que dans les mois de Mars, Juillet & Septembre on frotte les livres avec un morceau d'étoffe de laine trempé dans de l'alun pulvérifé.

Peut-on trop prendre de précautions pour conferver ce qui feul peut tranfmettre nos connoiffances à la poftérité ?

On a remarqué que les livres imprimés fur du papier fabriqué en Angleterre, font rarement attaqués des vers.

# LETTRE

*Du Docteur JEAN FOTHERGILL à la Société de Médecine de Londres, sur une gomme très astringente.*

GOMME TRÈS ASTRINGENTE.

LA nouvelle gomme astringente qu'on a découverte en Afrique, est épaisse & cassante, de couleur rouge, tirant sur le noir, & d'ailleurs fort opaque. Si cependant on la casse en très petites parcelles, elles sont d'un rouge transparent. Elle n'a point d'odeur ; mais dès qu'on la met dans la bouche, on la trouve fortement astringente, quoiqu'agréable. La plus grande partie s'y dissout promptement. Rien n'est en même temps plus stiptique. Si on la jette dans l'eau, les six septiemes se fondent promptement, lui communiquent un goût astringent, & la colorent d'un rouge foncé ; ce qui reste sans se dissoudre, semble résineux. Cette gomme differe du senegal, en ce qu'elle est beaucoup plus cassante ;

du sang de dragon, en ce qu'elle se diffout dans l'eau ; & des deux par sa ftipticité remarquable. Sans ces différences, on la prendroit sans contredit à l'apparence pour du sang de dragon.



On m'avoit envoyé des effais d'une autre gomme rouge & épaiffe, qui provient sans doute d'un autre arbre, puifqu'elle ne fe diffout pas fi promptement, & qu'elle eft d'un goût amer & défagréable.

La premiere fois que j'en entendis faire mention, ce fut dans une confultation avec le feu Docteur *Oldfield* fur une diarrhée chronique très obftinée qui avoit réfifté à toutes fortes de remedes. Ce médecin nous affura qu'il avoit ordonné avec fuccès cette drogue en pareil cas. Je la cherchai en conféquence chez plus d'un apothicaire, & je ne la trouvai qu'à Yorck. Le poffeffeur n'en avoit qu'une petite quantité qu'il avoit achetée à bord d'un vaiffeau venu de Guinée.

Je parcourus enfuite nos voyageurs d'Afrique, & voici ce que je trouvai dans les voyages de *Moore.*

# EXTRAIT

*D'une Lettre d'instruction du Gouvernement du Fort Jacques, à l'Auteur, alors Facteur à Brucoë, sur la riviere de Gambi, datée du 27 Mai 1733.*

LIQUEUR ROUGE.

IL y a une liqueur rouge qui coule abondamment de l'écorce d'un arbre nommé *Pau de sangue*, (le mot de *pau* est une corruption du mot Portugais, *Palo*, qui signifie bois,) en y faisant une incision, & en peu de temps elle s'épaissit jusqu'à la consistence d'une gomme d'un très grand prix ; c'est pourquoi vous m'obligerez de faire vos efforts, pour nous en procurer une grande quantité.

En réponse à cette lettre, l'auteur en envoya un échantillon de Brucoë, qu'on prit pour de vraie gomme d'Adragan. Il se donna beaucoup de mouvement pour tâcher d'en ramasser : mais comme on lui en apportoit de toutes les especes jusqu'à des dix ou

douze livres à la fois, il avoit beaucoup de peine à trouver fur cette quantité deux livres de vraie gomme d'A-
dragan ; le refte n'étoit que de la gomme
de Senegal, beaucoup moins parfaite.

On peut conclure de tout ce qu'on
vient de dire, qu'il fe trouve de cette
vraie gomme aftringente, & que ce
feroit une nouvelle découverte à joindre
à toutes celles qui ont été faites fur la
matiere médicale. Peut-être même en
tireroit-on parti dans le commerce,
fur-tout pour les couleurs.

Les maladies où cette drogue femble le plus néceffaire, font la diarrhée
habituelle, les fleurs blanches, & généralement toutes les incommodités
qui viennent de relâchement & d'acrimonie.

# OBSERVATIONS

## SUR L'ARRACK.

OBSER-
VATIONS
SUR L'AR-
RACK.

LE préjugé général eſt que l'Arrack eſt fait avec du ris : je l'avois toujours cru juſqu'à plus ample information. Mes recherches ſur ce ſujet m'ont appris que le meilleur Arrack de Goa eſt fait du jus de l'arbre de coco de la maniere ſuivante. On ſe fournit à cet effet de vaiſſeaux de terre qui ont un gros ventre & un col étroit, quoique large. Ainſi chargé de ces vaiſſeaux, on monte ſur l'arbre. Auſſi tôt qu'on a coupé un nœud, on attache à l'orifice un de ces vaiſſeaux de terre, afin que la liqueur y découle. On fait d'autres inciſions ſemblables, & on y attache autour des pots de terre. Quand on eſt deſcendu, on prépare un grand vaiſſeau pour recevoir le ſuc, & on laiſſe ordinairement le tout en cet état pendant la nuit, qui eſt le temps où l'arbre rend le plus de liqueur. On y retourne le lendemain , & on vuide tous ces vaiſſeaux de terre dans celui de bois , où la liqueur s'épaiſſit , commence à fermenter , & s'éleve juſqu'au haut du baquet. Quand la fermentation eſt finie, la liqueur débarraſſée du ſuperflu , ſe vuide dans un autre vaiſſeau. Etant ainſi diſtillée , elle eſt de la nature de ce que nos diſtillateurs appellent nos bas-vins. Cette liqueur eſt ſi foible, qu'elle s'aigriroit bientôt ; mais on la diſtille encore une fois , & c'eſt en cet état qu'on nous l'envoie. Quoique cette liqueur nous ſemble auſſi forte que le malt , elle n'a en effet que le tiers ou le quart de ſa force : car on rectifie le dernier dans l'eſprit-de-vin. La moitié de ces eſprits eſt du malt , tandis que dans le meilleur arrack de Goa , les eſprits de ce ſuc n'en occupent qu'une ſixieme ou huitieme partie. On extrait de l'arrack de quelques autres arbres ; mais le plus commun , le plus abondant & le plus facile à extraire , eſt celui de coco.

Lorſque je vins demeurer en Amérique , j'y trouvai l'érable dont on extrait dans le premier le ſuc , dit *d'érable* , en y faiſant un trou. On en fait une

liqueur qui eſt d'uſage. Perſonne juſqu'ici n'avoit penſé à l'employer autrement ; j'imaginai d'en faire la même
choſe que les Indiens font du jus de
coco, puiſque ces deux liqueurs ſont
fort ſemblables pour le goût. Après l'a-
voir fait fermenter pendant vingt-quatre
heures, je les fis diſtiller & rectifier,
& l'eſprit qu'on en tira étoit auſſi parfait que celui que donne l'arrack des
Indes orientales.

Il eſt vraiſemblable que le ſicomore
& le bouleau donneroient le même
eſprit ; & ſi cette expérience réuſſit,
elle ne peut qu'être avantageuſe pour
les colonies Américaines.

*DESCRIPTION*

# DESCRIPTION

## D E

## QUELQUES ANIMAUX

## DE L'AMÉRIQUE

## SEPTENTRIONALE.

LE *Carcajou* eſt un animal carnacier qui habite les cantons les plus froids de l'Amérique ſeptentrionale. Il peſe communément depuis vingt-cinq juſqu'à trente livres. Sa longueur depuis la tête juſqu'à la queue eſt de deux pieds, & ſa queue ſeule a huit pouces de long. Il a la tête courte & épaiſſe vis-à-vis du reſte du corps, les yeux fort petits, les machoires très fortes & fournies de trente-deux dents aiguës. Il eſt très fort & très furieux pour ſa taille. Quoique carnacier, il eſt ſi lent & ſi peſant, qu'il ſerpente plutôt ſur la neige qu'il n'y marche. Il faut convenir que presque tout ce qu'on vient d'en dire n'annonce guere un animal carnacier.

Suivant sa marche, telle qu'on vient de la dépeindre, on voit qu'il ne peut guere saisir d'autre proie que le castor qui est aussi lent que lui. Encore cela n'arrive-t-il que l'été, lorsque le castor est hors de sa cabane. L'hiver le carcajou borne ses efforts à rompre & à détruire la cabane dans l'espérance de surprendre ainsi le castor, ce qui n'arrive pas souvent, parce qu'au moindre bruit que ce dernier entend, il se retire sous la glace. Au reste, étant forcé l'hiver d'aller chercher dans les bois des provisions fraîches dont il est fort gourmand, le carcajou saisit ce moment pour l'attaquer.

Une autre chasse qui réussit quelquefois à cet animal carnacier, c'est celle de l'Elan, autrement dit caribou ou cerf du Canada. Ce dernier a coutume de choisir l'hiver sa retraite dans quelque lieu où croît l'*Anagyris fétide*, connue sous le nom de *feve de trefle*, qui lui sert de nourriture. Lorsque la terre est couverte de cinq ou six pieds de neige, il se fait des routes pour y arriver. Le carcajou fuit fa manœuvre, grimpe fur un arbre voifin de fon paf- fage, faute fur lui & lui coupe la gorge dans le moment. Rien ne peut fauver cette proie de la force & de l'attaque d'un fi dangereux ennemi.

Le caribou eft une efpece de cerf. Rien n'eft plus léger, & il court fur la neige prefque auffi vîte que fur la terre, parce que fes ongles font garnis de poils épais qui l'empêchent de glifler. Il fe fait ainfi que l'Elan une retraite dans les bois fous la neige, & y eft également expofé à l'invafion du car- cajou, qui d'un autre côté ne l'atta- que jamais en pleine campagne, n'étant pas accoutumé à perdre fon temps, ni à rifquer des combats réglés.

# DESCRIPTION

## *DES*

## MINES DE CHARBON

### *DE CASTLE-COMBER.*


La mine de ce charbon extraordinaire est située à Castle-Comber, village d'Irlande à soixante milles sud-ouest de Dublin. Ce charbon brûle dès le premier instant qu'on le met au feu, sans faire la moindre fumée. On voit seulement paroître une flamme bleue fortement empreinte de soufre, qui paroît constamment au-dessus du feu. Ce phénomene mérite d'autant plus l'attention des curieux, que tous les autres combustibles, comme le bois, la tourbe, & les mottes rendent une fumée sale & mal saine qui infecte toute l'atmosphere à trois lieues à la ronde. Ce charbon se trouve dans une couche de pierre noire de chaux marbrée, & on

le tire du trou à la profondeur de foixante
& dix ou quatre-vingts pieds. On le
fort de la mine en morceaux de cent
ou deux cents livres pefant, & fa couleur eft alors d'un beau bleu de Japon.
agréablement émaillé avec du foufre.
La proportion de ce foufre qui eft répandu dans les entrailles de ce précieux
combuftible, a produit aux habitants
& à ceux des pays voifins l'avantage
d'un meilleur climat. Il n'y eft plus
queftion d'air nébuleux ni impur : une
atmofphere claire & brillante y a fuc-
cédé, & ils ont un ciel d'afur, tandis
même que le refte du Royaume eft
environné des brouillards épais de l'hiver. Le Docteur *Méad*, quelque temps
avant fa mort, étant inftruit des qualités de ce charbon, rendit publique-
ment juftice à fon utilité. Il ajouta qu'il
étoit perfuadé que, fi l'on fe fervoit de ce
charbon dans la ville de Londres, le climat deviendroit auffi fain pour le moins
que celui de Naples, étant encore plus
tempéré & exempt des chaleurs excef-
fives ; qu'il n'y avoit pas à douter que
la fumée du charbon ordinaire étoit fi
pernicieufe, qu'elle enlevoit tous les
ans des milliers de perfonnes, par les

Mines de<br>Castle-<br>Comber.

V 3

maladies épidémiques qu'elle occasion-
noit. Une autre utilité qu'on en pourroit retirer, & qui ne feroit pas moins
confidérable, ce feroit de l'employer
fur mer dans les voyages de long cours.
Perfonne n'ignore que le charbon ordinaire eft une vraie pefte pour les matelots, la fumée qui en fort étant fu-
jette à rentrer dans le vaiffeau au moindre fouffle de vent, mêlée avec les
vapeurs de la mer qui ajoutent encore
à fon infection. Le charbon de Caftle-
Comber procureroit au contraire une
atmofphere pure & exempte de toutes
ces mauvaifes vapeurs. Il feroit en même
temps un antidote certain contre le
fcorbut. Il eft bien conftant qu'il feroit
fuffifamment empreint de foufre pour
opérer ce bon effet. C'eft de quoi l'on
s'eft convaincu par plus d'une expérience. Entr'autres, on prit un chat
dont on mit la tête fur la flamme bleue
qui fort du feu de ce charbon. En peu
de minutes, l'animal commença à fe
débattre & tomba enfin comme mort. On
l'enleva immédiatement de la flamme;
à l'aide de la machine pneumatique,
on pompa tout l'air fulphureux & ra-
réfié qui étoit dans fes reins, & on y

ſubſtitua un air frais qui rendit à
l'animal la vie & l'uſage de ſes jambes.

Tous les médecins & apothicaires
du pays conviennent qu'il n'y a preſque jamais de maladies chroniques,
ni de fievres épidémiques ; qu'il n'y a
preſque point d'exemples de malades
attaqués du ſcorbut ou d'autres maladies cutanées, ce qu'ils attribuent à la
pureté de leur air qui eſt purgé continuellement par les vapeurs ſulphureu-
ſes. Tous les habitants en effet ont un
air vif & leſte, qui les fait diſtinguer
des habitants du nord.

On achete ce charbon quatre ſols
monnoie de France, le cent peſant,
encore les frais de tranſport y ſont-ils
compris juſqu'à dix milles à la ronde.
On le tranſporte ſur des traîneaux particuliers qui ſont d'une ſimplicité admirable. Ils ne coûtent pas quarante-
huit ſols monnoie de France, bois &
façon. Le plus chétif cheval traînera
juſqu'à mille peſant, & cela ſans gâter
les chemins. Voici en quoi conſiſte
l'humble méchaniſme de cette utile machine. Ce ſont deux fleches de bois de
frêne traverſées par cinq à ſix pieces
de bois attachées ſur un eſſieu quarré.

V 4

M NES DE<br>CASTLE-<br>COMB.R.

Cet essieu est fixé si immédiatement sur les roues, qu'il tourne avec elles, par le moyen d'un aiguillon tortillé qui n'a pas un pouce de diametre, & qui pose dans deux trous pratiqués exprès dans les fleches. En tirant, le cheval entraîne l'aiguillon qui force l'essieu de tourner avec lui. L'essieu donne ensuite le mouvement aux roues qui tournent en même temps. Il est certain qu'il y a moins de frottement dans une voiture ainsi fabriquée, n'y ayant qu'un seul point de l'essieu de la courbe qui en soit affecté. D'un autre côté, les roues étant basses, & n'ayant pas quatorze pouces de diametre, elles donnent plus de pente, & la charge étant plus près du cheval, il en tire plus aisément. Quelquefois l'aiguillon sort de ses trous, & il semble alors que toute la machine est disloquée ; mais on en est quitte pour le replacer, & il n'y paroît plus.

Rien n'est plus difficile à allumer que ce charbon, & quand on n'est pas au fait, on a beaucoup de peine à y parvenir. Le vrai moyen de l'éteindre, c'est de le souffler : il est si délicat, qu'il ne supporte pas le soufflet. Tout l'art consiste à le bien arranger, & à y laisser un trou pour y placer au milieu un peu de charbon ordinaire avec quelques allumettes allumées. Il faut ensuite attendre une heure & demie, quelquefois deux heures, au bout desquelles on est bien dédommagé de sa patience par une éruption soudaine du feu le plus clair & le plus agréable. Le charbon ainsi allumé durera huit ou neuf heures de suite. La chaleur qu'il rend est dix fois plus vive que celle d'aucun autre charbon d'Angleterre. Il fait encore de très bon feu pour la cuisine. La viande qu'on y rôtit étant d'une couleur & d'un goût au-delà de toute expression. Enfin ce charbon est très propre & net, ne laissant pas la moindre ordure après lui. La braise qui en reste peut servir aux pauvres, ou bien elle sert aux forgerons qui l'emploient, & qui l'achetent quarante-huit sols le baril.

La commodité du transport ajoute encore à son éloge, puisque la mine n'est pas loin de la riviere de *Waterford*, qui reçoit des bâtiments de cent canons.

# DESCRIPTION

## *DU LAC*

## DE ZIRCHNITS

### *EN HONGRIE.*



QUoique les propriétés singulieres de ce lac soient fort susceptibles d'observation , aucun auteur ancien ni moderne n'en a fait de description particuliere. C'est donc une espece de découverte qu'on présente au lecteur.

Les anciens ont connu ce lac sous le nom de *lugea palus.* Son nom moderne lui vient de la ville de Zirchnits, qui est située sur ses bords.

La longueur de son bassin est de trois milles trois quarts ; sa largeur est de deux milles en quelques endroits, & d'un mille & demi dans d'autres. Sa profondeur, lorsqu'il est plein d'eau, est de trente-cinq pieds au milieu, &

de douze à quinze fur les bords. Il eft par-tout environné de hautes montagnes qui s'étendent à plufieurs milles dans le pays. Huit rivieres fe déchargent dans ce lac, dont deux ne font pour ainfi dire que des ruiffeaux ; les fix autres font de grandes rivières. Malgré cette grande quantité d'eau, le lac ne déborde jamais, parce qu'elle s'écoule par deux iffues dans les montagnes, fans compter un troifieme paffage fouterrein, qui probablement y communique auffi.

De l'autre côté des montagnes, fes eaux forment la riviere de *J. fero*, qui après avoir ferpenté pendant un mille, entre dans une caverne & y coule lentement l'efpace de quatre cents verges. Elle reffort enfuite & après avoir coulé un quart de mille, elle fe replonge dans la terre, & au bout d'un demi-mille fe jette dans une efpece de précipice, d'où elle fe difperfe dans le voifinage.

Toutes ces montagnes voifines font remplies de vaftes cavernes formées & ornées par la nature d'une variété de figures femblables à celles de la grotte d'Antiparos. Ces cavernes donnent lieu de croire qu'il y en a d'autres plus considérables que nous ne connoissons pas. Celles dans lesquelles nous entrons font quelquefois seches & d'autrefois remplies d'eau. Cette différence contribue sans doute aux variations qu'essuie le lac.

C'est à la fin de Juillet ou au commencement d'Août que ce lac commence à sécher. L'eau en sort entiérement en seize jours. Il reste ordinairement dans cet état de sécheresse jusqu'au milieu de Novembre qu'il se remplit de nouveau. Au reste ce n'est pas une regle certaine, car quelquefois il se remplit jusqu'à trois fois dans l'année. L'eau en s'écoulant laisse beaucoup de poissons & d'oiseaux de passage, ce qui fait un avantage considérable pour les six ou sept villes voisines qui en profitent.

Il y a dans ce lac trois isles & plusieurs fosses dans le fond de différentes largeurs & profondeurs. Au moyen de cette différence, ces fosses se vuident en différents temps, ce qui est beaucoup plus commode pour la vente du poisson. Lorsque l'eau commence à s'écouler, la fosse nommée *Malioberck*, est vuidée en trois jours. La cloche de l'Eglife la plus voifine en donne le fignal, & tous les habitants, hommes ou femmes, quittent ce qu'ils font, & fans aucune idée de décence ni de modeftie, fe jetent dans la foffe nus comme la main. L'eau en fort par de fi petites foffes que le poiffon ne peut y paffer; de forte qu'on prend tout ce qui y eft fans exception. Le Seigneur du lieu en a de droit la moitié, l'autre appartient aux habitants.

A peine cette premiere foffe eft-elle vuide, que toutes les autres s'évacuent fucceffivement, les unes au bout de quelques heures, les autres après quelques jours. Quelquefois le poiffon fe retire dans de grands creux de rocher, où les pêcheurs font obligés de s'enfoncer avec des torches allumées, pour faifir le poiffon qui ne leur échappe pas. Quelques autres de ces foffes fe vuident par des trous qui donneroient paffage au poiffon, fi l'on ne fe fervoit de filets. Avec cette précaution, on tire de ces foffes jufqu'à vingt ou trente charretées de poiffon.

Il y a dix-huit de ces foffes. Quand une fois elles commencent à fe vuider, tout s'écoule dans l'efpace de quelques minutes, quoique quelques unes aient quatre-vingts pieds de large & plus de trente de profondeur. Lorſque cette grande pêche eſt finie, la même cloche en donne encore le ſignal, & les habitants des villes plus éloignées, courent également nus dans le lac pour y chercher le poiſſon qui a pu reſter dans les cavernes & dans les roſeaux. Il eſt permis à tout le monde de glaner ainſi après les premiers pêcheurs, qui abandonnent cet avantage au public.

Quelques-unes de ces cavernes ſont d'une grandeur immenſe ; lorſqu'il tonne, ou qu'il éclaire, on y entend un fracas terrible. Quand les foſſes ſont pleines d'eau, les poiſſons ſont ſi troublés par ces éclairs, qu'ils flottent ſur la ſurface où on les prend en grand nombre. Ils reviennent à eux, lorſqu'on les jette dans d'autre eau.

On voit, dans une des plus hautes montagnes voiſines, deux grandes cavernes généralement ſéches toute l'année, excepté lorſqu'il tonne. Alors il en ſort une grande quantité d'eau en forme de colonne qui ont douze ou quatorze pieds de diametre, & autant de hauteur. Ces colonnes tombent dans

le lac & y jettent en même temps beaucoup de poiſſons & d'oiſeaux de riviere, parmi leſquels il y a beaucoup
de canards. Au premier moment où ils
tombent, ils ont fort peu de plumes
& ſont aveugles, de maniere qu'on les
prend facilement ; mais au bout de
quinze jours ils recouvrent la vue, &
ont aſſez de force pour s'échapper.

Lorſqu'une de ces caſcades a commencé, les autres ſuivent de près, &
l'on voit à la fois cinquante colonnes
ſe précipiter dans le lac par autant de
différentes ouvertures, ſpectacle auſſi
terrible que curieux. Pendant tout le
temps que le lac eſt ſec, toutes les rivieres qui s'y jettent, tombent dans
des trous au fond du lac, ſans le remplir. Le premier ſignal auquel on s'apperçoit que le lac va ſe remplir, eſt
une eſpece de vapeur ou de nuage blanc
qui ſort des montagnes & qui eſt ſuivi
du tonnerre, d'éclairs & de fortes
pluies. Le lac ſe remplit alors juſqu'à
une certaine hauteur qu'il n'excede
jamais.

Auſſi-tôt que la pêche eſt entiérement
finie, pendant l'intervalle où le fond
du lac eſt entiérement ſec, on en ar-

rache beaucoup de joncs qui servent à différents usages & entr'autres à faire une litiere convenable pour le bétail. L'eau fertilise tellement le fond du lac, qu'en vingt jours il est couvert d'excellente herbe & de très bon foin. Après qu'on a fauché ce foin, on laboure, & on seme du millet qui mûrit rapidement & prend un accroissement prodigieux. Quelquefois aussi tout ce millet se perd par l'arrivée soudaine des eaux. Lorsque cela n'arrive pas, & qu'on en fait la récolte, il y reste un excellent pâturage pour le bétail, & tant qu'il dure on y voit une grande quantité de cailles. Lorsqu'une fois le fond est sec, le gibier, les lievres, les bêtes fauves, les ours qui y viennent des bois & des montagnes voisines, fournissent la chasse la plus agréable.

Il est donc constant que ce lac procure aux habitants du voisinage beaucoup plus d'avantages de toute espece qu'aucun autre terrein dans le monde.

Les brochets qu'on y pêche pesent jusqu'à trente ou quarante livres. On y trouve fréquemment des tanches de six à sept livres, & des lottes de deux ou trois livres du meilleur goût.

Il

Il ne reste plus qu'à développer la vraie cause de tous les événements extraordinaires qu'on vient de rapporter. Voici ce qu'on en a pu pénétrer. Sous le lac de *Zirchnits*, est un autre lac souterrein avec lequel il communique au moyen des trous dont son lit est percé. D'un autre côté, il y a dans la montagne de *Javornick*, plusieurs autres lacs souterreins dont la surface est beaucoup plus haute que celle du lac de *Zirchnits*. Ce dernier est rempli par les rivieres souterrcines qui se rencontrent si fréquemment dans le pays, & il a un débouché assez large pour entraîner tout ce que ces rivieres lui apportent. Mais lorsqu'il survient un tonnerre accompagné de tempête & d'une violente pluie, les eaux des montagnes voisines tombent dans ces rivieres ; & comme elles ne peuvent s'écouler par le passage ordinaire, elles grossissent le lac, augmentent sa surface & se rendent ensuite très précipitamment dans le lac souterrein qui est au-dessous de celui de *Zirchnits*. Lorsqu'une fois les eaux ont rempli ce lac, elles remontent vers le sommet & se forment en colonnes à la hauteur de



LAC DE
ZIRCH-
NITS EN
HONGRIE.

l'autre lac fouterrein de la montagne de *Javornirck*. Tous ceux qui connoiffent les loix de l'hydrauftatique, n'ignorent pas que cet effet doit réfulter.

Les paffages qui ont été de niveau avec la furface du lac de *Javornick*, entraînent avec l'eau les canards de ce lac ; de-là vient que ces canards font fi dépourvus de plumes, & que leurs yeux accoutumés à l'obfcurité de ces ténébreufes régions, fe trouvent aveuglés en arrivant au grand jour, jufqu'à ce qu'ils s'en faffent une habitude. Les paffages qui font entiérement au-deffous de l'eau, ne permettent l'accès qu'aux poiffons & l'interdifent aux canards. D'autres paffages enfin trop petits pour admettre ni des canards ni des poiffons, ne fervent qu'à opérer l'écoulement de l'eau. C'eft donc ainfi que le lac eft fubitement rempli, & que quelques-uns des courants n'apportent que de l'eau, tandis que d'autres apportent des poiffons & des canards. Voyons à préfent comment ce lac fe vuide.

Etant une fois ainfi rempli, il reftera dans cette pofition, tant que les autres lacs qui le fourniffent, feront euxmêmes remplis. Mais auffi-tôt que le lac qui eſt au-deſſous de la montagne de *Javornick*, commence à ſe vuider ; il faut néceſſairement que le lac de *Zirchnits* & le lac ſouterrein ſe vuident auſſi. Tout revient alors dans ſon état naturel, juſqu'à ce qu'un ſecond débordement rempliſſe de nouveau le lac de *Javornick*. Ces obſervations fourniſſent l'explication naturelle de pluſieurs faits qui ſembloient tenir du phénomene.

# DISSERTATION

## SUR

## *LA TORPILLE,*

Poiſſon connu ſous le nom latin *Torpedo*, & nommé en Anglois *Cramphiſh.*

*Extrait des remarques du Docteur* TEMPLEMANN.



IL y a peu de naturaliſtes qui n'aient parlé des effets de la Torpille ſur ceux qui la touchent. Les ſciences ont leurs châteaux enchantés que les Doms-Qui-chottes de la philoſophie attaquent avec ardeur, quoiqu'il leur arrive rarement de mettre en liberté la belle qui y eſt renfermée. C'eſt ainſi que la phyſique a le reflux de la mer, & les propriétés de l'aimant; l'Hiſtoire naturelle la Tor-pille, &c.

Quelques auteurs, & ſpécialement

les anciens en ont parlé avec tant d'exagération, qu'il seroit difficile de leur ajouter foi. D'autres au contraire qui n'ont vu ce poiſſon que dans certaines circonſtances où l'on ne ſentoit pas l'engourdiſſement, en ont parlé comme d'un fait fabuleux. Il n'y a cependant pas lieu de révoquer en doute cet engourdiſſement, puiſque MM. *Redi* & *Borelli* ont certifié au public l'avoir expérimenté. Il ne reſte donc qu'à en examiner la cauſe qui juſqu'ici paroît avoir été inconnue.

Lorſque j'étois ſur les côtes du Poitou dans la ſaiſon où l'on a ce poiſſon avec facilité, je me propoſai de faire des recherches ſur cet objet, ſans m'arrêter à la ſtructure de ce poiſſon, ſur laquelle on a un petit Traité auſſi complet qu'on puiſſe le deſirer, écrit par M. *Lorenzini*, & imprimé à Florence en 1678. Je réſolus donc de ne conſiderer que les circonſtances de l'engourdiſſement qui peuvent contribuer à en découvrir la cauſe, & qui ont été rapportées très diverſement par les auteurs qui en ont parlé.

Pour donner une premiere idée de la figure de la torpille, à ceux qui ne la connoiſſent point du tout, il ſuffira de dire que c'eſt un poiſſon plat aſſez reſſemblant à la raie. Il y en a de différentes groſſeurs : la taille la plus commune de ceux du Poitou eſt d'un pied & demi de long ; quelquefois on en prend de beaucoup plus grands.

J'ordonnai aux pêcheurs de me conſerver en vie toutes les torpilles qu'ils pourroient attraper. Je demeurois à une lieue de la mer, & ils ne tarderent pas à m'en apporter deux en vie, qui paroiſſoient très vigoureuſes. Je les touchai à pluſieurs fois & en différents lieux, ſans éprouver aucun engourdiſſement. Pour faire revivre leur vigueur, je les fis mettre dans des vaſes remplis d'eau de mer ; elles y nageoient à leur aiſe, & s'y donnoient tous les mouvements ordinaires aux poiſſons qui ſont dans l'eau.

Ne pouvant douter d'un engourdiſſement auſſi atteſté que celui que cauſe la torpille, j'aimai mieux conclure que, ſi je n'avois rien ſenti, c'eſt que mes torpilles étoient affoiblies & qu'elles avoient par-là perdu leur propriété. Pour plus grande ſûreté, j'aimai mieux continuer à les examiner dans l'eau même, & je ne me laffai point de répéter mes attouchements. Une de ces torpilles fatiguée de leur fréquence, me montra enfin ce qu'elle favoit faire. Un engourdiffement fubit s'empara de mon bras depuis la main jufqu'à l'épaule, & m'étourdit même la tête. Cet engourdiffement différent de ceux qui viennent d'ailleurs, fut fuivi d'une douleur confidérable qui me mit hors d'état de remuer le bras ni la main, & je me trouvai dans cette fituation fi bien exprimée par ce mot latin, *attonitus.*



On ne peut guere donner une idée de fes fenfations que par comparaifon. La mienne étoit de la nature de celle qu'éprouve un homme dont on frappe le coude avec quelque chofe de très dur. Pour le moment j'avouerai avec ingénuité que la douleur fut fi vive, que j'en fentis beaucoup diminuer la vivacité de ma curiofité fur la torpille.

Quoiqu'il en foit, la douleur violente n'eft pas de longue durée ; elle diminue par degrés, & dans quelques inftants s'évanouit tout à fait. A peine mon bras fut-il rétabli, que le defir de faire de nouvelles expériences s'empara de moi.

L'acquisition des connoissances, est toute la richesse d'un philosophe : elle n'a pas moins d'attraits pour le faire exposer sur la mer périlleuse des expériences, que l'espérance du gain en a pour le marchand.

Les engourdissements qui suivirent furent moins violents & moins douloureux : peut-être la torpille s'étoit-elle affoiblie.

Un savant anatomiste Anglois assura le grand Duc de Toscane que la douleur occasionnée par l'attouchement d'une torpille, avoit duré deux jours. *Borelli* qui rapporte ce fait, soupçonne que l'imagination seule a pu prolonger la douleur. On pourroit plutôt soupçonner que la différence des tempéramments en fait une pour les sensations ; ce qui est d'autant plus vraisemblable, que *Borelli* ajoute que cet anatomiste étoit attaqué d'une espece de tremblement qui tenoit de la paralysie.

Il y a deux opinions différentes sur la cause de cet engourdissement : les uns prétendent qu'il sort continuellement de la torpille un nombre infini de corpuscules, mais que dans certains temps l'émission est encore plus abondante. MM. *Redi*, *Perrault* & *Loren-*

*zini* qui fuivent ce fentiment, penfent, que comme, dans leur fyftême, il fort du feu des corpufcules qui nous échauffent, de même ceux de la torpille engourdiffent la partie où ils s'infinuent, foit qu'ils y entrent en trop grande quantité, foit qu'ils ne trouvent pas les paffages proportionnés à leur figure.

La feconde opinion eft celle de *Borelli*. Il ne croit point à cette émiffion de corpufcules ; mais il penfe qu'au moment où nous touchons la torpille, elle eft agitée elle-même d'un tremblement fi violent, qu'elle caufe dans la main qui la touche un engourdiffement douloureux : *Hæc torpedo digitis compreffa tremore adeò vehementi concutitur, ut manum contrectantis molefto torpore dolorifico afficiat.* Il femble donc que cette agitation reffembleroit au frémiffement qui fe fait dans des cordes étendues horifontalement, lorfqu'on les ôte de cette pofition.

Pour moi je n'ai jamais vu qu'aucune des torpilles que j'ai touchées, fût agitée d'un tel tremblement, lors même que j'ai éprouvé l'engourdiffement. Peut-être celles fur lefquelles *Borelli* a fait fes expériences, étant plus vives

& plus troublées que les miennes, se font-elles donné des mouvements auxquels ce célebre auteur a attribué l'efficacité de l'engourdissement.

Le fruit de mes observations, fut de connoître bien précisément l'instant où la torpille alloit produire son effet sur moi, & je le prédis avec assurance à tous ceux qui toucherent ce poisson. Ainsi je crois avoir percé ce mystere de la nature, & avoir démêlé à quoi il faut attribuer cette vertu engourdissante.

La torpille, ainsi que les autres poissons plats, n'est pas absolument plate; son dos ou plutôt la partie supérieure de son corps, est un peu convexe. J'observai que, lorsque ce poisson ne produisoit ou ne vouloit pas produire son effet ordinaire, son dos conservoit sa convexité naturelle; mais que si le poisson étoit disposé à agir, la convexité de cette partie diminuoit imperceptiblement, & que de convexe elle devenoit concave. C'étoit l'instant où le coup qu'elle alloit donner, se préparoit; dès que l'engourdissement étoit opéré; le dos du poisson redevenoit convexe. Après être devenu concave par

degré , il reprenoit au contraire ſa
convexité ſi ſubitement , qu'on ne peu-
voit pas appercevoir le paſſage de l'un
à l'autre. Le mouvement d'une balle
de mouſquet n'eſt pas plus rapide que
celui des muſcles de la torpille , quand
elle reprend ſa premiere ſituation. Lorſque le coup ſe donne , & un peu auparavant , bien loin de voir dans ce
poiſſon le tremblement violent dont
*Borelli* le dit agité , on ne voit pas
même le plus léger mouvement ſur toute
la ſurface de ſon corps. C'eſt donc
uniquement la rapidité du coup qui
produit l'engourdiſſement.

# DESCRIPTION

## DE

## L'ESCARBOT-ÉLÉPHANT.

ESCAR-
BOT-E'LE'-
PHANT.

IL eſt de la plus grande eſpece qu'on ait jamais connu. On le rencontre à Surinam ſur la riviere de *Ronock* & dans la province de la Guiane dans l'Amérique méridionale. Il eſt noir, & tout ſon corps eſt couvert d'une co-quille forte & épaiſſe comme celle d'un petit cancre. Sa longueur eſt de trois pouces ſept dixiemes depuis les yeux juſqu'au derriere, & depuis le derriere juſqu'à l'extrémité de la trompe, elle eſt de quatre pouces ſix dixiemes. Le diametre tranſverſal du corps eſt de deux pouces un quart. Ce qu'on ap-pelle les antennes, ou les cornes dans les autres inſectes, eſt immobile dans celui-ci; mais auſſi ſa trompe eſt mo-bile à ſon inſertion dans la tête, & ſupplée au défaut de mobilité dans les cornes. Ces cornes ont huit dixiemes de pouce de longueur & se terminent en pointe. La trompe a un pouce & un quart de long, est recourbée, & se termine en deux courtes cornes qui ne sont pas perforées au bout, comme les trompes des autres insectes. Vers la partie supérieure de la tête, il y a une petite corne ou une éminence qui ressembleroit assez à la corne d'un rhinoceros. Il y a cependant toujours de la différence entre la forme des cornes des rhinoceros d'Asie, puisque ces dernieres ne partent pas du même lieu que celles de l'escarbot-éléphant. M. *Linnæus* parle de deux grands escarbots dont il appelle l'un cerf volant, & l'autre *nasi cornis*, parce que sa corne sort du nez. Cette derniere est nommée par les Anglois *unicorne*. Quoiqu'il en soit, M. *Linnæus* n'a point donné la description de l'escarbot éléphant.

# DESCRIPTION

### DU

### SERPENT A SONNETTES,

## *Par CATESBY.*



CE serpent a la tête brune, & les yeux rouges ; la partie supérieure de son corps est d'un brun tirant sur le jaune, marquée transversalement par de larges raies noires & irrégulieres. Sa sonnette est de couleur brune, composée de plusieurs cellules membraneuses, d'une figure pyramidale, & si bien articulées l'une avec l'autre, que la pointe de la premiere arrive jusqu'à la base de la troisieme, & ainsi de suite. Cette articulation étant très lâche, donne la liberté aux parties des cellules qui sont renfermées sous les voisines, de frapper les unes contre les autres ; c'est ce qui cause ce bruit terrible qu'on entend, lorsque cet animal remue la queue.

Ce ferpent eft un des plus grands &
des plus terribles de tous ceux de la
nature des viperes. Il y en a de huit
pieds de longs & qui pefent huit à neuf
livres. Leur morfure eft prefque toujours mortelle. Si leurs dents pénétrent
les veines ou les arteres, la mort eft
inévitable pour les perfonnes mordues,
& on expire en moins de deux minutes. Lorfqu'ils mordent dans une partie charnue, il faut la couper auffi-tôt
pour arrêter le cours du venin. Ils font
pareffeux & fe meuvent fort lentement;
ils ne font même jamais aggreffeurs,
& s'ils font provoqués, ils avertiffent
de leur prochaine attaque en fecouant
leur queue. On eft généralement perfuadé en Amérique du charme & de
la puiffance attractive de ces ferpents.
On affure que les oifeaux & les écureuils, au moment où ils apperçoivent
cet animal, fe trouvent tellement furpris, qu'on s'en apperçoit à leurs cris
& à leur agitation. Ils négligent tout
& fe trouvent forcés invinciblement de
defcendre du fommet des arbres les plus
élevés, & ils arrivent jufqu'au ferpent
qui les dévore auffi-tôt.

Il n'eft pas extraordinaire de les voir

dans les maisons. Un domestique du Colonel *Blake*, faisant un lit dans la Caroline au mois de Février 1723, & ayant quitté la chambre qui étoit à raiz-de-chauffée, trouva, lorsqu'il y revint peu de minutes après, un serpent à sonnettes entortillé dans les draps.

Le danger de la morsure est proportionné à la force du serpent, & au plus ou moins de quantité de poison qu'il injecte. Lorsque la morsure est légere, les Indiens se contentent de sucer la plaie, & cela leur réussit quelquefois. Mais la personne guérie ne manque jamais de ressentir des douleurs tous les ans au même temps où elle a été mordue.

Les Indiens de la Virginie & de la Caroline usent encore d'un autre remede : ils portent dans leur poche une petite racine tubéreuse qu'ils mâchent, & dont ils appliquent le jus sur la blessure.

SERPENT

# SERPENT

## NOMMÉ

# ANACONDO,

*Espece de Serpent à sonnettes.*

LE Directeur de la Compagnie des Indes m'ayant envoyé dans l'isle de Ceylan pour y traiter des affaires importantes, on m'y prépara un appartement à l'extrémité de la Capitale, vis-à-vis des bois qui l'avoisinent. Il y avoit entr'autres près de ma fenêtre trois ou quatre palmiers très grands sur un terrein un peu élevé qui faisoient le point de vue le plus agréable pour moi, lorsque j'étois couché. Un matin que je les regardois, je vis avec étonnement une branche considérable d'un de ces arbres fort agitée, quoiqu'il n'y eût pas de vent; elle touchoit quelquefois jusqu'à terre, se relevoit & se perdoit dans les feuilles. Il entra chez

SERPENT<br>ANACON-<br>DO.

*Tome V.*        Y

moi dans ce moment un habitant de l'ifle : je le priai de jeter les yeux fur ce qui caufoit ma furprife ; la fienne fe tourna en frayeur, je le vis tout d'un coup devenir pâle, & donner les marques du plus terrible effroi. Il me conjura de fermer toutes les portes, & me dit que ce qui me paroiffoit une branche d'arbre, étoit dans la réalité un ferpent d'une grandeur monftrueufe qui fe jouoit autour de l'arbre, & qui fe baiffoit jufqu'à terre pour attraper fa proie. En y regardant de plus près, je lui vis en effet faifir un petit animal qu'il porta fur l'arbre. Le Ceylanois me dit que ce qui l'étonnoit le plus, c'étoit de voir le ferpent fi proche de la ville ; qu'il n'étoit que trop connu dans l'ifle ; mais qu'il fe tenoit ordinairement dans l'intérieur du pays & fur-tout dans les bois, & que lorfqu'il lui arrivoit de defcendre d'un arbre, s'il rencontroit un voyageur, il le dévoroit tout en vie.

Le monftre que nous regardions continua de s'amufer fur l'arbre, & il nous donna le temps de nous affembler jufqu'au nombre de douze perfonnes. Nous eûmes foin de nous bien armer, &

nous montâmes tous à cheval pour
l'aller combattre. Pour ne pas nous exposer à un danger inutile, nous nous
mîmes derriere un buisson, d'où nous
pouvions tirer sans être vus. Nous arri-
vions au moment où la chaleur du jour
étoit la plus forte. Nous le trouvâmes
d'un si terrible volume & si fort au-
dessus de ce que nous attendions, que
la plupart d'entre nous auroient voulu
se revoir chez eux sains-&-saufs. Les
habitants de l'isle plus accoutumés que
moi à voir ces sortes d'animaux, convinrent que c'étoit le plus grand qu'ils
eussent jamais vu. La vue de cet animal formoit un mêlange de beauté &
d'horreur fait pour étonner. Il étoit de
la grosseur du milieu du corps d'un
homme d'une moyenne taille, sans cependant être gras, & il étoit long à proportion de son épaisseur. Lorsqu'il se
pendoit par la queue aux plus hautes
branches de l'arbre, sa tête touchoit à
terre. Il étoit singuliérement agile &
dispos, & il se divertissoit à faire des
sauts & des gambades; quelquefois aussi
il s'entortilloit tout autour du tronc.
Au milieu de ces sauts, nous le vîmes
se jeter promptement dans l'arbre, &

on ne tarda pas à savoir pourquoi. C'étoit un petit animal tenant du renard, sans cependant ressembler à nos renards Anglois, que le serpent avoit vu venir & qu'il se préparoit à recevoir. Il s'élança sur ce petit animal, le suça en peu de minutes & ensuite lécha ses machoires avec une double langue de couleur noirâtre ; il s'étendit ensuite le corps par terre, ayant toujours la queue entortillée le long de l'arbre, & c'est dans cette situation que j'eus tout le temps de le regarder. Il étoit tout couvert d'écailles rayées par le milieu, comme celles du crocodile ; sa tête étoit verte, & l'on voyoit au milieu une tache noire. Ses raies qui étoient autour de sa machoire étoient jaunes, ainsi qu'une espece de cercle qu'il avoit autour du col semblable à un collier d'or. Ses côtés étoient d'un noir olivâtre & son dos d'une grande beauté. On y voyoit des ondes larges, noires, bouclées, bordées d'autres raies couleur de chair & du jaune le plus brillant. Sa tête étoit plate, mais fort large; ses yeux étoient grands, étincelants & terribles.

Telles étoient ses couleurs, lorsqu'il

étoit couché. Quand il vint à fe remuer, la réflexion du foleil fit paroître fes couleurs cent fois p!us belles &
femblables à celles de nos foies chan-
geantes.



Ce fut en ce moment que nous le
tirâmes tous enfemble en le vifant a fa
tête. Soit que le hafard l'eût fait retourner, foit que la frayeur nous em-
pêchât de le tirer jufte, nous le man-
quâmes, & nous ne le blefsâmes feulement
pas. Il parut même ne faire aucune at-en-
tion aux coups qu'on venoit de tirer,
& après un confeil de guerre, nous
convînmes tous de ne point faire de
nouvelles tentatives ce jour-là, de nous
retirer, & de revenir le lendemain avec
un parti plus fort.

Je retins mes Ceylanois à dîner ;
nous pafsâmes l'après-midi à nous entretenir de cet animal qu'ils nomment
*Anacondo*. Ils s'occuperent tous du plaifir qu'ils fe faifoient d'avance de manger de fa chair, & ils y comptoient fort
fur ce qu'ils favoient que lorfque cet
animal choifit un arbre pour fon habitation, il y fait un long féjour. Ils
m'en raconterent des particularités prefqu'incroyables ; mais je me bornerai

à ce que j'ai vu par moi-même.

Le lendemain nous nous assemblâmes une centaine de personnes au même buisson ; nous y vîmes l'ennemi à son ancien poste. Il avoit l'air terrible & paroissoit plus affamé que la veille ; nous en vîmes bientôt les effets : il y a une grande abondance de tigres dans le pays, un de ces tigres d'une taille monstrueuse, vint à passer sous l'arbre. Nous entendîmes aussi-tôt le redoutable cliquetis des sonnettes, & le serpent usant de toute sa vivacité, sauta sur les épaules du tigre, & lui arracha un morceau du dos qu'il tenoit dans son horrible gueule. Le tigre en rugit ; & il nous fit la plus grande frayeur, en courant vers nous avec son ennemi qui ne lâchoit pas prise. Cependant la course du tigre fut bientôt suspendue ; son agile adversaire s'étant entortillé trois ou quatre fois autour du corps de sa proie, le serra si violemment & si étroitement, que ce malheureux animal fut bientôt dans les plus grandes angoisses. Le serpent lâcha alors le dos, pour engloutir la tête du tigre que nous vîmes aussi-tôt disparoître. Tous les mouvements qu'il se donna pour se débattre & se souftraire à son vainqueur, furent vains, & les rugissements étouffés qu'on entendoit fortir de cet animal dans la gueule du serpent, furent les signaux de sa défaite.

J'étois d'avis de tirer sur le serpent en ce moment, mais tout le monde se déclara contre moi. On m'assura qu'on savoit parfaitement ce qui arrivoit en pareil cas ; on ajouta que nous étions sûrs de nous en défaire sans courir aucun risque en attendant au lendemain ; mais que, si nous l'attaquions en cet état, il en coûteroit la vie à plusieurs d'entre nous. J'acquiescai à leur conseil, & je crus devoir me fier à leur expérience.

Quoique le tigre ne pût pas se délivrer de son cruel ennemi, il ne laissa pas de lui donner beaucoup d'occupation. Les tentatives qu'il fit à plus de cent reprises pour se débarrasser, demandoient toute la force & toute l'attention du serpent. Ce n'étoit qu'à force de l'opprimer de son poids & de le serrer étroitement, qu'il pouvoit le subjuguer ; encore le tigre n'étoit-il pas au point de servir de pâture au serpent. On ne peut pas concevoir les

douleurs du tigre ; elles furpaffent toutes les tortures qu'on pourroit imaginer. A force de fouffrir, il fembla
épuifé au bout de quelques heures, &
on l'auroit cru mort. Ce fut alors que
le ferpent effaya de lui caffer les os en
faifant un nouvel effort pour le ferrer
plus violemment : ne pouvant y parvenir, il traîna fa victime vers l'arbre,
& nous vîmes alors l'ufage qu'il en
faifoit. La nature femble avoir averti
ces animaux que, quoiqu'ils en puiffent
terraffer d'autres auffi forts que le tigre, ils ne peuvent pas les dévorer tels
qu'ils font, le volume de leur corps
étant trop confidérable pour le faire
paffer dans leur eftomac. Il faut donc
qu'ils les réduifent en une maffe moins
folide, & lorfqu'ils l'ont tenté par eux-
mêmes fans fuccès, c'eft à quoi leur
fert un arbre.

Lorfque notre ferpent fut arrivé à
l'arbre, il reprit encore une fois fa
proie par le dos, l'appuya contre l'arbre & environna l'un & l'autre avec tant
de force, qu'il falloit néceffairement que
les os fe brifaffent. C'eft ainfi qu'il lui
rompit les côtes l'une après l'autre, &
il en fit autant des pattes. Pendant ce

supplice, le misérable tigre continuoit de vivre, & à chaque rupture des os qu'on entendoit craquer, il faisoit un hurlement capable de porter la compassion dans le cœur le plus cruel, & de nous faire oublier la haine que nous devons naturellement porter à son espece.

Le serpent voulut faire la même opération sur le crâne ; elle lui coûta beaucoup plus, de sorte qu'accablé de fatigues, & voyant que sa proie ne lui pouvoit pas échapper, il la laissa aux pieds de l'arbre pendant toute la nuit, & se retira lui même dans les branches pour se reposer.

Nous retournâmes le lendemain au champ de bataille, & nous y trouvâmes du changement. Le corps du tigre n'étoit plus qu'une masse rouge, informe & luisante, comme si elle étoit couverte de glue ou de gelée ; nous vîmes ce qui lui donnoit cette couleur. Le serpent lui léchoit le corps & le couvroit de sa bave, pour le rendre plus propre à lui servir de mêts. Enfin, après l'avoir préparé à son gré, il commença à le sucer. Ce repas n'étoit pas de peu de durée ; lorsque je me retirai pour aller dîner , il n'en étoit qu'aux épaules, & ceux qui reſterent pour le ſurveiller , me dirent que la nuit étoit venue avant qu'il eût fini.

Le lendemain nous nous raſſemblâmes pour la derniere fois. Pour le coup, les femmes & les enfants étoient de la partie ; tout le monde y alloit avec confiance , ſur la certitude que, lorſqu'une fois l'animal eſt bien raſſaſié, il n'eſt plus dangereux. Je m'en convainquis bientôt : le monſtre étoit ſi chargé , qu'il ne pouvoit ni combattre, ni courir , ni preſque ſe remuer. A notre approche, il tenta de grimper à l'arbre, ſans pouvoir y réuſſir , & nous le tuâmes à coups de bâton ſur la tête.

On le meſura , & on lui trouva trente trois pieds quatre pouces. Il fut auſſi-tôt coupé en morceaux ; la chair m'en parut plus blanche que celle du veau , & ceux qui en mangerent , m'aſſurerent qu'elle étoit du goût le plus exquis.

# DESCRIPTION

# D'UNE PIERRE

*Formée sous la langue d'un homme.*

DAns le sixieme volume de la *Collection de Hambourg*, est une dissertation du fameux Professeur *Krüger*, au sujet d'une pierre qui s'étoit formée dans le palais d'un homme. Cet habile Professeur démontre qu'il est fort possible qu'il se forme de pareilles pierres dans toutes les parties du corps. Nous renvoyons à son ouvrage ceux qui voudront connoître ses preuves.

PIERRE FORME'E SOUS LA LANGUE.

La pierre que ce Professeur a vue & dessinée, étoit située dans le palais. Les parties qui l'entouroient étoient ulcérées, & elle a été vraisemblablement enveloppée de quelque pellicule jusqu'à son entier développement. L'ulcere s'ouvrit, & la pierre dont je viens de parler en tomba.

Dans la cinquieme piece de ces mêmes feuilles, (page 559) on lit une obfervation tirée des Tranfactions philofophiques, où il eft fait mention d'une pierre femblable formée dans la bouche de la femme d'un Prêtre Anglois de *Cotsered*, près de *Boddack* en *Hertfordshire*. Elle étoit fituée fous la langue du côté gauche de la ligne médiane entre les vaiffeaux fanguins ; elle s'eft détachée fans douleur & fans effufion de fang.

La malade fut incommodée de cette pierre pendant dix-huit mois. La douleur qu'elle reffentoit étoit tantôt plus, tantôt moins violente. La tumeur devint groffe à peu près comme une mufcade, & fe durcit peu à peu. Quinze jours avant que la pierre fe détachât, il s'amaffa un peu de pus ; on apperçut quelques taches blanches, & pour diminuer un peu les douleurs, on mit à cette femme un cataplafme ordinaire de mie de pain blanc & de lait, qui facilita la chûte de la pierre en très peu de temps.

Mais j'en ai affez dit des pierres dont quelques auteurs ont fait mention, je vais paffer à celle que j'ai vue. Une vieille payfanne âgée de foixante à foixante & dix ans, vint me trouver, fe plaignant des douleurs qu'elle reffentoit fous fa langue, & ne fachant ce que c'étoit. J'examinai le fiege de cette douleur, & j'apperçus une pierre pareille à celles qu'on avoit trouvées deux fois. Elle s'élevoit fous la langue en forme de pyramide, & elle avoit au côté droit de la ligne médiane la même fituation que celle de la femme Angloife avoit au côté gauche de la même ligne. Sa pointe étoit affez aiguë pour bleffer la langue, & en rendre l'ufage difficile. Auffi l'un & l'autre arriva-t-il. La femme fe plaignoit beaucoup; il furvint à la langue une inflammation, & un chirurgien fit efpérer à cette femme qu'il la guériroit au moyen d'une incifion, reffource ordinaire des chirurgiens ignorants.

J'avois lu l'avis de *Williams Freeman*; je confeillai donc à cette femme de ne rien précipiter, & d'effayer d'abord le remede que je lui indiquai. Sur le champ, je lui donnai un peu de miel mêlé d'eau-de-vie de France, & je lui recommandai de fe laver plufieurs fois avec cette liqueur, la bouche, & furtout l'endroit malade. Ses douleurs

PIERRE FORMÉE SOUS LA LANGUE.

étoient déjà fi fortes, qu'elle ne pouvoit dormir : elle fuivit mon confeil. Le premier jour les douleurs diminuerent, & l'inflammation ne fit plus de progrès. Elle continua le gargarifme que je lui avois ordonné, & le troifieme jour fes douleurs devinrent plus vives. Le quatrieme elle tomba tout à coup dans un profond fommeil ; en fe réveillant, elle ne fentit plus de douleur, & la pierre fe trouva libre & dégagée dans fa bouche. Elle en fut fort étonnée, & par reconnoiffance elle m'apporta cette pierre que j'ai encore chez moi.

Elle eft prefque femblable à celle de la femme Angloife ; celle dont je parle en fut incommodée pendant dix-huit mois, & beaucoup plus que la premiere. Elle n'eut point de gonflement, de glandes, ni d'ulceres ; mais il lui furvint une très grande inflammation à l'endroit de la langue qui touchoit la pierre. Après fon développement, il ne refta ni tumeur extraordinaire, ni cellule, ni élévation, dans laquelle on pût croire que la pierre avoit été enfermée.

Sa fubftance eft réellement pierreuse ; mais il est aisé de voir qu'elle s'est formée très lentement : cependant le temps de sa formation seroit encore assez court, si l'on suppose qu'elle est parvenue à cette grandeur en dix-huit mois de temps. Elle me paroît de la même espece, que cette matiere qui s'attache aux dents & qui devient pierreuse ou tartareuse, comme on la nomme. Elle étoit d'abord très petite, & l'on voit aisément qu'elle s'est formée de couches posées successivement les unes sur les autres. Son épaisseur est à peu près celle de la pointe du petit doigt, & sa couleur d'un blanc jaunâtre. D'ailleurs c'est une vraie pierre, & je lui en ai trouvé toutes les propriétés ; mais cependant en la grattant avec un couteau, elle paroît tartareuse : voilà tout ce que j'y ai pu remarquer.

Je laisse aux médecins, & sur-tout à ceux qui aux moindres accidents accourent armés de leurs bistouris, le soin d'examiner si le cataplasme que l'on avoit ordonné à la femme Angloise, & le remede que j'indiquai à cette vieille femme, peuvent toujours être employés avec réussite dans les

PIERRE FORMÉE SOUS LA LANGUE.

**PIERRE FORMÉE SOUS LA LANGUE.**

mêmes accidents ; & je conseille à ces Messieurs de ne couper & tailler, qu'après avoir employé des remedes simples.

Qu'il me soit encore permis de citer ici l'exemple singulier d'un jeune homme de très forte complexion, auquel dans sa vingtieme année, il vint une dent au milieu du palais. Cette dent lui fit souffrir les plus vives douleurs, & pour l'en délivrer, tous les secrets de l'art furent inutilement épuisés. Que la nature est merveilleuse & infinie dans ses productions !

---

Nota. *La formation d'une pierre sous la langue, que l'on donne ici comme un phénomene peu ordinaire, est une maladie très commune. Il y a peu d'auteurs qui n'aient parlé de la grenouillete ; & tous les praticiens savent que l'humeur qui s'y amasse, a ordinairement la couleur & la consistance d'un blanc d'œuf, mais qu'elle devient plâtreuse, & même qu'elle acquiert une dureté pierreuse, par un long séjour. On peut voir à ce sujet dans les Mémoires de l'Académie Royale de Chirurgie, tom. 3. p. 460,* une Dissertation de M. Louis (a), sur les humeurs salivaires des glandes maxillaires & sublinguales.

(a) Démonstrateur & Censeur Royal, de l'Académie Royale de Chirurgie, & Chirurgien-Major de l'Hôpital des Freres de la Charité de Paris.

*DISSERTATION*

# DISSERTATION

## SUR LES

## ANIMAUX MARINS.

PErsonne ne doute que l'Océan ne nourrisse une grande quantité d'animaux qui nous sont encore inconnus. En avançant de plus en plus dans la mer, on découvriroit bien des isles, où toutes les recherches des Européens ne les ont point encore conduits. Il en est des animaux marins à peu près comme des terrestres : certaines especes se trouvent par-tout , mais elles varient selon le climat & selon la nourriture, soit en grosseur, soit en couleur, soit pour la qualité ou la longueur de leur poil ; & ces variations réitérées font cause que la figure se perd tout à fait. Mais quand un animal revient dans le même pays d'où il étoit sorti , il perd sa forme étrangere & reprend la naturelle. Des chevaux menés d'Europe en Sibérie deviennent plus petits à la longue ; mais auſſi plus durs. Les conduit-on encore plus loin aux Indes ou à la Chine, ils deviendront plus petits encore & plus fins, & formeront à la fin une eſpece particuliere.

Les bêtes de ſomme de *Yakutz* envoyées aux environs de la preſqu'iſle nommée *Kamſchatka*, ainſi que dans l'Archangel, y deviennent plus grandes & plus fécondes.

Si l'on fait paſſer en Suede des moutons d'Angleterre, dont la laine eſt ſi renommée, la qualité de cette laine diminue en peu de temps, & les moutons deviennent plus petits. Si donc quelqu'un peu inſtruit de ces ſingularités vouloit avoir du bétail étranger en Sibérie, il en auroit dans peu un grand nombre qu'il faudroit regarder comme de nouvelles eſpeces. Les écureuils que l'on trouve le long du fleuve *Oby*, ſont gros & d'un poil long & gris, au lieu que ceux d'*Obdory* ſont plus petits d'un tiers, & ont le poil plus court & plus fourni. A *Barchoſin* ils ſont noirs, & à *Werchojan* bigarrés de gris & de noir. Mais comme la couleur des cheveux vient de la différence des aliments, la longueur du poil des

animaux & son abondance a la différence du climat pour cause. Dans les
endroits où les meleses, les pins, les
cedres ne perdent pas leurs feuilles, les
poils des animaux sont ordinairement
cendrés, au lieu qu'ils sont noirs dans
les endroits où ces arbres se dépouillent
de leurs feuilles, & où il y a beaucoup
de sapins.

De tous les animaux marins, le veau
seul se trouve dans tout l'Océan. On
en voit aussi dans la mer baltique &
la mer caspienne, & dans les lacs qui
ne communiquent point avec la pleine
mer, comme dans les lacs *Baikal* &
*Oran*, & cela dans tous les temps de
l'année. Il y a cependant entr'eux cette
différence, que le veau marin que l'on
trouve le plus communément dans
l'océan, a une couleur qui lui est propre, & qui est fort différente de celle
des autres. Le poil de celui-là est jaunâtre, & sur les flancs du côté de la
cuisse, il a une tache châtain-brun qui
lui couvre le tiers de la peau.

Je trouve des veaux marins de trois
différentes grandeurs. Ceux de la premiere surpassent le taureau, & se trouvent facilement dans l'océan oriental,

Disserta-<br>tion sur<br>les ani-<br>maux<br>marins.

Veaux<br>marins.

Z 2

VEAUX
MARINS.

entre le cinquante-six & le cinquante-neuvieme degré de latitude. Les habitants de *Kamtjchatka* lui ont donné le nom de *Lachtak*. Ceux de grandeur moyenne font mouchetés comme les tigres; les plus petits viennent de l'océan. On en trouve dans la mer baltique, dans le port d'Archangel, fur les côtes de Suede, de Norwege, d'Amérique & de *Kamtfchatka*. Ils font d'une feule couleur dans les lacs d'eau douce, & argentins dans le lac *Baikal*. Si l'on demande pourquoi cet animal amphibie fe trouve également & dans la mer & dans les lacs, c'eft parce qu'il y trouve par-tout de la chair ou des poiffons pour fa fubfiftance; au lieu que l'animal nommé *Manati* par les Efpagnols, *vache marine* par les Allemands, & connu parmi les François fous le nom de *Lamentin*, vit d'une certaine algue (*fucus marinus*) qui ne vient pas par-tout, & il eft conftitué de forte que toutes les eaux ne lui font pas propres.

Loutre marine. La loutre marine vit d'écreviffes & de coquillages. Comme elle a le trou ovale fermé, il n'y a que certains endroits de la mer, ( & ce font les moins profonds ) où elle peut aller chercher fa proie. On la voit en Amérique fur des rivages bourbeux, plats & pierreux. On en trouve auffi en grand nombre fur les bords & autour du canal de *Kamtfchatka.*

LOUTRE MARINE.

Le lion & l'ours marins vont par troupes, ainfi que les oies & les cignes. Ils recherchent dans le temps du frai les endroits écartés, les ifles défertes ; puis ils vont revoir leur pays natal.

LIONS ET OURS MA-RINS.

Il eft un amphibie extrêmement vorace, nommé *Bieluga*, qui cherche les golfes longs & étroits, pour que les poiffons qu'il chaffe ne puiffent lui échapper, & qu'il en prenne beaucoup en très peu de temps. Telles font les embouchures de la riviere d'*Ud* & celles d'*Ochot*, ainfi que le golfe où tombe la riviere d'*Olutora.*

LE BIE-LUGA.

Le *Rofmar*, efpece de cheval marin, eft un animal pareffeux qui choifit les endroits les moins habités : il eft extrêmement gras, & très fenfible au chaud. Sa demeure favorite eft au milieu des glaces qui fe trouvent toute l'année à l'embouchure des rivieres d'Oby, de Genifca, Lena, Kolyma, & autour du cap nommé *Tfuk.*

LE ROSMAR.

La Baleine eſt auſſi très pareſſeuſe, & elle s'arrête où il paſſe le moins de vaiſſeaux. Elle fait choix ordinairement des plages occidentales, où elle peut, ſans être troublée, dormir, frayer & mettre b s.

Si d'autres amphibies ne choiſiſſent pour leur demeure que certains endroits de la mer, c'eſt qu'ils leur ſont uniquement propres. Tous ces animaux reſtent où ils trouvent à ſubſiſter plus facilement, où ils ſont à l'abri du trouble, & où ils trouvent plus de choſes conformes à leur nature.

Tous les animaux marins ont quelque choſe de commun avec les animaux terreſtres de même eſpece, ſoit dans leur figure, ſoit dans leur maniere de vivre. Auſſi ont-ils toujours eu un nom commun. Les anciens les appelloient comme nous, bœufs, chevaux, loups marins, &c. parce que les traits de conformité qui ſont entre ces animaux, frappent les yeux même du vulgaire. Enfin l'amour des parités va ſi loin dans certains hommes, qu'il en eſt qui ont prétendu qu'il y avoit des hommes, des moines marins, &c. Il faut cependant remarquer que les ma-

telots Ruſſes, ainſi que les Anglois &
les Hollandois, ont d'abord donné au
*Manati* ou *Lamentin*, le nom de *Koroba-
mors Kaja*, ou vache marine. Ils ont
auſſi nommé d'abord le lion marin
*Sibutska*, l'ours marin, *Kot*, nom qu'ils
donnent à l'ours & au lion terreſtres.
Ils ont auſſi obſervé le loutre marin,
& ils lui ont donné le nom impropre
de *Bobrmorskoi.*

Il n'y a que cinquante ans que tous
ces animaux ſont connus : c'eſt *Marggraf* qui le premier a fait mention du
loutre marin, mais avec trop de brié-
veté & d'obſcurité. *Dampierre*, célebre
navigateur & pluſieurs autres ſavants
du même temps ont déjà donné, il eſt
vrai, la deſcription du lion & de l'ours
marins, mais fort imparfaitement. Preſque tout ce qu'ils en ont dit eſt ou fauſ-
ſement obſervé, ou inventé à plaiſir.
*Dampierre* a cependant ſur les autres
l'avantage d'être plus véridique, quoiqu'il ne fût pas homme de lettres.

Il ne faut pas s'imaginer qu'il n'y
ait dans cette contrée que les quatre
animaux marins que je vais décrire. Si
la ſaiſon, les lieux & le temps me
l'euſſent permis, j'aurois ſûrement,

LA
BALEINE.

La
Baleine.

pour ma propre satisfaction , amplifié cette partie de l'Histoire naturelle. , autant que je me l'étois proposé, lorsque j'entrepris un si long voyage en des pays inconnus. Je ne puis que faire mention d'un animal ignoré que j'ai vu dans l'isle de *Schumagini* , & je donnerai du singe marin une description très imparfaite & moins capable de satisfaire la curiosité, que de faire regretter les connoissances qui nous manquent à l'égard de cet animal.

J'ignore encore quels succès auront les observations que je propose de faire à l'embouchure de la *Kolima*. J'y suis engagé par l'envie de connoître les os du Mammou, dont nous n'avons que quelques vieilles descriptions très imparfaites. Je ne doute pas que, venant à connoître mieux les rivages de l'Amérique, nous n'y trouvions cet animal si extraordinaire. Mais il n'est pas étonnant que tant de choses nous soient encore inconnues, vu la longueur des voyages au-delà des mers. On s'étonneroit à plus juste titre, de ce que nous ne faisons pas attention à des choses que nous avons sous les yeux , que nous pourrions nous procurer sans peine , &

que notre négligence laisse, pour ainsi dire, inconnues, malgré les recherches dont nous admirons l'exactitude & la profondeur. Le silence que nous gardons sur ces vérités les fera regarder par la postérité comme des fables. Il n'y a pas long-temps que j'ai su que cet animal Scythe appellé *Suhac*, dont on a nié l'existence, est cependant connu aujourd'hui précisément sous le même nom dans le désert d'*Asoff*, & dans ceux qui sont habités par les Cosaques *Saporoskiens*. C'est une chevre qui n'a qu'une corne : elle est fort commune, & les Cosaques en aiment beaucoup la chair.

On trouve encore dans la même contrée le loup noir de Scythie, dont *Aristote* a fait la description. Il est plus long que les loups ordinaires & a les pieds plus courts : il est très méchant & très carnacier. Aux environs de *Woroncsch* & d'*Astracan*, il y a un animal qui aboie comme le chien ; il est rusé, méchant, il surprend ceux qui dorment, & emporte furtivement tout ce qu'il trouve dans les maisons. Ne seroit-ce point l'Hyene des anciens ?

LA BALEINE.

# DESCRIPTION

### D'UN

## MANATI, LAMENTIN,

### OU

## VACHE MARINE,

*Animal qui a été tué le 12 Juillet 1742, dans l'isle Bering, située entre l'Amérique & l'Asie.*



POur mesurer cet animal, on s'est servi du pied d'Angleterre divisé en dix parties, sudivisées chacune en dix autres.

Il a depuis l'extrémité antérieure de la levre supérieure, jusqu'à la pointe de sa queue qui est fourchue comme celle de l'hirondelle, deux cents quatrevingt-seize pouces.

Cet animal ne sort jamais de la mer, comme l'avancent quelques écrivains qui ont sans doute mal entendu les

navigateurs , quand ceux-ci ont dit
que le veau marin paiſſoit ſur les bords
de la mer & des rivieres. Il ne vit pas
d'herbes terreſtres , mais de celles qui
viennent ſur les eaux. Le célebre *Cluſius* a
repréſenté cet animal comme laid &
difformé, parce qu'il n'en a vu qu'une
peau empaillée. Il eſt aſſez curieux à
voir vivant , & très ſingulier quant à
la figure, aux mouvements & à l'uſage
que l'on en peut faire. Sa peau reſſemble plutôt à l'écorce d'un vieux
chêne , qu'à une peau d'animal. Elle
eſt noire , rude , ridée , & pleine de
petites élévations qui lui donne l'air
de chagrin. Elle eſt ſans poil , & une
hache y entreroit à peine. Elle a un
doigt d'épaiſſeur , & ſi l'on y fait une
inciſion tranſverſale , on y trouve quant
à la couleur & au poli , quelque reſſemblance avec le bois d'ébene ; mais
cette écorce extérieure n'eſt qu'une ſurpeau. Sur le dos , elle eſt liſſe & ſans
poil : depuis la nuque au contraire,
juſqu'à la nageoire de la queue , elle
à des rides circulaires qui la rendent
un peu raboteuſe. Aux côtés, elle eſt
auſſi rude que ſi elle étoit parſemée de
petites pierres ; on y voit un grand

nombre d'éminences creuſes qui reſſemblent à des champignons ſans queue. La
peau eſt affreuſe ſur-tout autour de la
tête. Cette ſurpeau couvre tout le corps,
ainſi qu'une écaille; elle a preſque par-
tout un pouce d'épaiſſeur, & elle eſt
entiérement formée de petits tuyaux
perpendiculaires & auſſi ſerrés que s'ils
étoient liés enſemble. Leur poſition
perpendiculaire fait qu'on peut les ſéparer les uns des autres, ſelon leur
longueur. L'extrémité du poil qui eſt
implanté aſſez fortement dans la vraie
peau, eſt ronde, élevée & bulbeuſe.
Si l'on déchire cette peau, on la trouve
remplie de tubéroſités comme le chagrin; mais la ſurface de la vraie peau
reſſemble au contraire à celle d'un dez
à coudre, & les bulbes des poils ſont
placées dans ſes cavités.

Les tuyaux dont eſt formée cette
peau, ſont ſi ſerrés l'un contre l'autre,
qu'ils conſervent beaucoup d'humidité
& reſtent comme enflés. De plus, ſi
on la coupe horiſontalement, ils ne
paroiſſent pas, & la coupe eſt liſſe à
peu près comme celle d'une griffe. Mais
ſi on les fait ſécher ſuſpendus au ſoleil,
il s'y fait des fentes de tous côtés, de

forte qu'ils peuvent être féparés comme les filaments d'une écorce & que cet affemblage de tuyaux fe voit alors très diftinctement. Il fort de ces tuyaux une férofité huileufe , mais moins abondamment fur le dos qu'autour de la tête & aux flancs. Lorfque cet animal refte couché fur la terre ferme pendant quelques heures , fon dos fe feche entiérement , mais la tête & les côtés font toujours humides. Il paroît que la furpeau de cet animal eft deftinée à deux ufages. Le premier eft d'empêcher la vraie peau de s'endommager , lorfque cet animal eft obligé d'aller chercher fa nourriture dans des endroits pierreux , ou pendant l'hiver entre les glaçons , & de lui fervir comme d'une efpece de cuiraffe , lorfqu'il eft jeté par la tempête contre des rochers. Le fecond eft d'empêcher que l'ardeur de l'été lui caufant une trop grande tranfpiration n'étouffe fa chaleur naturelle, & que le froid trop vif de l'hiver ne l'éteigne. Cet animal ne peut pas refter continuellement fous l'eau , comme d'autres animaux marins : quand il mange, il a toujours la moitié du corps au-deffus de l'eau , & par conféquent il eſt obligé de s'expoſer ſouvent au froid.

J'ai obſervé dans pluſieurs de ces animaux morts que la mer avoit jetés ſur le rivage, qu'ils n'avoient péri que parce que leur peau avoit été rompue contre quelque rocher, & cet accident leur arrive ſur-tout au temps des glaçons.

J'ai encore ſouvent remarqué que lorſqu'après avoir pris quelqu'un de ces animaux, on l'attiroit à terre avec des grappins, les efforts qu'il faiſoit & les mouvements violents de ſon corps & de ſa queue faiſoient ſauter de grands morceaux de ſa ſurpeau. J'ai vu dans ce même cas la ſurpeau des pieds de devant, la corne du pied, & la nageoire même de la queue ſe briſer. Tous ces faits m'ont confirmé dans mon opinion.

La baleine a une ſurpeau parfaitement ſemblable, quoique les naturaliſtes n'en aient pas parlé. Nous la trouvâmes preſque toute entiere à une baleine que la mer jeta morte au bord de notre iſle, & nous la détachâmes. La baleine avoit été jetée pluſieurs jours par les vagues contre les rochers, dont

le choc redoublé avoit fait fauter quelques morceaux de fa furpeau. Elle eft
d'un brun foncé, tant qu'elle eft mouillée;
mais lorfqu'elle eft feche, elle eft tout
à fait noire.

La furpeau qui entoure la tête, les
yeux, les oreilles, les mammelles &
les pieds de devant, enfin par-tout où
elle eft grainée, eft remplie de vermi-
nes qui la rongent : on la trouve quelquefois toute trouée, & fort fouvent
la peau de deffous fe trouve encore
piquée. Alors de la lymphe qui en
coule, ou de la fubftance aqueufe des
glandes dans lefquelles eft renfermée
une efpece de graiffe, il fe forme de
groffes verrues, telles qu'on en trouve
aux baleines, & ces efpeces d'ulceres
rendent quelquefois le corps de ces
animaux hideux.

La vraie peau qui eft fous celle dont
nous venons de parler, couvre tout le
corps : elle a deux lignes d'épaiffeur;
elle eft molle, blanche, extrêmement
ferrée, ferme, d'un tiffu fort comme
celui de la baleine, & on en fait le
même ufage.

La tête eft fort petite en comparaifon de l'énormité du corps; elle eft

courte, & on ne voit pas où elle finit. La forme en eft longue & prefque quarrée, plus large cependant entre le fommet & la machoire inférieure. Le fommet en eft plat, & la furpeau qui le couvre eft noire & grainée comme le chagrin : elle eft prefque entiérement brifée, d'un tiers plus mince qu'ailleurs, & facile à détacher. La tête va en pente de l'occiput vers le nez, & de même du nez vers les levres. Le bout du mufeau a huit pouces de hauteur, & groffit confidérablement depuis le nez jufqu'à l'occiput.

L'ouverture de la gueule (*rictus*), ne fe fait pas en arriere, mais fur les côtés. La levre fupérieure externe eft très grande & plate ; fa direction eft oblique par rapport aux angles de la gueule. Elle s'allonge tellement au-deffus de la machoire inférieure, qu'en ne regardant que la tête, on croiroit que cette ouverture fe fait réellement en arriere, ou au moins dans la partie inférieure. La gueule n'eft pas trop grande en comparaifon de la groffeur de l'animal. Il n'eft pas même néceffaire qu'elle foit plus grande, puifque cet animal ne mange & ne vit que de certaines algues.

Les

Les levres supérieure & inférieure
sont doubles, & elles se divisent en
externe & interne. La position de la
levre supérieure externe est oblique par
rapport au bout du museau, & elle
forme un demi-cercle. Elle est plate,
enflée, grosse, large de quatorze pouces, haute de dix, blanche, lisse,
grainée ; & de chacune de ses tubéro-
sités, il sort une soie blanche & trans-
parente, longue de quatre ou cinq
pouces.

La levre supérieure interne est longue
de cinq pouces, large de deux & demi,
& séparée par-tout de l'externe, à laquelle elle ne tient que par le fond.
Elle est velue, piquante & passe par-
dessus le palais, comme la langue du
veau. Cette levre tient la gueule bien
fermée par le haut ; elle est mobile,
& son usage est d'arracher & de porter
l'algue dans la bouche, à peu près
comme les bœufs & les chevaux allongent les levres pour paître.

La levre inférieure est double, comme
la supérieure. L'externe est noire, lisse,
& sans soie : elle a à peu près la forme d'un cœur ou d'un menton, pour
ainsi dire ; elle est large de dix pou-

ces, & haute de six pouces & huit dixiemes.

La levre inférieure interne n'est que très peu séparée de l'externe : elle est rude, & on ne la voit pas, lorsque la bouche est fermée, parce que l'externe la couvre en forme de cercle ; mais elle touche à la levre supérieure interne, & ferme fortement la gueule.

Dans l'endroit où la machoire inférieure joint la supérieure, on trouve un interstice garni de soies grosses, fortes, fournies, blanches & longues d'un pouce & demi. L'usage de ces soies, est d'empêcher que ce que l'animal mâche ne tombe de sa gueule, ou ne soit entraîné par l'eau qui sort de cet endroit, lorsque la bouche est fermée. Ces soies sont aussi grosses que des tuyaux de plumes de pigeons ; elles sont blanches, creuses, balbeuses à la racine, & représentent d'une maniere assez agréable, même sans le secours du microscope, la vraie structure de nos cheveux.

Lorsque cet animal est entiérement couché sur le ventre, la partie extérieure du museau a huit pouces de hauteur perpendiculaire, depuis les na-

rines jufqu'au bout des levres. Le mufeau s'étend du nez vers les levres extérieures & vers les côtés de la machoire
fupérieure. Il eft rond par-devant, plus
épais enfuite, & fa circonférence augmente confidérablement. Les levres extérieures font groffes, épaiffes & comme
enflées ; elles ont, comme celle des
chats, un grand nombre de pores très
larges, d'où fortent des foies blanches
& fortes qui groffiffent de plus en plus,
en s'approchant de l'ouverture de la
gueule ; les plus groffes foies font celles
qui fortent d'entre les levres des deux
machoires. Cet animal arrache l'algue
avec ces foies, comme avec des dents,
& elles empêchent auffi que ce qu'il
mâche ne s'échappe de fa gueule. La
machoire inférieure eft plus courte que
la fupérieure, & elle feule eft fufcep-
tible de quelque mouvement ; mais les
levres des deux machoires peuvent fe
mouvoir, & lui fervent au même ufage qu'à nos bêtes de fomme. Cet animal, après avoir arraché avec fes pieds
de devant du fond de la mer les plantes
qui y croiffent, les fépare des tiges &
des racines qu'il ne mange pas, & les
nettoie avec fes foies auffi proprement

DESCRIP-
TION D'UN
LAMEN-
TIN.

A a 2

qu'un homme le pourroit faire. Lorfqu'on trouve de ces plantes jetées fur
le rivage & entaffées en grande quantité, on eft bien certain qu'il y a de ces
animaux fur la côte. Comme les tiges
des plantes marines font beaucoup plus
coriaces & plus épaiffes que celles des
plantes terreftres, il a fallu néceffairement que la nature donnât à cet animal des levres plus fermes & plus fortes
qu'à tout autre. Auffi font-elles fi dures, qu'il n'eft pas poffible de les amollir
affez pour qu'elles foient mangeables.
Leur ftructure intérieure préfente quantité de petites cellules, formées par
une infinité de mufcles rhomboïdes,
ou trapézoïdes, qui font épais, rouges, tendineux & forment une efpece
de refeau dont les cellules font remplies
de graiffe. Lorfque l'on cuit ces levres,
l'eau, & la graiffe s'en féparent aifément, & on voit alors toutes ces fibres
blanches qui forment le refeau tendineux. Cette ftructure me paroît avoir
trois ufages différents. 1°. Pour rendre
les levres plus fortes, plus ferrées, &
plus difficiles à bleffer à l'extérieur.
2°. Comme les têtes & les queues de
ces mufcles font placées de façon, que

fi les têtes fe contractent vers l'ouverture de la bouche, les qu ues fe contractent vers le fommet de la tête ; de
forte que les mufcles prennent alors
la forme d'une couronne : par-là ces
levres extrêmement pefantes, font levées
& tournées plus facilement. 3°. Moyennant cette conftruction, les levres peuvent recevoir un mouvement fpiral, &
il n'eft pas néceffaire que tout le corps
fe meuve, pour arracher l'algue ; ce
qui cependant feroit néceffaire fans cette
ftructure, puifque cette peau épaiffe,
dont tout le corps du Lamentin eft
couvert, empêche cet animal de tourner facilement la tête.

Cet animal mâche autrement que les
autres animaux. Au lieu de dents, il a
deux longs os, fort blancs & qui repréfentent deux rangs de dents. Un de
ces os tient au palais, & l'autre à la
machoire inférieure. Ces os font arti-
culés d'une façon tout à fait extraordinaire : on ne peut pas donner de nom
connu à cette efpece d'articulation. On
ne fauroit la nommer *gomphofe*, parce
que les os ne font pas enfoncés dans
une cavité, mais que leurs petites éminences & leurs cavités font oppofées à

A a 3

d'autres cavités & à d'autres éminences du palais & de la machoire. D'ailleurs cet os entre & est affermi dans la levre supérieure interne à la partie antérieure de la peau cornée ; il est encore articulé aux côtés de la bouche, avec des os rayés, & enfin vers sa partie postérieure, par une double apophyse qui est au palais & à la machoire inférieure.

Ces os qui tiennent lieu de dents molaires, ont un grand nombre de cavités semblables à celle d'un dé à coudre, ou d'une épenge, qui donnent passage à des arteres & à de petits nerfs comme dans les dents des autres animaux. Ils sont encore unis & lisses, excepté aux deux côtés par lesquels ils se touchent. Le supérieur a quantité de sillons courbés, qui représentent assez bien des vagues. Ils passent en mâchant dans les cavités de l'os opposé & broient ainsi les plantes qui se trouvent entre deux.

Le nez est la partie la plus élevée & la plus avancée de la tête comme dans le cheval. Il a deux narines séparées par une cloison cartilagineuse, épaisse & large de deux pouces. Les narines sont aussi longues de deux pouces, &

ont autant de diametre. Elles font fort ouvertes, & à l'intérieur elles ont beaucoup de conduits courbes ou de labyrinthes. Ces narines font extrêmement fortes, ridées intérieurement, & couvertes d'une peau tendineufe qui eft remplie de pores noirâtres. De chacun de fes pores, il fort une foie de la groffeur d'un fil à coudre, & longue d'un demi-pouce, que l'on arrache facilement, & qui dans cet animal a le même ufage que le poil des narines dans les autres animaux.

Les yeux font exactement au milieu de la tête, entre le nez & les oreilles, précifément à la naiffance du nez, ou bien peu s'en faut. Ils font extrêmement petits pour un fi grand animal, & pas plus gros que des yeux de mouton : ils n'ont point de cil, font tous ronds, & je leur ai à peine trouvé un demi-pouce de diametre. L'iris eft toute noire, & le globe d'un bleu jaunâtre. On n'y diftingue point d'angles extérieurement ; mais en levant la peau qui eft autour de l'œil, on voit vers le grand angle, ainfi que dans la loutre marine, un corps cartilagineux, ou une efpece de crête de coq, qui en cas de



Aa 4

befoin couvre l'œil , de même que cette tunique qu'ont les animaux qui paiffent & dont ils fe couvrent les yeux, lorfqu'ils font dans une terre fablonneufe & pleine de poufiere. Ce même cartilage forme par fon autre côté une des cloifons de la glande lacrymale , & il y eft joint par une tunique nerveufe qui leur eft commune. Je coupai la glande lacrymale , & je la trouvai remplie d'une matiere muqueufe. Cette glande étoit affez large , pour contenir une chataigne , & tapiffée intérieurement d'une tunique glanduleufe.

Un petit trou forme l'oreille , comme dans le veau ; cet animal n'a point non plus de pavillon ou d'oreille externe , & l'on n'apperçoit même ces trous qu'en les cherchant avec attention. Il eft fort difficile de les diftinguer au milieu de cette peau qui reffemble au chagrin ; il y paffe à peine un tuyau de plumes de poule. Le conduit interne de l'oreille eft poli , & tapiffé d'une peau noire pareillement liffe. Sa couleur le fait découvrir très facilement , lorfque les mufcles de l'occiput font coupés.

La langue a douze pouces de longueur , & deux & demi de largeur , comme la langue du bœuf. Elle se termine en pointe, est rude comme une lime à sa surface, & a de petites ex-croissances. Elle est si enfoncée dans la bouche, que plusieurs personnes ont cru que cet animal n'avoit point de langue. Lors même qu'on la tire en avant avec la main, elle ne vient ja-mais jusqu'à l'ouverture de la gueule ; il s'en faut à peu près un pouce & demi. Si elle étoit aussi longue que dans d'autres animaux, elle incommoderoit beaucoup celui-ci dans le temps qu'il mâche. On n'a, pour s'en convaincre, qu'à faire attention aux os larges dont nous avons fait mention.

On ne voit aucune marque de sépa-ration entre le tronc, le col & la tête, comme on en voit dans tous les pois-sons : cependant il seroit possible de reconnoître & de distinguer le col à une certaine partie qui est de moitié plus courte que la tête, oblongue, ronde, & plus flexible que l'occiput ne le paroît. Le col a des vertebres mobiles, & il l'est lui-même ; mais ce mouvement ne peut être remarqué, que quand l'animal vit & mange. Il incline alors la tête, comme les bœufs qui paiffent. Lorfque cet animal eft tranquille ou mort, il eft tellement défiguré par cette furpeau épaiffe & roide, qu'il paroît ne pouvoir pas mouvoir le col ; & en effet on n'apperçoit extérieurement aucun indice de vertebres.

Le corps groffit tout à coup des omoplates au nombril ; mais depuis-là jufqu'à la queue il diminue continuellement. Les flancs font à peu près ronds & auffi gros que le ventre même qui eft élaftique, enflé & rempli comme un outre par les inteftins.

Le dos du bœuf marin eft un peu vouté, quand cet animal eft gras, & il l'eft ordinairement au printemps & dans l'été ; mais il devient plat en hiver, lorfque l'animal maigrit, & des deux côtés de l'épine du dos il fe forme des cavités qui laiffent appercevoir des vertebres.

Les côtes s'élevent des deux côtés en forme de voute, puis defcendent vers l'épine du dos, avec laquelle elles s'articulent comme dans l'homme par *amphiartrofe*, & elles forment deux cavités tout le long de cette épine.

La queue qui a neuf vertebres, commence à la vingt-fixieme, d'où elle va

toujours en diminuant jufqu'à la nageoire. Elle eft moins plate que quarrée,
parce que toutes fes vertebres ont deux
épiphyfes & quatre apophyfes, dont les
traverfes font larges & plates, & les
épineufes font courbées.



La premiere vertebre de l'épine du
dos eft pointue ; fa furface interne eft
large, plate, & a la forme d'un lambda.
Elle eft jointe aux côtés par harmonie,
& elle y eft attachée par des fibres &
des ligaments très forts. Les mufcles
de la queue rempliffant les cavités des
vertebres, & les entre-deux des apophyfes, lui donnent la forme d'un quarré
long. Du refte cette queue eft épaiffe,
très forte & terminée par une nageoire
noirâtre, dont l'extrémité eft dure &
ferme. Cette nageoire eft d'une feule
piece, & fa fubftance eft la même que
celle des os de baleine, dont les tail-
leurs fe fervent. Elle eft compofée de
différentes lames couchées les unes fur
les autres, comme les lames ou cercles
du bois : elle eft fendue à environ vingt
pouces de fon extrémité, & divifée en
parties qui repréfentent affez bien les
grandes barbes des épis de bled, mais
qui la rendent affez peu femblable à

une nageoire. Elle eft longue ou large de foixante-dix huit pouces, haute de fept pouces trois dixiemes, & jointe aux mufcles de la queue, comme par *gomphofe*, c'eft-à-dire, par trois racines triangulaires.

La nageoire de la queue reffemble affez à des tenailles ; les deux pointes en font d'égale grandeur, & en cela cet animal differe des autres monftres marins, tels que les cochons de mer, &c. Cependant on obferve dans la baleine la même particularité. La fituation de cette même nageoire, eft directement contraire à celle de l'arête ou épine du dos, comme dans la baleine ; au lieu que dans les autres poiffons, la fituation de cette nageoire & celle de l'arête eft la même. Le Lamentin remue doucement la queue & avance lentement ; mais lorfqu'il s'en frappe le dos & le ventre, il s'élance avec vîteffe, & fouvent il s'échappe des mains qui le veulent tirer à bord.

La plus grande différence qu'on puiffe obferver entre cet animal & les animaux terreftres qui vont à l'eau, ou les amphybies, eft dans les bras ou pieds de devant, dont la ftructure eft

fort finguliere. Du col près de l'humerus, fortent deux bras longs de vingt-
fix pouces & demi, qui ont deux articulations. L'humerus eft articulé par
l'arthrodie avec les omoplates.



Ici comme dans le corps humain on
trouve le radius & le cubitus fort voifins du tarfe & du métatarfe; mais on
n'y voit ni doigts, ni ongles, ni griffes.
Le tarfe & le métatarfe ont une graiffe
ferme, & font entourés de quantité
de ligaments tendineux de peau & furpeau, à peu près comme on voit la
peau fe renouveller dans un homme
après une amputation. Mais la peau &
fur-tout la furpeau y eft beaucoup plus
épaiffe, plus dure & plus feche; de
forte que l'extrémité de ces bras répré-
fente la pate d'un écreviffe ou la corne
d'un cheval, mais imparfaitement; car
la corne de cheval eft plus mince à
fon extrémité, & par conféquent plus
propre à fouir & à creufer la terre.
Les extrémités des pieds font polies par
derriere, pliées en deux, un peu creu-
fées par en-bas, & couvertes de foies
épaiffes, très fortes, de la longueur d'un
demi-pouce.

J'ai vu un de ces animaux, qui avoit

la corne fendue comme le pied d'un bœuf ; mais cette féparation n'étoit qu'imparfaite : elle traverfoit à peine la furpeau , & elle étoit moins naturelle qu'accidentelle. Cela eft d'autant plus vraifemblable , que la furpeau qui couvre cette corne , eft extrêmement feche & peut facilement fe fendre.

Le Lamentin emploie fes bras à toutes fortes d'ufages ; ils lui fervent à nager, à marcher, à fe tenir ferme & debout entre des rocs gliffants, à creufer & à arracher l'algue, ou d'autres plantes, dans un fond pierreux, comme nous le voyons faire aux chevaux ; enfin à s'appuyer lorfqu'il eft pris , & à fe roidir contre les harpons avec lefquels on le tire à bord. Il fait quelquefois de fi grands efforts, que la furpeau de fes bras éclate , & qu'il en faute des morceaux.

La femelle , dans le temps du frai, nage fur le dos , & quand le mâle s'en approche, elle le ferre dans fes bras, & fe laiffe embraffer de même ; de forte que ces animaux s'accouplent à peu près comme les hommes.

Le Lamentin n'eft fûrement pas le même animal dont Ariftote a parlé fous le nom de bœuf marin, puifque le premier ne paît jamais fur le continent. Au fond il importe peu que c'en foit un autre ou le même, puifqu'Ariftote ne fait point de defcription de celui qu'il indique feulement; d'où l'on peut conclure avec vraifemblance, qu'il n'en avoit jamais vu, & qu'il n'en avoit rien entendu dire de certain. Secondement *Lopès* & *François Hernandès* qui ont vu le Lamentin, ont débité fur cet animal bien des fables, que l'expérience a fait reconnoître & qui ont induit en erreur *Clufius* & *Ray*.

Cet animal n'a point de poils, & ce qu'on pourroit nommer ainfi, font plutôt des foies ou des tuyaux creux, qui ne naiffent que fous les pieds & autour du mufeau.

La tête de cet animal ne reffemble point à la tête du veau, comme le croit *Clufius*, ni à celle du bœuf, comme l'avance *Hernandès*. Quant au tégument extérieur, il ne reffemble à celui d'aucun autre animal, & il a une forme toute particuliere.

Il n'a point de griffes aux pieds, mais à leur place une peau pareille à celle qui fe forme fur les membres amputés. L'animal marche sur cette peau , qui est garnie de soies tranchantes.

Il est faux que le Lamentin ait des ongles comme l'homme , ainsi que le prétend *Hernandès*. Il n'a ni doigts, ni griffes , à moins qu'on ne veuille regarder comme un ongle ce qui ressemble en quelque maniere à la corne du cheval.

Toutes les fables qu'on a débitées sur cet animal marin , font voir combien on répand de ténebres sur l'Histoire naturelle , lorsque la futile envie de dire quelque chose de neuf, fait admettre un principe faux , & en fait tirer des conséquences encore plus fausses.

Tous les auteurs qui ont parlé du Lamentin , ont avancé unanimement que cet animal remontoit les rivieres & dévoroit toute l'herbe des rivages , parce qu'ils ont entendu dire en général qu'il paissoit sur l'herbe : mais il faut entendre par-là l'herbe marine, ou l'algue.

C'est aussi contre la vérité & l'expérience, qu'on a dit, que cet animal se couchoit sur des rochers & qu'il marchoit sur la terre ferme. Il est inutile
de

de faire obferver ici, qu'il n'eſt pas
conformé de façon à pouvoir demeurer ſur terre ou marcher. Je dirai ſeulement qu'un Lamentin laiſſé à ſec lors
du reflux, qui le ſurprit endormi, ne
put jamais ni ſe défendre, ni ſe lever
pour s'enfuir; il fut tué à coups de
bâton & de hache.

Il eſt bien plus poſſible d'apprivoiſer cet animal, que de croire tout ce
qu'on raconte d'extraordinaire de ſa
fineſſe. Sa ſtupidité ſinguliere & ſa voracité le rendent naturellement fami-
lier. J'ai eu l'occaſion d'obſerver pendant dix mois à ma porte même la
maniere de vivre de cet animal, & je
vais rapporter en peu de mots ce que
j'en ai vu.

Ces animaux recherchent les endroits
humides & ſablonneux des bords de
la mer. Ils aiment beaucoup auſſi les
embouchures des torrents, des rivieres
& des fontaines qui ſe jetent dans la
mer, & ils s'y tiennent par groſſes
troupes. Lorſqu'ils cherchent à paître,
ils chaſſent devant eux leurs petits, les
entourent par derriere & par les côtés,
les ſerrent de près & les tiennent toujours enfermés. Quand la mer monte,

Descrip-
tion d'un
Lamen-
tin.

*Tome V.*B b

ils viennent fi près du bord, que non feulement je pouvois les frapper, mais même leur paſſer la main fur le dos. Lorſqu'on leur a fait quelque mal, ils ne font que s'éloigner du bord un peu plus qu'à l'ordinaire, mais ils l'oublient bientôt & reviennent. Ceux de la même famille ne s'écartent pas beaucoup l'un de l'autre ; on trouve ordinairement enſemble le mâle & la femelle, avec quelques petits déjà avancés & d'autres plus jeunes. Il paroît que chaque mâle n'a qu'une femelle. Ils mettent bas en toute faiſon, mais plus fouvent en automne, comme je l'ai remarqué en obſervant ceux qui ne faiſoient que de naître. Mais comme j'avois auſſi vu qu'ils s'étoient accouplés de bonne heure au printemps, j'en ai conclu que les femelles portoient plus d'une année. De plus comme elles n'ont que deux mammelles, & comme je n'ai jamais vu plus d'un veau avec chacune d'elles, j'ai conjecturé qu'elles n'en mettoient bas qu'un à la fois.

Ces animaux font infatiables, ils mangent continuellement ; leur extrême gourmandiſe leur fait toujours tenir la tête dans l'eau, & la conſervation de leur vie ne les inquiete guere. On peut nager parmi eux, ou y aller avec une chaloupe pour choisir à son aise celui qu'on veut tirer de la mer; ils n'ont aucun soin que celui de lever le nez hors de l'eau à peu près toutes les quatre ou cinq minutes une fois pour souffler & jeter un peu d'eau avec un bruit, qui imite à peu près le hennissement ou le souffle des chevaux. En mangeant, ils avancent très lentement un pied après l'autre & nagent tout doucement à peu près comme les bœufs & les moutons nagent en paissant. Ils ont toujours la moitié du corps, savoir le dos & les côtés, au-dessus de l'eau. Pendant qu'ils mangent, les moëves viennent se poser sur leur dos, & cherchent avec soin les poux qui s'attachent à leur surpeau, de même que les pies ont coutume de faire sur les moutons & les cochons. Cependant les Lamentins ne mangent pas indifféremment toute herbe marine *. Dans les

DESCRIP-
TION D'UN
LAMEN-
TIN.

---

* Ils préferent le *crispum Brassica sabaudica folio cancellatum*, le *fucum clavæ facie*, le *fucum scuticæ antiquæ romanæ facie*, le *fucum longissimum lumbis ad nervum undulatis*.

Bb 2

endroits où ces animaux se sont arrêtés pendant un jour seulement pour manger, on trouve une grande quantité de racines & de tiges, que la mer a jetées au bord. Après qu'ils ont bien mangé, quelques-uns se mettent sur le dos, & gagnent au large, afin que la mer ne les laisse pas à sec au temps du reflux. En hiver ils périssent souvent au milieu des glaces qui flottent près du rivage, & la mer les y jete morts. Il en est de même, quand les vagues les entraînent & les poussent avec force contre des rochers. Ils sont si maîgres en hiver, qu'on leur voit l'épine du dos & toutes les côtes. Ils s'accouplent au printemps sur-tout vers le soir, lorsque la mer est tranquille, & jouent beaucoup entr'eux avant que de s'approcher. La femelle va doucement çà & là près du rivage, & le mâle suit toujours. Elle fait plusieurs tours autour de lui en forme de cercle; enfin elle se met sur son dos comme si elle étoit fatiguée, le mâle s'élance sur elle avec impétuosité & tous deux se serrent étroitement avec les bras.

On se sert pour les pêcher d'un gros crochet de fer, dont la pointe est faite

comme une ancre, & qui à l'autre
bout a un anneau de fer, auquel on
attache une longue & forte corde : un
homme fort prend ce crochet, & monte
sur une chaloupe avec quatre ou cinq
hommes. L'un d'eux conduit le gou-
vernail, & les autres rament. Ils s'approchent doucement d'une bande de
ces animaux ; le pêcheur est sur la poupe
tenant le crochet en main, & lorsqu'il
est assez près de celui qu'il veut frapper, il porte le coup. Aussi-tôt une
trentaine d'hommes restés sur le rivage
& qui tiennent la corde, y tirent avec
beaucoup de peine l'animal qui se sentant pris, se défend de toutes ses forces. Alors ceux qui sont dans la chaloupe qui est arrêtée dans la même
place par une autre corde, le fatiguent
à coups de haches, de couteaux &
d'autres outils tranchants. Enfin quand
il est las & affoibli par le grand nombre de ses blessures, on le tire à bord.
J'en ai vu prendre un auquel quelques pêcheurs couperent des morceaux de chair
fort grands ; tout ce que l'animal fit
pour se défendre, fut d'agiter fortement la queue, & de faire avec les
pieds de devant de si grands efforts,

que la furpeau éclata & qu'il en fauta quelques pieces. Il fouffloit très fortement & fe plaignoit, pour ainfi dire. Le fang jaillifloit de la bleffure qu'on lui avoit faite au dos, mais il s'arrêtoit lorfque l'animal avoit la tête fous l'eau. Dès qu'il refpiroit, le fang rejaillifloit de nouveau : fans doute que les poulmons qui font voifins du dos avoient été bleffés, & lorfque l'air y paffoit, le fang en fortoit avec violence. Je crois être en droit de conclure de cette obfervation, que la circulation du fang fe fait dans cet animal comme dans le veau marin, de deux manieres : par les poulmons, lorfqu'il refpire, & lorfqu'il eft fous l'eau, par le trou oval & le conduit artériel : je n'ai cependant vu ni l'un ni l'autre.

Ils refpirent de la même maniere que les animaux terreftres, ce qui n'arrive pas aux autres poiffons ; mais je crois que c'eft plutôt pour leur faciliter la déglutition des durs végétaux dont ils fe nourriffent, que pour donner plus de liberté à la circulation du fang. Les grands Lamentins font plus faciles à prendre que les petits qui nagent plus légérement & plus vîte.

Quand le crochet entre dans le corps
des grands, il n'en fort prefque jamais,
& on eft fûr de les prendre entiers,
mais on a vu fouvent que les jeunes
en fe débattant fe déchirent la peau
& s'échappent. Quand l'animal frappé
commence à fe débattre, ceux de ces
animaux qui font les plus près, accourent à fon fecours ; quelques-uns
tentent de renverfer la chaloupe en
paffant deffous ; d'autres fe mettent fur
la corde & effaient de la rompre, ou
ils frappent deffus de leur queue pour
arracher le crochet du dos du bleffé,
& ils y réuffiffent quelquefois. Une
preuve particuliere de quelque apparence d'entendement dans le Lamentin, & pour ainfi dire d'amour conju-
gal, nous fut donné par un mâle,
dont la femelle fut prife & tirée fur
le rivage. Après avoir en vain employé
toutes fes forces pour la débarraffer,
malgré les coups qu'il reçut de nous,
il la fuivoit & quelquefois fans que
nous nous y attendiffions, il s'élançoit
vers elle comme un trait, quoiqu'elle
fût déjà morte. Lorfque le lendemain
matin nous revînmes au rivage pour
difféquer l'animal & pour emporter

DESCRIP-<br>TION D'UN<br>LAMEN-<br>TIN.

Bb 4

les pieces, nous y trouvâmes le mâle à côté de sa femelle ; & il y étoit encore le troisieme jour, quand nous y allâmes pour visiter simplement les intestins.

Cet animal n'a point de voix, & ne produit aucun son ; il respire avec beaucoup de force , mais il pousse comme des soupirs lorsqu'il est blessé. Quant à sa vue & à son ouie, je n'en peux rien dire.

Il est impossible que ces animaux puissent voir ou entendre , puisqu'ils ont presque toujours la tête dans l'eau ; & en effet ils ne paroissent pas faire usage de ces deux sens.

Personne n'a donné du Lamentin une description plus complette , & écrite avec plus de soin que celle que *Dampierre* qui aimoit ces sortes de recherches , & qui s'y appliquoit beaucoup, a faite dans son *Voyageur Anglois*, imprimé à Londres en 1708. Je l'ai lue , & je l'ai trouvée assez conforme à la vérité, à peu de circonstances près. Il est à propos d'observer ici, qu'il y a deux especes de Lamentin , dont l'une voit mieux qu'elle n'entend , & l'autre au contraire entend mieux qu'elle

ne voit. Mais ce qu'il dit en parlant
de la pêche de cet animal, que les
Américains font obligés d'y aller fans
faire le moindre bruit, afin que les
Lamentins ne s'éloignent pas, ne doit
fans doute être entendu que des endroits où l'on en prend fouvent, &
où ces pêches fréquentes apprennent à
ces animaux à connoître l'homme & à
l'éviter comme leur ennemi. Les lou-
tres, les veaux marins & les ifatides
n'ayant jamais vu fur l'ifle déferte que
nous occupions, aucun homme qui eût
interrompu leur tranquillité & cherché
à les détruire, n'étoient du tout point
farouches. Nous en tuâmes fans peine,
en abordant à l'ifle de *Bering* : mais lorfqu'on les a effarouchés de la même
forte & auffi fouvent qu'on a fait dans
la prefqu'ifle de *Kamschatka*, ils fuient
promptement les pêcheurs & tous ceux
qui s'approchent avec deffein de leur
nuire.

Il arrive quelquefois que ceux de ces
animaux qui font aux environs du cap
de *Kronotzkoi*, autrement *Nos* & du
golfe de *Avvatscha*, font tués par la
tempête & jetés fur la côte. Les habitants de *Kamschatka* appellent les La-

mentins *Kapuſtinck*, c'eſt-à-dire man-
geurs d'herbes.

La peau de cet animal eſt ſi épaiſſe
& ſi forte, que, ſuivant *Hernandès*,
les Américains s'en ſervent pour faire
des ſouliers & des ceintures. J'ai auſſi entendu dire, que les *Tſchuꞇkiens* l'étendent
avec des bâtons & s'en ſervent comme
de bâteꞁets, à l'exemple des *Koraviens*
qui font le même uſage de la peau d'une
eſpece de Lamentin très gros nommé
*Lachꞇack*.

La graiſſe qui eſt ſous la vraie peau
& dont tout le corps eſt entouré, a
environ trois pouces d'épaiſſeur & deux
& demi ſeulement dans quelques endroits. Elle eſt glanduleuſe, fluide &
blanche ; mais au ſoleil elle jaunit
comme du beurre. Elle a un goût très
agréable, & la graiſſe d'aucun animal
marin ne peut entrer en comparaiſon
avec celle-ci : elle eſt même préférable
à celle des quadrupedes ; de plus elle
ſe garde très long-temps, & elle ne ſe
corrompt point même pendant les plus
grandes chaleurs. Lorſqu'elle étoit cuite,
nous la préférions au beurre du meilleur
goût. Sa ſaveur approche beaucoup de
celle de l'huile d'amandes douces. Elle

peut fervir à tous les ufages auxquels on emploie le beurre. On la brûle auffi dans les lampes, & elle donne une flamme très claire, fans odeur & fans fumée. Elle fert encore de médecine, elle eft laxative & purge très doucement lorfqu'on la prend liquide. Elle ne caufe aucun dégoût, & n'ôte point l'appétit ; j'ofe même croire qu'elle feroit plus utile à ceux qui font fujets à la gravelle ou à la pierre, que l'os de la machoire ou la prétendue pierre du Lamentin. La graiffe de la queue eft plus ferme que celle du refte du corps, & par conféquent auffi plus agréable quand elle eft cuite.

La chair du Lamentin a les fibres plus fortes en quelque forte & plus épaiffes que celle du bœuf. Elle eft auffi plus rouge que celle des animaux terreftres, & une de fes plus grandes fingularités, c'eft qu'étant expofée à l'air dans la plus grande chaleur, elle eft long-temps fans fe corrompre, & fans jeter de mauvaife odeur, quoique remplie de vers. Je crois que cela provient de ce que cet animal ne vit que d'algue & de plantes marines, qui ont peu de parties fulphureufes, mais beau-

Description d'un Lamentin.

coup de fel & de falpêtre, qui ne permettent pas cette évaporation de foufre qui amollit la chair & la rend poreufe. En un mot je vois en ceci la même caufe que dans la viande falée & fumée qui fe conferve plus long-temps, parce que le fel affermit les parties de la chair, & les lie davantage avec les parties fulphureufes de cette même chair.

Il faut faire cuire la chair long-temps, mais étant cuite elle a le meilleur goût du monde, & on ne la diftingue pas aifément du bœuf. La graiffe du jeune Lamentin reffemble beaucoup au lard frais ; mais fa chair differe peu de celle du veau : elle cuit promptement, & s'enfle au pot comme celle du porc-frais.

La graiffe des mufcles, de la tête & de la queue eft fi ferme, qu'on la fond difficilement. Celle des mufcles , du bas-ventre, du dos & des côtés vaut mieux , & non feulement peut être falée (fait dont plufieurs ont douté) mais eft encore entrelardée comme celle du bœuf & a très bon goût.

Les entrailles, le cœur, le foie & les reins font très durs; peut-être auffi ne les avons-nous trouvé tels, que parce que nous avions dans le reste allez à à manger. Un Lamentin parvenu à toute sa grandeur, pese 800 ou 2000 liv. Russes. Ces animaux sont en si grand nombre autour de la presqu'isle de *Kamschatka*, qu'ils suffisent seuls pour la nourriture des habitants.



Le Lamentin est tourmenté par une espece de poux qui se tiennent en grand nombre dans les rides des pieds, des mammelles, du mammelon, des parties génitales, de la croupe, & dans les cavités de la surpeau. Dans tous les endroits de la peau où cette vermine fait des trous, la liqueur qui en sort y forme des especes de loupes. Mais les moëves qui viennent se poser sur le dos du Lamentin, prennent ces poux avec leur bec pointu, & rendent ainsi au Lamentin un très grand service.

Ce pou a environ un demi-pouce de longueur. Son corps est formé d'anneaux; il a six pieds, & il est blanc ou jaune, & toujours luisant. Sa tête est allongée & pointue, un peu plus grande qu'un grain de mil, & garnie au front de deux cornes qui avancent d'une demi-ligne. A la place de la machoire inférieure, on voit deux

petits bras minces , en forme de pates
d'écreviſſes , auſſi pointus à leur extrémité que des clous. Le reſte du corps
eſt formé de ſix anneaux tranſverſaux
qui ſont convexes ſur le dos , & larges
d'un tiers de ligne. L'anneau de la
poitrine eſt deux fois plus large , &
tous les autres ſe rétréciſſent en approchant de la queue. L'anneau pectoral
avance d'une demi-ligne , & de chaque
côté il en ſort une pate ſemblable à
celle de l'écreviſſe , munie d'une ſerre
flexible , avec laquelle le pou s'attache
à la ſurpeau du Lamentin. Les autres
pieds ſont plus minces , terminés auſſi
par une ſerre , & vont peu à peu en
ſe raccourciſſant. Les deux derniers qui
ſont les plus courts ſortent de l'anneau
de la queue ; ils forment l'extrémité du
corps , & c'eſt ſur eux que ſe traîne
l'animal.

# DES EFFETS

## *DES SONS*

## SUR LE CORPS HUMAIN,

### *A V E C*

Quelques éclairciſſements ſur la guériſon de la morſure de la Tarentule , par la muſique.

*Extrait des nouvelles vérités de M. Justi.*

EN parlant ici du *ſon* , j'avertis que ſous ce nom général je comprends toutes les idées ſpécifiques que ſa ſignification renferme. Il faut donc entendre de l'harmonie des ſons & de la muſique généralement , tout ce que je dirai du ſon conſidéré en lui-même.

Je ne ſuis pas le premier qui publie mes penſées ſur les effets de la muſique, relativement au corps humain ;

mais je veux être le premier qui traite cette matiere, fans y répandre beaucoup d'érudition, que je crois ici fort étrangere. Il y a environ vingt ans que M. *Albrecht* a publié à Erfurt un Écrit qui a pour titre : *De effectibus mufices in corpus humanum*; mais il n'y eft traité de rien moins que du fujet qu'on y annonce ; cependant tout médiocre qu'eft cet ouvrage, on en a fait un ample éloge dans *la Bibliotheque de mufique*. En 1749, un Anglois anonyme a écrit fur la même matiere. Mais l'Anglois, ainfi que l'Allemand, dit une infinité de chofes étrangeres à fon objet.

L'effet des fons fur le corps humain provient de la nature du fon ou des fons en général, & de la conftitution du corps. On fait que dans toute l'étendue du corps humain eft répandue une humidité fpiritueufe que les nerfs & les fibres recelent ; mais qu'il ne faut pas confondre avec le chyle, bien plus groffier, qui fe trouve dans les mufcles & dans les intervalles des petits filaments. Or ce fluide, qui eft très fubtil, remplit chaque nerf & s'étend même jufqu'à leurs dernieres extrémités.

extrémités. Suppofons maintenant qu'il foit mis dans un fort mouvement par quelque caufe que ce foit , il pénetre alors abondamment dans les petits canaux des nerfs , il les gonfle , & par ce gonflement il leur caufe une tenfion. Suppofons encore que le fon ou l'harmonie des fons foit la caufe de ce gonflement ; on connoît la nature du fon ; on fait qu'il eft produit par le mouvement imprimé aux parties de l'air. Or ces parties aériennes touchent les petits nerfs qui fe trouvent à l'extrémité de la peau , avec l'humidité fpiritueufe qu'ils contiennent ; & les ayant mis une fois en mouvement , elles continuent de les mouvoir plus fortement par degrés , en confervant toujours , par la continuité du fon , leur ébranlement, & en doublant , pour ainfi dire , chaque fois l'effet qu'elles ont commencé. La caufe du gonflement des nerfs continuant toujours , augmentant même d'une maniere uniforme & pour ainfi dire par autant de coups que l'air reçoit d'impulfions , le fuc fin & fpiritueux des nerfs , pénetre auffi-tôt dans toutes les fibres voifines , & les agite également. Mais il en réfulte quelque chose de plus : les nerfs sont toujours excités par-là à un gonflement plus fort. Le coup ou plutôt la trépidation est continuée dans toute la substance du nerf, au point que l'humidité dont j'ai fait mention, s'écoule dans le plus proche des muscles attenants, & lui cause la même tension. Cet épanchement se faisant de même par vibration, tantôt avec plus de force & tantôt plus foiblement, il faut lui attribuer la cause du mouvement de trépidation qu'éprouve le muscle, & qui alors entraîne les suites qu'il doit nécessairement produire.

Personne ne disconviendra qu'un mouvement excité dans le suc spiritueux des nerfs & même à leur extrémité, ne s'étende bientôt dans toute sa substance, & ensuite aux extrémités du corps ; il suffit pour s'en convaincre de connoître la nature des nerfs. A l'égard de ceux qui voudront en avoir une expérience sensible, on n'a qu'à leur faire faire attention que quand les nerfs de la langue, du nez, ou des oreilles sont doucement ébranlés, il en résulte aussi-tôt un sentiment général par tout le corps, comme nous l'éprou-

vous journellement , quand nous éter-
nuons ou quand nous touſſons. De
plus , un doux frottement dans l'oreille
ſuffit pour exciter des larmes. *Borelli* a
par conſéquent raiſon d'attribuer moins
cette propagation de l'irritation à la
continuité du mouvement progreſſif du
ſuc ſpiritueux des nerfs , qu'à celle de
ſon ébranlement : c'eſt-à-dire , qu'il
n'eſt pas préciſément néceſſaire que le
ſuc nerveux qui ſe trouve à l'extrémité
du canal de chaque nerf , & qui reçoit
quelqu'impreſſion de dehors , pénetre
dans le moment au cerveau par le canal
de ce nerf ; il ſuffit que l'impulſion
qu'il reçoit à l'ouverture de ce canal ,
ſoit continuée.

Or il eſt aiſé de prouver que tous
ces effets doivent être produits dans le
corps humain par les ſons , ainſi que
l'a remarqué *Borelli* dans ſon Traité
*de motu animal. p.* 243.

Quand les dernieres extrémités des
nerfs par leſquels nous ſentons , & qui
ſe trouvent dans les parties extérieures
du corps , à la peau , à la langue , au
nez , aux oreilles , &c. ne font que
foiblement ébranlées , ce léger ébranlement du ſuc ſpiritueux des nerfs eſt

continué dans les petits tuyaux qui compoſent toute l'étendue du nerf, & de-là
ſe communique par les petits canaux
des autres nerfs voiſins au cerveau, &
ſur-tout dans la partie où les fibres ner-
veuſes ſe terminent. La faculté de ſentir en eſt excitée, & il s'en forme dans
le cerveau une image, laquelle, relativement à la cauſe extérieure qui produit cet effet, devient plus forte ou
plus foible, & plus ou moins nette.
Car s'il eſt vrai, comme on ne peut le
révoquer en doute, que chaque ſentiment dans le corps humain, eſt toujours proportionné au mouvement, il
s'enſuit qu'un réſonnement plus fort,
ou toute une harmonie de ſons, qui
agite avec plus de force le ſuc ſpiritueux des nerfs, eſt toujours plus ſen-
tie, & produit par cette raiſon des
effets plus grands qu'un autre, qui
n'ébranle que foiblement notre corps.

Quoique je déduiſe ici le premier
effet des ſons ſur le corps humain du
ſuc ſpiritueux des nerfs, mis en mouvement, ce n'eſt pas l'unique moyen
par lequel ils peuvent opérer. Ils produiſent leur principal effet ſur l'ouïe &
ſur ſes organes. Il eſt vrai qu'il s'y

trouve auffi une humidité fpiritueufe,
qui peut être excitée par les fons; mais
il eſt évident que les petites fibres des
nerfs, qui font diſtribués au-deſſus
& autour de la fuperficie fpirale de la
conque auriculaire, étant ébranlés par
les fons, éprouvent alors un mouvement de trépidation qui fe communique aux nerfs du cerveau, & y produit tous les degrés du fentiment que
nous avons de chaque fon en particulier, ou de leur harmonie enfemble. Il
fe peut faire auffi que l'air, que les
fons ont mis autour d'un corps dans
un mouvement de trépidation, communique ce mouvement à l'air qui fe
trouve dans le corps, & que de cette
maniere il irrite ou les particules fpi-
ritueufes du fang, ou ce qu'on appelle
les efprits animaux, au point d'exciter
ou de faire naître plufieurs paffions,
comme je le ferai voir dans la fuite.
L'anonyme Anglois dont j'ai parlé prétend que l'altération que la mufique
produit dans le corps, ne doit pas être
attribuée au mouvement de trépidation
des particules de l'air qui s'étendent
jufqu'au cerveau, mais que cet effet
dépend plutôt de la difpofition dans

laquelle elle met notre ame. Pour moi, je crois que le son causé de dehors, ainsi que je l'ai déjà dit, le premier mouvement de trépidation dans le suc spiritueux des nerfs, soit qu'avec *Borelli* (1) nous le supposions produit par de petits globules, soit, comme d'autres le prétendent, qu'il le soit par de petites plumes.

Quoiqu'il en soit, comme il est certain que les sons font beaucoup d'effet sur le corps humain, il s'agit de savoir ce qu'on doit penser de certaines maladies, que l'on prétend avoir guéries, ou pouvoir guérir par la musique & principalement de la morsure de la tarentule. Des Savants fort célebres ont nié l'existence de cette maladie, & la façon de la guérir : d'autres encore plus célebres l'ont soutenue très réelle, & l'ont expliquée par des principes physiques. *Baglivi*, un des plus fameux Médecins d'Italie, & qui étoit Professeur d'Anatomie à Rome, a laissé un ouvrage particulier sur cette matiere (2),

---

(1) De vi percuss. c. 30. p. 172.
(2) Dissert. de qual. morsus & effectib. tarantulæ.

qui eſt la premiere des diſſertations imprimées à la ſuite de ſa *Pratique de Médecine*. Il raconte pluſieurs accidents arrivés à des perſonnes qui avoient été mordues de la tarentule. J'en vais rapporter quelques-uns qui pourront ſervir à éclaircir cette matiere.



*Baglivi* fait d'abord mention de deux femmes qui avoient été mordues de la tarentule. La premiere reçut ſa morſure dans une cave ; mais elle ne la ſentit pas à l'inſtant, & elle revint chez elle ſans s'en être apperçue. L'après dînée il lui vint à la jambe une petite tumeur groſſe comme une lentille, accompagnée de défaillance & d'une difficulté de reſpirer. Elle ſe jeta ſur un lit & commença à trembler ſi fort, que deux hommes vigoureux pouvoient à peine la tenir. Elle ſentit enſuite une douleur aux mains & aux pieds. On alla chercher un médecin qui fit ouvrir la tumeur, & employa quelques emplâtres. Ce remede n'opéra rien. La malade perdit l'uſage de la langue ; elle éprouva de nouveau une grande ſoif, du dégoût & un ſerrement de cœur. Tous ces ſymptomes ſe ſuccéderent dans l'eſpace de trois heures. Le pere & la mere foupçonnant d'abord que leur fille avoit été mordue de la tarentule, envoyerent chercher des muficiens, quoique la malade s'y opposât & qu'elle prétendît ne pouvoir pas danfer, à caufe des douleurs qu'elle fentoit aux pieds & aux mains. Cependant les muficiens arriverent & ils demanderent à la malade de quelle couleur & de quelle groffeur étoit la tarentule dont elle avoit été mordue, afin de pouvoir préluder dans un ton convenable à l'efpece. La malade répondit qu'elle ne favoit pas, fi elle avoit été mordue par une tarentule ou par un fcorpion. Les muficiens dans cette incertitude effayerent deux ou trois airs, fans le moindre effet; mais au quatrieme la malade parut attentive. Elle foupira d'abord & fit quelques fauts; enfuite elle commença à danfer d'une maniere fi extravagante & d'une telle force, qu'elle fût bientôt délivrée de tout mal. Depuis cette guérifon, elle jouiffoit de la meilleure fanté; mais tous les ans vers le temps de la morfure elle avoit de nouvelles attaques, quoique plus foibles, qu'on guériffoit de la même maniere par le moyen de la mufique.

Le fecond exemple eft celui d'une femme qui eut à peu près tous les mêmes fymptomes. Les attaques chez celle ci fe renouvelloient auffi tous les ans dans le temps de la premiere morfure, & on les guériffoit de la même façon par le fon des inftruments.

Le troifieme exemple eft celui d'un payfan qui ayant été mordu du même infecte, employa pour cette morfure tous les topiques imaginables & beaucoup de remedes intérieurs qui l'affoiblirent extrêmement. Dans le temps de fa plus grande foibleffe, il demanda de la mufique, & lorfqu'il l'eut entendue, il travailla beaucoup des pieds & des mains, mais il ne put ni fe relever, ni danfer, & il mourut peu de temps après, pendant qu'on lui faifoit de la mufique.

Le dernier exemple, qui eft le plus fingulier, eft celui d'un médecin de Naples. Ce médecin ne vouloit pas ajouter foi à la morfure de la tarentule, qu'il n'en eût fait l'épreuve fur fon propre corps. Dans le mois d'Août de l'année 1693, il fe fit apporter à Naples des tarentules de la Pouille. Il s'en appliqua deux fur le bras gauche.

MORSURE DE LA TA-RENTULE.

en préfence de fix témoins. Lorfqu'il eut reçu leur morfure, qui lui fit le même effet que fi une fourmi ou une mouche l'avoit piqué, il fentit quelque douleur aux articulations de la main gauche ; le lendemain l'endroit piqué devint rouge, & le jour fuivant fa main fut enflée. Le quatrieme jour l'enflure & la douleur difparurent, il ne refta que la tache rouge. Le malade fut dans cet état pendant quinze jours entiers : le quinzieme jour il parut à l'endroit bleflé une croute noire qui revint chaque fois qu'on l'ôta. Un mois après, ce médecin fentoit de temps en temps de petites foibleffes dont la caufe étoit affez incertaine. Il quitta Naples pour aller prendre l'air à la campagne, & y rétablir fes forces ; il revint au bout de trois mois parfaitement guéri, fans avoir jamais fenti dans la fuite le moindre accident de fa morfure.

M. *Baglivi* conclut de-là que les tarentules ne font dangereufes, que dans la partie de l'Italie la plus chaude, comme dans la Pouille qui eft leur patrie, & qu'elles ne font pas fort à craindre dans le refte de l'Italie, parce que leur venin ne peut pas être exalté

par la chaleur au même degré d'acti-
vité que dans les provinces qui font
plus froides.



Après M. *Baglivi*, le célebre médecin Anglois, M. *Richard Mead*, a donné
un essai particulier sur la tarentule (3).
Il convient qu'il y a beaucoup d'imposture dans la maladie qu'on lui attribue, & qu'un grand nombre de mendiants, sous prétexte d'avoir été mordus par la tarentule, obtiennent d'abondantes aumônes. Mais il ajoute qu'il
se glisse aussi sous ce nom beaucoup
d'accidents histériques & d'autres symp-
tomes inconnus. Il ne nie cependant
pas l'existence de la maladie en elle-
même : car, dit-il, il n'est pas croyable
qu'une maladie qui n'a jamais existé,
puisse être prise pour prétexte. Il n'est
pas croyable non plus, que M. *Baglivi*,
médecin d'ailleurs fort savant, & avant
lui, *Louis Valetta*, aient écrit sérieu-
sement sur un mal, sans s'être bien
assurés de son existence.

Je n'ai donc pas besoin de prouver
la réalité des accidents que produit la

---

(3) Oper. med. t. II. edit. Goff. p. 81.

morsure de la tarentule; il n'est question que d'examiner la maniere de la guérir par la musique. Les deux médecins Italiens dont je viens de parler, & qui sont suivis par M. *Mead*, disent expressément que la musique est l'unique moyen par lequel les personnes mordues de la tarentule (4), peuvent être guéries. Mais le caractere de cette musique médicinale doit varier selon les sujets. Quelques-uns sont excités à danser par le seul son de la flute, d'autres par le bruit des timbales, d'autres par la vielle, d'autres par le violon. On danse environ douze heures par jour, & l'opération se répete quelquefois quatre jours de suite. Pendant la danse, les *tarentulés* font cent folies différentes. Ils jouent avec des enfants, avec des habits rouges, avec des épées & d'autres instruments tranchants, & quelquefois ils ne peuvent point absolument souffrir la couleur noire. L'accident revient aussi tous les ans, & souvent il est incurable, à moins qu'on n'y remédie à temps par la danse.

---

(4) Les Italiens les appellent d'un seul mot, *tarantali*.

M. *Mead* explique la qualité de ce venin , par la chaleur exceffive qui regne dans la Pouille. Car il n'y pleut prefque pas pendant tout l'été , & la chaleur eft fouvent telle qu'on l'éprouve dans un des plus chauds poëles d'Allemagne. C'eft pour cela que la tarentule, en mordant , fait couler dans la plaie un venin fubtil , qui caufe à l'inftant une fermentation violente dans le fluide nerveux. Cette fermentation eft fuivie d'une fievre , & de la féparation des efprits nerveux dans le cerveau ; ce qui arrête fur le champ leur influence dans les organes des fons , & ne produit dans la machine animale que des mouvements déréglés. Dans cet état vient le muficien. Le malade n'a pas envie de danfer , mais il y eft très puiffamment excité. Les premiers fons de l'inftrument font leur effet fur le fluide des nerfs & fur les organes de l'ouie ; l'ébranlement qu'ils produifent dans toute l'habitude du fujet, réveille en lui l'idée de mouvement attachée à la mufique , qui eft principalement celle de la danfe. Ainfi le malade fe leve brufquement , & danfe à outrance , jufqu'à ce qu'une fueur abondante entraîne en sortant par les pores les particules du venin qui disparoissent peu à peu avec la fievre qu'elles ont allumée dans les esprits vitaux. M. *Mead*, ajoute, que le mouvement de trépidation, & le choc des particules de l'air qui sont excitées d'une façon agréable au malade, produisent dans son cerveau un semblable ébranlement, qui l'engage à danser, & qui par là le débarrasse de tout le fluide infecté. Il n'est pas étonnant que différents malades aient besoin d'une musique différente. Car leurs fibres différemment tendues sont touchées différemment de la même impulsion des particules aëriennes. Mais, ajoute le médecin Anglois, ce qui fait persévérer les malades si fortement dans la danse, ce sont en partie les assistants qui les y excitent, & en partie l'idée d'être par ce moyen guéris de leur mal.

Il conclut de-là que ce remede, tout singulier qu'il nous paroît, ne doit point être regardé comme ridicule ou absurde. Les anciens faisoient grand cas de l'usage de la musique dans la médecine ; & il n'est pas douteux que

par des reſſorts méchaniques, elle ne
produiſe beaucoup de bien dans différentes maladies, ſur-tout dans celles
où l'ame eſt attaquée, & où le fluide
du cerveau a été mis en mouvement.

M. *Mead* a recueilli pluſieurs autres
obſervations ſur les effets de la muſique, dont la plus remarquable eſt celle
d'un effet extraordinaire opéré par les
ſons ſur un chien. Un joueur de violon
avoit remarqué que dans la chambre
où il jouoit, ſon chien étoit toujours
affecté d'un certain ton qui le faiſoit
heurler beaucoup, & lui cauſoit de
l'inquiétude. Il voulut éprouver juſqu'où
cela pouvoit aller, & un jour il ré-
péta ſi long-temps le même ton, que
le chien après de fortes convulſions
tomba mort par terre.

On peut voir d'autres effets de la
danſe de la tarentule au neuvieme
chapitre de l'ouvrage de *Baglivi*; on
y trouvera le détail des mouvements
extraordinaires, & des actions biſarres
ou folles que cette danſe fait faire aux
malades. Une autre remarque de ce
célebre médecin, c'eſt que, comme la
danſe ſert principalement à faire ſuer,
& à faire ſortir avec la ſueur les par-

ticules du venin, plusieurs médecins d'Italie ont essayé de faire évacuer ces particules venimeuses par différents moyens qui excitent la sueur. Au lieu de faire danser leurs malades, ils leur ont donné de forts sudorifiques, & leur ont fait prendre les bains chauds. Mais ces remedes n'ont pas réussi : le paroxisme du mal ne s'est manifesté que plus fort, par tous les moyens qu'on a mis en usage pour l'empêcher, & l'on a enfin été obligé de recourir à la danse.

Je sais que quelques personnes doutent de la vérité des histoires qu'on raconte des *tarentulés* ; & je conviens que sous les apparences d'une maladie si extraordinaire, il peut se cacher bien de l'imposture. Mais j'ai été parfaitement délivré des doutes que j'avois sur cet article, tant par le récit de plusieurs savants, & entr'autres de médecins, que par le témoignage d'un de mes parents, homme très sensé, qui a vu de ses propres yeux à Tarente, d'où l'animal a tiré son nom , & en d'autres endroits les danses des personnes mordues, non seulement dans les places publiques, mais aussi dans des maisons privées. Il m'a dit

avoir

avoir vu même un médecin fur lequel une forte de mufique qui l'affectoit, faifoit le même effet que fur les autres malades. Le favant *Epiphane Ferdinand*, qui a exercé la médecine pendant plufieurs années dans la Pouille & dans la Calabre, parle comme témoin oculaire de beaucoup d'effets finguliers de la mufique fur ceux qui ont été mordus par la tarentule ; il s'engage même de convaincre les plus incrédules fur ce point par leurs propres yeux.

„ Un médecin de bon fens & très „ digne de foi m'a plufieurs fois affu-„ ré , dit M. *Boyle* ; que quand il „ jouoit un certain air qu'il m'a fait „ entendre & qui ne touchoit pas „ beaucoup d'autres gens, il ne dé-„ pendoit que de lui de faire pleurer „ malgré elle une certaine perfonne „ qu'il me nomma. „ Il ajoute que quand il prenoit médecine, ou quand il étoit attaqué de la fievre, il avoit fouvent éprouvé que la feule répétition de deux vers de *Lucain* lui caufoit un certain friffon , prefque femblable à celui qui amene ordinairement la fievre. Cependant il ne donne point cela pour une preuve de l'effet phyfique du réfonnement. Mais il affure que ces deux vers lui ayant été lus avec emphafe un jour qu'il avoit la fievre & qu'il étoit fort agité, ils firent une fi forte impreffion fur lui, que depuis lorfqu'il entendoit dans cet état non naturel les mêmes vers, ils produifoient dans fon cerveau & dans les autres parties le même accident, que quand on les lui récita pour la premiere fois (5). On peut ajouter à cela le court récit que le même *Boyle* fait dans le fupplément au Traité fur l'effet des fons, d'un ferpent que la mufique animoit & mettoit dans une agitation finguliere. Il faut donc revenir au principe d'où *Boyle* déduit l'effet du réfonnement fur le corps. ,, La lumiere, dit-il, opere ,, fort fenfiblement fur le corps hu- ,, main; & cependant elle n'eft pas ,, produite, ni par un mouvement plus ,, rapide, tel que ce qu'on appelle en ,, latin *effluvium*, mouvement plus fubtil ,, encore que celui des particules aërien- ,, nes, & elle n'eft pas propagée par

______

(5) On doit fans doute regretter que *Boyle* n'ait point indiqué ces merveilleux vers de *Lucain*.

„ l'impulſion d'une matiere plus déliée
„ que l'air. Qui voudroit par conſé-
„ quent nier les effets du réſonnement
„ ſur le corps, n'a qu'à obſerver les
„ différentes paſſions que la différence
„ des ſons excite dans l'ame. On peut
„ enhardir quelques hommes par une
„ harmonie de ſons forts; c'eſt-à-dire,
„ on peut diſſiper par ce moyen les
„ froides conſidérations qui pourroient
„ les engager à plier, de maniere que
„ ſoudainement & ſans faire aucune
„ réflexion, ils marchent au devant
„ du péril. On en porte d'autres à la
„ joie; c'eſt-à-dire, que par la muſi-
„ que on arrête la ſuite des penſées
„ mélancoliques auxquelles ils étoient
„ livrés, & qu'on leur donne le temps
„ d'employer leurs propres forces ſur
„ eux-mêmes. D'autres ſont portés à
„ la dévotion, ou ce qui eſt la même
„ choſe, on fait réſonner des tons
„ convenables à l'objet ſublime auquel
„ on veut attacher ſes éditeurs. Qui-
„ conque ſait de quelle maniere la
„ nature & les paſſions ſont imitées
„ dans la muſique, n'en demandera
„ pas davantage. Si nous pouvons être
„ excités par la muſique à la terreur,

MORSURE<br>DE LA TA-<br>RENTULE.

D d 2

,, à la compaſſion, à la rage, à la
,, peur & à toutes les autres paſſions,
,, il eſt aſſez vraiſemblable que nous
,, pouvons auſſi nous en promettre
,, quelques avantages dans les mala-
,, dies. Car outre la morſure de la
,, tarentule, il y en a eu où la muſique
,, a été d'un très grand ſecours. On a
,, vu des fiévreux ſur qui la muſique
,, a eu un tel pouvoir, qu'en les obli-
,, geant de danſer, ce mouvement a
,, chaſſé de leur corps, par la ſueur
,, & la tranſpiration, la plus grande
,, partie du ferment & des particules
,, fébriles. Car, comme on l'a dit, la
,, muſique & les ſons touchent les plus
,, fines particules de l'eſprit nerveux
,, qui communique ſon impreſſion au
,, ſentiment & à l'eſprit. Les médecins
,, au contraire ont rarement d'autre
,, influence que ſur les parties groſſie-
,, res du corps. ,,

Je ne rappellerai point ici l'exemple
du maître à danſer d'Alais, dont il eſt
parlé dans les Mémoires de l'Académie
Royale des Sciences de Paris, ni pluſieurs autres d'hommes & d'animaux,
qui par la muſique ont été délivrés
de certaines maladies, ou qui en ont

éprouvé d'ailleurs des effets extraordinaires. Je penſe que les conſidérations
& les exemples que j'ai allégués ſont
ſuffiſants pour mon objet. Ainſi je ne
m'appuierai point de récits qui ſe trouvent dans les deſcriptions des voyages
qui peuvent toujours être ſoupçonnés
d'exagération. Ce que nous avons remarqué peut auſſi, ce me ſemble, ſervir
de réponſe aux doutes formés par
M. *Buſching*, Profeſſeur à Gottingue (6),
contre les ſuites de la morſure de la
tarentule. On voit du moins que les
perſonnes mordues de la tarentule ne
ſont pas toujours, mais ſont au contraire
très rarement des mendiants, ou des
vagabonds. Nulle condition n'eſt exempte de ce mal, quand on ne prend point
de précautions pour s'en garantir. Cependant ceux qui ſont le plus ſujets à
être mordus de cet inſecte, ſont les
gens de la campagne qui travaillent à
la terre & à la moiſſon. Au reſte tout
ce que l'on en dit, tous les effets ſin-
guliers qu'on en rapporte, ſe bornent
au climat le plus chaud de l'Italie, &

MORSURE
DE LA TA-
RENTULE.

---

(6) *Magaz. de Hambourg. vol. XIV. p.* 433.

**MORSURE DE LA TA- RENTULE.**

principalement à la Pouille ou à la Calabre ; car on a obfervé que ces araignées ont perdu leur venin , ou ont fait beaucoup moins de mal quand on les a tranfportées en d'autres con- trées un peu plus froides. De plus il eft évident que les expériences fur les *tarentulés* font confirmées par des té- moins très dignes de foi & très fenfés, qu'elles ont été bien examinées , & qu'elles n'ont pas été révoquées en doute par les plus habiles médecins. On voit encore que les *tarentulés* ne font des actions extraordinaires ou plai- fantes que dans la chaleur de la ma- ladie , de forte qu'on ne peut guere les foupçonner d'impofture. Cependant il faut convenir avec M. *Mead* , qu'il peut fe glifler beaucoup de preftiges dans cette étrange maladie.

# ABRÉGÉ

## DE

## L'HISTOIRE NATURELLE

## DU MONT LIBAN,

*Extrait de l'Histoire des Druses, par M. Puget de Saint Pierre.*

LE Liban est composé de quatre ceintures de montagnes qui s'élevent agréablement les unes sur les autres. La premiere est très fertile en grains & en fruits. Les soins industrieux des habitants ont également fertilisé la seconde, où l'on ne trouvoit autrefois que des ronces & des cailloux. La troisieme, quoique plus élevée, est si belle, si riche par ses jardins, ses vergers & la verdure continuelle des arbres, que quelques anciens l'ont regardée comme le lieu où fut situé le jardin fatal au genre humain. Il y



D d 4

regne un printemps éternel. Sur la quatrieme on voit vers le sommet ces *cedres* fameux (*a*) dont il est tant parlé
dans l'Ecriture sainte. Un peu plus bas,
toutes les faces de cette montagne sont
habitées par des *Maronites. Le Nonce
Dandini* dit dans ses observations sur
le *Liban*, en désignant la quatrieme
montagne, „ les *Maronites* amassant des
„ pierres qui sont dispersées çà & là,
„ élevent de hauts murs, & avançant
„ toujours ils en élevent d'autres, si bien
„ qu'à force d'affaisser les montagnes,

(*a*) Ces cedres, on les appelle saints, dit le
*Nonce Dandini*, à cause de leur antiquité, & on
croit que ce sont encore les mêmes qui y étoient
du temps de Salomon. On les visite avec beaucoup
de dévotion le jour de la Transfiguration de Notre-
Seigneur, & l'on y dit ce jour-là solemnellement
la Messe au pied d'un cedre, sur un autel cham-
pêtre, fait de pierres posées à sec les unes sur les
autres. Quoique ces arbres soient en petit nombre,
les habitants prétendent qu'on ne peut les compter
au juste ; & ils assurent très superstitieusement,
que quelques Turcs qui faisoient paître leurs troupeaux, ayant été assez hardis & assez impies pour
couper quelques arbres de ceux qu'on appelle
saints, ils en avoient été punis sur le champ par la
perte de leurs bestiaux. Quoiqu'il en soit, les
Turcs n'en approchent qu'avec beaucoup de respect
& de vénération.

„ & de combler les vallées, ils ont fait
„ d'une montagne ftérile une belle
„ campagne qu'on peut cultiver faci-
„ lement, qui eft fertile & agréable,
„ fur laquelle fe trouvent des grains
„ en abondance, des vignobles, des
„ arbres de toute efpece & quantité de
„ gibier de toutes les fortes. Malgré
„ cela l'hiver y eft fort rude, & il y
„ gele continuellement.

La vallée qui fépare le *Liban* de l'*Antiliban* offre dans toute fa longueur, qu'une belle riviere arrofe, le canton le plus fertile de toute la partie connue des deux hémifpheres.

La partie prefqu'oppofée à cette vallée, c'eft-à-dire, cette vafte plaine qui du fond du *Liban* s'étend de droite à gauche, & fe termine à la mer, eft entrecoupée de plufieurs rivieres qui en diverfifiant les objets forment de riches pâturages. Elle eft par-tout habitée, partout cultivée. Le climat y eft tempéré. On n'y reffent point l'excès des faifons, & il n'y gele jamais. Les habitants s'y plaignent néanmoins quelquefois du froid. Les terres y produifent tous les ans une double récolte. On y voit en foule les arbres les plus précieux & les

MONTA-GNES DU LIBAN.

VALLÉE DU LIBAN.

ARBRES.

ARBRES.

plus odoriférants. L'oranger, le citronnier, &c. y font d'une fértilité prodigieuse & en fi grande abondance, que prefque toutes les routes en font bordées. Les arbres tels que le poirier, le pommier, le pêcher, &c. y font encore en très grande quantité, & l'abondance de leurs fruits excede de beaucoup la confommation qu'en font les gens du pays. L'olivier & l'amandier y font auffi fort multipliés, & produifent une grande quantité de la plus excellente huile.

LE COTONIER.

Le cotonier rapporte cette efpece de coton de *Chipre*, connu en Europe fous le nom de coton de *Jérufalem* : cet arbre y eft auffi commun que fertile. Le mûrier tient fur les végétaux le premier rang par fon utilité dans un pays, dont les foies font la plus grande richeffe.

PLANTES AROMATIQUES.

Il fe trouve auffi dans les plaines & fur les montagnes beaucoup de plantes odoriférantes & aromatiques. Leurs propriétés effentielles & leurs vertus peuvent être d'un grand fecours aux habitants des climats où la nature refufe de les produire.

FORETS.

Les forêts occupent de très grands efpaces, produifent des bois propres à tous les divers ufages, tels que meubles, charpentes, navires, &c.

Les vignobles y font charmants, les vins délicieux & fort recherchés des étrangers. Le grain de raifin eft de la groffeur d'une prune, & d'une parfaite fuavité. Auffi les Juifs defirerent-ils fi ardemment d'en goûter, & fe porterent avec paffion à la conquête de la terre promife, dès qu'ils eurent vu de ces beaux fruits dans les mains des efpions de *Jofué.*

VIGNO-
BLES.

Les bleds y font d'une abondance extrême ; & le pays des *Drufes* peut en fournir pour la confommation de plufieurs autres. Autrefois les Florentins y faifoient leur approvifionnement.

BLEDS.

La manne s'y trouve auffi en quantité, & fupérieure par fa bonté à celle qu'on recueille dans d'autres cantons.

MANNE.

Le falpêtre y eft très commun ; & quelques enlévements qu'on en fît, il feroit difficile que le pays en reftât dépourvu. Qu'on fe garde bien de le confondre avec cette forte de cendre qu'on trouve aux environs de *Saïde,* & dont on tire une quantité confidérable pour *Marfeille* & quelques autres villes maritimes.

SALPE-
TRE.

PLANTE PROPRE A FAIRE DES CRYSTAUX.

Ce pays produit encore une certaine plante que les gens de la campagne brûlent après l'avoir ramassée, & dont ils font une cendre qui par sa propriété à faire des cryftaux, mérite une attention (*a*) finguliere. L'herbe nommée *Bareas* croît auffi fur le Liban.

HERBE BAREAS.

Elle s'enflamme pendant la nuit, & répand à peu près la même clarté qu'une bougie allumée. Cette lueur fe diffipe aux approches du jour. L'opinion vulgaire du pays eft que cette plante eft propre à la tranfmutation des métaux. La plante *Ribes* n'eft pas moins fameufe dans ces contrées. On en compofe un fyrop excellent contre les chaleurs du foie & les foibleffes d'eftomac.

PLANTE RIBES.

SOIE.

La foie de ce canton eft fupérieure à celle de la Perfe & des Indes de trois à un. Il eft des années où on en recueille jufqu'à fept cents mille livres pefant. Elle eft eftimée la meilleure de toutes celles du Levant.

---

(*a*) Nous devons aux habitants de la campagne, qui ne nous femblent que groffiers & ruftiques, beaucoup de découvertes utiles.

La cire & le miel n'y font pas moins abondants. L'abeille trouvant dans ce climat tout ce qui flatte fon inftinct, s'y plaît, s'y fixe, s'y multiplie. On la trouve jufques dans les bois, où fa diligence n'eft pas moins active, & fon gouvernement moins animé, que fi elle étoit dirigée par les citoyens.

Il paroît que la terre renferme dans fon fein des mines riches & de plufieurs genres. Sur le penchant de quelques montagnes, on trouve certaines pierres qui s'embrafent aifément & qui brûlent comme des flambeaux. Ailleurs, ce font des terres propres à faire le fer, & qui font proprement ce que nous appellons *Marcaffite*. On y a remarqué encore des chevreaux avoir les dents argentées. Le mont *Ida* nous fournit à la vérité plufieurs phénomenes femblables produits par les feuls pâturages. Mais, s'il eft des plantes propres à opérer pareils effets, n'y auroit-il pas lieu de croire qu'on n'effaieroit pas en vain de les appliquer à d'autres ufages. En fuppofant même que leur propriété n'eût pas plus d'étendue, que celle dont nous fommes inftruits, il eft du moins certain qu'elle feroit d'un grand avantage pour les arts.

On s'attend bien que dans un auſſi beau pays la volaille & le gibier doivent abonder, & être un aliment fort délicat. La perdrix y eſt de la même groſſeur que nos poules. Toutes les eſpeces volatiles qu'on a en Europe ſe trouvent dans le pays des *Druſes*, mais ſupérieures par leur multitude & par leur qualité. Le phénix s'y fait voir, quelquefois; & l'aigle y fait ſes générations.

Quoiqu'on n'y ſoit pas dans l'uſage d'avoir des colombiers, le pigeon, le ramier, la tourterelle ſe multiplient dans les bois, & n'en ſont pas moins bons à manger.



On compte parmi les animaux domeſtiques, le cheval, le chameau, l'âne, le bœuf, le mouton & la chevre;



parmi les ſauvages, le ſanglier, le cerf, le chevreuil, l'ours, le tigre, le dromadaire, le léopard, l'aigle.

Le cheval eſt fin, & paroît être de la même eſpece que celui d'Arabie. Les ſoins qu'on ſe donne à le dreſſer, marque le cas qu'on en fait. Il n'a chez les *Druſes* d'autre emploi que le ſervice du Cavalier ; mais certainement ils pourroient en faire une branche de leur commerce.



La charge & le fardeau font deftinés au chameau, comme y étant plus propre que tout autre, vu la difpofition du pays qui exige une certaine vigueur & une forte d'adreffe que n'a point le cheval.

L'âne eft fubftitué au cheval dans bien des endroits, & fur-tout dans les routes où l'on manque d'autres commodités pour le tranfport des bagages.

L'attelage eft la fonction unique du bœuf, & cette fonction a beaucoup d'étendue chez les *Drufes* qui labourent même leurs vignes. En un mot le bœuf eft employé chez eux à tout ce qui exige la force du collier.

Le mouton y eft de la même efpece & de la même groffeur que celui de *Chipre* & des côtes de *Barbarie*. Mais fa chair, quoique paffable, ne vaut point celle des moutons que nous mangeons en Europe.

La chevre n'offre rien de remarquable, finon que la viande du chevreuil eft d'un goût fort délicat.

# INDICATION

## *DES MATIERES*

## D'HISTOIRE NATURELLE

*Du quarante - neuvieme volume des Transactions Philosophiques , pour l'année 1755.*



DAns le septieme article, M. *Watson*, Membre de la Société, & l'un de ses membres les plus utiles, rend compte de ses recherches sur l'*Agaric* dont on use comme d'un styptique dans les amputations, & il fait voir que c'est le *fungus in caudicibus nascens pedis-equini figurâ* C. B. *Pin*, ou bien celui qui vient sur les vieux chênes.

Les articles dix & onze roulent encore sur l'agaric. On rapporte en sa faveur les expériences de MM. *Andouillé* & *Moreau*, Chirurgiens de Paris. Mais en même temps on lui oppose la découverte de M. *de la Fosse*, Maréchal ferrant

du

du Roi de France, qui a employé pour arrêter le sang, la poudre de *Licoperdon*, ou *crepitus lupi*, & qui assure avoir toujours réussi en peu de minutes. M. *Ford* de Bristol s'est servi pour le même usage de l'espece de champignon qui croît dans les caves sur les murailles & sur les tonneaux, qu'il appelle *fungus vinosus*, & il a fait son effet dans deux cas d'amputation. Agaric.

Le dix-huitieme article sera précieux aux botanistes. C'est la description de cinquante plantes du jardin botanique de *Chelsea*, présentée à la Société Royale, suivant la fondation de l'immortel *Hans-sloane*, qui en formant l'établissement de ce jardin de simples pour l'instruction des apothicaires de Londres, a exigé qu'on rendît compte à la Société tous les ans des plantes qu'on y introduiroit. Botanique.

Le vingtieme article contient les expériences de M. *Thornhill*, qui confirment celles de M. *Ford* sur l'utilité du *fungus vinosus* dont on a parlé, pour arrêter les hémorragies. Utilité du fungus vinosus.

Le Docteur *Parsons* présente dans le vingt-sixieme article une pétrification qu'il appelle *Echinometra digitata se-* Pétrification.

*Tome V.* E e

PE'TRIFI-
CATION.

PROPRIE'-
TE'S DU
TOXICO-
DENDRON.

*cunda retonda , vel cidaris mauri* de Rumphius.

L'article vingt septieme est une lettre de l'Abbé *Mazeas* , Correspondant de la Société Royale au Docteur *Halles*. L'Abbé *Sauvage* , de la Société Royale de Montpellier , avoit découvert que le jus du *Toxicodendron Carolinianum, foliis pinnatis , floribus minimis herbaceis,* teignoit les toiles d'un noir beaucoup plus épais que toute autre préparation connue , & avec beaucoup moins d'acrimonie. L'Abbé *Mazeas* informe le Docteur *Halles* qu'il a vu, dans le jardin du Duc d'Ayen à saint Germain-en-Laye , deux autres especes de *Toxicodendron* , dont l'une est appellée *Triphyllum folio sinuato pubescente* , & l'autre *Tryphillum glabrum.* Elles viennent de Virginie , & elles teignirent ses manchettes d'un bien plus beau noir , & en beaucoup moins de temps que ne fait l'espece de *Toxicodendron* , dont avoit fait mention l'Abbé *Sauvage.* Ni la lessive de savon , ni la lie des cendres de bois verd n'ont pu diminuer la force & le brillant de ce noir.

Après cette lettre , en suit une autre de M. *Philippe Miller* , où l'on trouve que *Kempfer* a déjà fait mention de la propriété de cette plante de la Caroline. On sait aussi que les Japonnois noircissent leurs ustenciles, & que les calicuts sont peints avec le jus de cet arbrisseau. Ils se procurent ce vernis en faisant dans l'arbre avec un couteau des incisions en différents endroits. Il en découle un jus blanc & visqueux qui noircit en l'exposant à l'air. On assure que le même jus est contenu dans les feuilles & dans les tiges de la plante. Ce jus s'échauffe sans s'aigrir ; il a de plus la qualité d'être très venimeux & dangereux pour ceux qui l'emploient. S'ils ne s'enveloppent d'un mouchoir autour du col & de la bouche , ils s'exposent à de violents maux de tête, & à voir enfler leurs lèvres. Lorsque les Japonnois ont fait leurs incisions , ils placent au-dessous des vaisseaux de bois, pour recevoir le jus qui en tombe. Quand l'arbre n'en fournit plus & qu'il seche, ils font d'autres incisions vers les racines , de sorte qu'ils en tirent tout le jus. Ensuite ils coupent l'arbre, & il en vient un nouveau rejetton qui dans trois ans fournit de nouveau suc. Il ne faut d'autre préparation à ce ver-

nis , que d'y mêler un peu de boue ;
après quoi on le paſſe à travers une
groſſe gaſe, & on l'empêche de s'évaporer, en le couvrant avec une peau
huilée. On fait auſſi de ce vernis avec
le jus de la noix de cachou. Comme le
*Toxicodendron* eſt très commun dans les
colonies Angloiſes du nord de l'Amérique, ainſi que l'arbre de *Cachou* dans
les colonies du ſud, M. *Miller* voudroit
que les habitants de ces diverſes colonies s'appliquaſſent à faire des expériences & à recueillir beaucoup de ce
vernis qu'on pourroit rendre propre à
la teinture, vu la mauvaiſe qualité des
draps noirs préparés avec la noix de
galle & le fer, qui ne ſe ſoutiennent
pas long-temps.

# LETTRE

*Ecrite à l'Auteur du Magasin Anglois, contenant la description d'un Poisson venimeux.*

MONSIEUR, je vous écris aujourd'hui avec d'autant plus de plaisir, qu'il vient de m'arriver un accident qui me faisoit craindre que je ne fusse jamais en état de vous écrire davantage, mon bras droit étant enflé & trois fois aussi gros que le gauche. Vous allez en savoir le détail. Etant hier en mer, par un temps parfaitement calme, je vis un spectacle nouveau pour moi & en même temps fort amusant. C'étoit un grand nombre de vessies transparentes d'un volume considérable & d'une très belle couleur qui flottoient sur la mer. Je conjecturai d'abord que c'étoit des voiles du *Nautilus* décrit par *Pope*, & j'ordonnai à mes gens de ramer du côté de ces vessies, pour en prendre une. Mais lorsque je fus plus près, je

POISSON VENI-MEUX.

Ee 3

fus bien défabufé. En les examinant à la clarté du foleil, je vis qu'elles n'é-toient autre chofe qu'une maffe de matiere à moitié liquide, claire comme de l'eau de roche, & ayant la confif-tence de corne de cerf. La partie fu-périeure étoit une veffie creufe & vuide de la groffeur d'une tête d'enfant. Elle étoit de toute forte de couleurs, tirant fur le plus beau pourpre, fur un violet foncé & fur la couleur de chair hu-maine. L'enfemble de ces couleurs for-moit au foleil les plus belles réflexions. Au-deffous de cette veffie, étoient ran-gées d'autres veffies plus petites, pas plus groffes que des pois, & de couleur de verd de mer. La membrane qui les couvroit toutes paroiffoit épaiffe comme un écu de trois livres. Ses ondulations réfléchiffoient la plus belle variété de couleur. La couche fur laquelle étoit potée cette veffie, reffembloit à un lit de gelée, d'une fubftance cependant plus épaiff., de la largeur d'une affiette ordinaire & d'un verd bleu. Il n'y avoit aucune apparence de tête ni de queue, & on ne pouvoit difcerner où étoit la bouche ou l'anus de cet étrange animal. Il fortoit cependant de chaque côté huit

jambes ou bras qui n'étoient nullement
arrondis, & garnis de piéces de franges qui font toujours en mouvement.
Elles finissent en pointe, ont six pouces
de long, & font aussi couleur de mer.
Cet animal ne femble avoir en aucune
façon la puissance de fe remuer, étant
chassé par les vents & par les vagues,
& n'ayant point la liberté de fuir aucun danger en plongeant dans la mer.
Il est destiné à rester fur la furface
jusqu'à ce que le soleil le brûle ou que
les vagues le mettent en piéces.

Après l'avoir examiné de mon mieux,
je voulus me faisir d'une de ces vessies,
mais je me trouvai bien loin de mon
compte. Il ne m'est pas possible de vous
décrire la douleur affreuse que j'éprou-
vai. Je fus en moins d'une minute dans
l'état de quelqu'un qui seroit plongé
dans la bouche enflammée d'un volcan.
La glace n'est pas fi froide que ce terrible animal, quand je le faifis: mais
à peine y eus je touché, qu'il ne resta
rien de la belle forme qui m'avoit tant
féduit, & je ne vis à fa place qu'une
masse dégoûtante d'ordures. Cette belle
vessie creva, les jambes de l'animal fe
rejoignirent, elles fe ferrerent & couvrirent

ma main & mon bras. Un jus empoi-
sonné sortit aussi-tôt de ces especes de
franges, & dès qu'il se fut répandu,
toute ma peau s'éleva, & je souffris
autant que si mon bras avoit été plongé
dans du soufre enflammé. Ce qui aug-
mentoit ma douleur, c'est que toute
la substance de l'animal s'y étoit attaché comme de la colle à moitié seche,
& qu'on fut obligé de la couper sur
moi avec des ciseaux. Mon bras & une
partie du côté droit s'enflerent, & la
chaleur brûlante qui me dévoroit, dura
depuis le matin jusqu'à trois heures
après midi. On bassina aussi-tôt mon
bras avec du vin & de l'huile, ce qui
me fit encore souffrir; mais aussi ce fut
pour mon bien, car je fus rétabli le
soir même, & j'en tirai une nouvelle
preuve que le bon Samaritain du nouveau Testament, étoit plus habile que
tous nos chirurgiens d'Europe.

M'étant informé plus particuliérement
à nos matelots de ce qui concernoit
ces animaux, ils me dirent qu'il étoit
ordinaire d'en voir en temps calme,
& que lorsqu'ils paroissoient près du
rivage, c'étoit un signe certain d'une
tempête prochaine. C'est cependant ce

qui ne fe vérifia pas alors, car nous eûmes toujours beau temps. La mer les jete fouvent fur le rivage. Quand on les rencontre fous les pieds, elles craquent comme d'autres veffies. Lorfque malheureufement ce font des matelots à qui cela arrive, comme ils font ordinairement fans bas ni fouliers, ils en fouffrent, quoique moins que moi, parce que l'animal eft dans un état plus languiffant, & que d'un autre côté la peau de ces gens-là eft beaucoup plus dure. Ils ajouterent que le vin & l'huile étoient le meilleur remede qu'on pût appoiter contre ce venin. Je fuis, &c.

Cet animal eft connu dans les Indes orientales. C'eft celui que M. *Dubois* & M. *Ray* ont appellé l'ortie marine venimeufe à huit pieds, *urtica marina octopes venenata* ; mais on fe flatte qu'il n'y en a point encore eu de defcription auffi détaillée. Quoique le remede qu'on y indique foit bien fimple, les Indiens n'en ont pas connoiffance; car ils croient encore actuellement ce poifon mortel.

# DESCRIPTION

## D'UNE ESPECE

## DE CHENILLE,

*Découverte depuis quelques années.*



UN naturaliste Anglois étant dans une promenade de saules à Chelsea (a) où il a une maison, s'amusoit à considérer une petite plante, qui est une espece de copie en miniature du grand lys d'eau. Il admiroit l'élégance de ses feuilles, & observoit avec étonnement que, quoique cette plante s'étendît beaucoup au-dessus de la surface de l'eau, cependant ses racines n'y descendoient pas à une grande profondeur.

En regardant cette plante avec attention, il vit un grand nombre de che-

____

(a) Bien villa, à une lieue de Londres, où ont les soldats invalides.

nilles, d'une espece qu'il ne connoissoit point encore, qui rampoient avec précaution & fort lentement sur la surface de cette plante. Comme on n'a point encore décrit les chenilles d'eau, notre observateur voulut suivre avec soin leur marche.

On sait assez que l'œuf d'un papillon, au lieu de produire un papillon, produit une chenille, qui par la suite devient ailée comme celui à qui elle doit le jour. Ce ne sont pas deux animaux, c'est le même corps organisé différemment. Le papillon n'a ni bouche, ni organe de digestion, ni besoin de nourriture. Sa seule fonction est de s'accoupler avec sa femelle, & de contribuer à la propagation de l'espece; après quoi il meurt, ainsi que sa compagne, dès qu'elle a déposé ses œufs. Ce fut en Juillet qu'on découvrit la véritable origine de cet insecte. L'un des jours les plus chauds de ce mois, notre naturaliste observa un papillon femelle avec des aîles grises, qui rampoit sur le gason du côté de l'eau; elle étoit si chargée d'œufs, qu'elle pouvoit à peine marcher. Cependant avec le temps elle se jeta dans l'eau & se plaça sur une des feuilles de la plante flottante dont nous venons de faire mention. Elle commença aussi tôt à déposer là ses œufs. Quoiqu'elle ne fût pas en état de manger, le ressouvenir de ce qu'elle avoit mangé avec tant de plaisir, lorsqu'elle étoit chenille, lui fit faire ses œufs sur cette même plante, afin que les petits qui en éclorroient, trouvassent sur le champ une nourriture convenable, & le nombre de ses œufs fut considérable. Elle les rangea avec beaucoup d'ordre sur différentes feuilles, poussant la précaution jusqu'à choisir les feuilles les plus fortes, les plus épaisses & les plus seches. Après cette opération, elle se jeta dans l'eau & termina bientôt sa vie, étant devenue dans ce moment la pâture d'une grenouille, qui s'en saisit comme d'une proie délicieuse. N'y a-t-il pas là de quoi admirer la Providence, qui permet que les plus petits animaux deviennent utiles même après leur mort. Les œufs une fois posés sur cette plante, l'observateur les veilla journellement, jusqu'au dix-huitieme matin qu'ils commencerent à éclorre, & chaque œuf donna une chenille verte avec la tête noire. Ils resterent dans le même ordre

femi-circulaire, dans lequel leur mere
les avoit placés, fans s'en départir. On
les vit le foir manger en cet ordre. Ils
ne fe mêlerent jamais avec leurs freres
qui étoient fur d'autres feuilles : autant
de feuilles, autant de petites commu-
nautés féparées.

On ne peut trop admirer l'ordre &
le gouvernement de ces petites créatu-
res. Lorfqu'il n'y eut plus à brouter fur
quelqu'une de ces feuilles, toute la
couvée s'arrêta, & quoiqu'il y eût des
feuilles contigues, pas une n'ofa traverfer pour y paffer, jufqu'à ce qu'on
eût élu un chef. Il fembloit qu'elles
nous imitaffent dans la circonftance où
nous aurions un lac glacé à traverfer ;
étant en grand nombre, nous aurions
foin alors de faire tenter le paffage par
deux ou trois perfonnes, afin que tous
les autres ne fuffent pas expofés à périr
à la fois. Lorfqu'ils eurent choifi un
chef, il fe porta fort loin en avant ;
deux fe placerent derriere lui ; après
ces deux, il en vint une rangée de
quatre, enfuite une colonne de douze,
& enfin tout le refte de la troupe. A
mefure que le chef marchoit, tous fes
compagnons imitoient fes mouvements,

& tournoient précisément à droite ou à gauche, ainsi que lui. Il les conduisit de feuille en feuille, jusqu'à ce qu'enfin il en rencontra une forte & remplie de jus, sur laquelle on résolut de rester ; tous se placerent sur cette feuille dans le même ordre qu'ils avoient marché. Cette peuplade changea plusieurs fois de feuilles de la même façon. La royauté n'étoit point affectée à un papillon d'une espece particuliere : le monarque étoit pris indifféremment dans tout le corps, & ce qui est remarquable, lorsqu'il conduisoit mal ses sujets, un autre le remplaçoit & le prince qui étoit déposé, alloit tranquillement se confondre dans la foule des plébéiens. Au reste les postes les plus éminents de ce corps, étoient les plus dangereux ; car il arrivoit souvent au général & à ses officiers généraux de tomber entre deux feuilles & de se noyer. La nature qui les a destinés à habiter sur la surface de l'eau, ne leur a pas permis de vivre dans cet élément.

On a tracé jusqu'ici la vie de ces papillons vivant en communauté sur une feuille qui n'est pas plus grande que le diametre d'un écu de trois livres ;

mais ils parviennent bientôt à une taille qui ne leur permet plus de demeurer ensemble sur un si petit terrein. Alors ils se séparent de plein gré, pour ne plus se retrouver que dans une autre situation. Ils prennent un domaine plus ample où ils vivent abondamment ; de sorte qu'au bout de trois semaines ils ont un tiers de pouce de long. Peu après vient le temps de leur engourdissement, pendant lequel ils sont crysalides. La maniere dont ils se préparent à cette retraite, n'est pas moins surprenante que tout ce qu'on vient de dire. Comme les feuilles sur lesquelles ils forment leur habitation, flottent sur la surface de l'eau, & sont dès-là exposés à être submergés, c'est un danger réel pour eux. Quand ils sont papillons, ils peuvent s'y soustraire en passant d'une feuille à l'autre : ils n'ont donc de mesures à prendre que pour cet état d'inaction qu'ils savent si bien prévoir. Voici l'expédient ingénieux dont ils usent, pour être à l'abri de toute inquiétude.

Ils vont sur les feuilles voisines ; ils en rongent un morceau de la grandeur d'une piece de douze sols ; ils la cousent sur la feuille où ils habitent avec ce

DESCRIP-
TION
D'UNE
CHENILLE.

fil qu'ils ont eux-mêmes filé, & dont ils tirent la matiere de leur propre substance; ils se glissent ensuite dessous, & achevent de s'y enfermer avec les mêmes fils, de sorte qu'ils sont à l'abri de toute injure. Si cependant ils se sont renfermés trop tôt, le besoin de manger leur fait passer la tête entre les fils pour ronger la tête de dessous, ce qu'ils font avec beaucoup d'épargne & de précaution. Quand on ouvre ce sac peu de jours après, on les trouve enveloppés dans une espece de drap mortuaire de soie.

Lorsqu'une fois la chenille est sortie de sa cachette en forme de papillon, elle reste sur la feuille pendant le temps nécessaire pour sécher ses aîles, & elle prend ensuite l'essor. Le mâle monte fort haut & fait de longs circuits. La femelle s'arrête ordinairement sur le rivage voisin, où elle attend le mâle. Elle n'est pas plutôt remplie d'œufs, qu'elle va sur les feuilles de la même plante, les y dépose & y finit sa vie. Si son fidele époux lui survit, ce n'est que deux ou trois jours. encore faut-il qu'il ne tombe pas entre les mains de quelque ennemi, comme fit celui dont on a parlé. S'il peut échapper, il va se mettre à l'abri sous une plus grande plante, & y meurt en paix.

## DESCRIPTION

# DESCRIPTION

### D' U N

## OURS MARIN,

*Trouvé près d'une Isle à l'est de Kamschatka.*

CEt animal amphibie a beaucoup de ressemblance en tout avec l'ours à l'exception de ses pieds, qui sont plus greles, & de la partie inférieure du corps qui se termine en cône. Sa longueur depuis le bout du nez jusqu'aux pieds de derriere, est de sept pieds six pouces. La circonférence derriere les oreilles est de deux pieds six pouces ; aux épaules de cinq pieds ; à l'anus d'un pied huit pouces ; & la longueur des intestins est de cent vingt pieds. Sa tête est un peu plus ronde & plus épaisse que celle de l'ours terrestre. Elle est couverte, ainsi que son nez, d'une peau noire, ridée, sans poil ; ses narines sont lar-

OURS
MARIN.

Ours
marin.

ges, ſes levres garnies de longues mouſ-
taches de ſoies blanches de différentes
longueurs , & généralement triangulaires. Ses plus longs poils ſont de ſix
pouces ; ſes levres ſont intérieurement
d'un rouge brun , & chacune de ſes
machoires a un rang de dents très
pointues qui s'entremêlent pour mieux
ſaiſir ſa proie. Il y a quatre dents in-
ciſives à la machoire ſupérieure; la pointe des dents canines ſe retourne dans
le goſier & a un tiers de pouce de
long. Ses défenſes qui ſont recourbées
ont deux tiers de pouce de long. Sa
langue eſt rude comme celle d'un veau;
elle a cinq pouces de long , & un &
demi de large. Ses yeux ſont auſſi grands
que ceux d'un bœuf, & ſont en ſaillie;
l'iris en eſt noire , & les paupieres brillent
comme l'émeraude ; il a une pannicule
charnue dans le coin de l'œil , comme
en ont les chouettes. Ses oreilles ſont
courtes & couvertes d'un poil court ;
l'ouverture en eſt oblongue , & quand
il eſt ſous l'eau , il peut la fermer. Les
glandes parotides derriere les oreilles
ſont de la taille d'un œuf de pigeon.
Il a quatre jambes qui lui ſervent à
marcher & à nager. Les os & les par-

ties internes font comme celles des
ours de terre ; les doigts des pieds
de devant ne font pas divifés, & ceux
des pieds de derriere font unis par une
membrane comme les pates d'une oie.
Ses jambes font noires & fans poil, &
l'on n'y apperçoit aucune apparence de
jointure, de forte qu'elles font comme
une maffe informe de chair. Il fe fert
de fes pieds de devant pour marcher
fur le rivage ; & comme ceux de derriere font traînants, il marque des
rayons fur le fable. Sa queue eft de
forme conique, longue de deux pieds
& fans poil. La peau eft noire dans les
mâles, & de couleur cendrée dans les
femelles. La membrane adipeufe qui
fe trouve fous la peau, eft épaiffe d'un
pouce à la tête & de quatre par-tout
ailleurs. La chair & la graiffe des mâles
eft dégoûtante & fait vomir ; celle des
femelles eft délicate, & a le goût de
l'agneau ; celle des petits a tout à fait
le goût du cochon rôti. La rate a huit
pouces de long & un demi de large. Les
poumons font divifés en fix lobes, dont les
deux plus confidérables couvrent le cœur:
les rognons qui ont fix pieds de long,
font formés comme ceux de l'homme.

Ours<br>Marin.

F f 2

On voit quelquefois mille de ces animaux couchés enfemble fur le rivage. Ils fe partagent en familles compofées d'un mâle, de fes femelles & de fes petits. Un mâle a depuis 8 jufqu'à 50 femelles, de forte que ces familles font compofées quelquefois de cent vingt. Ils n'évitent point les hommes ; ils s'avancent plutôt pour les rencontrer. Si on jete des pierres à l'un d'eux, & qu'il prenne la fuite, les autres le déchirent en pieces. Ils combattent les uns contre les autres pendant une heure entiere ; ils fe repofent enfuite pour reprendre haleine, & puis le combat recommence encore. La plus fréquente caufe de ces querelles eft la jaloufie ; car il leur arrive quelquefois de s'emparer des femelles d'autrui. Lorfqu'ils combattent pour leurs femelles, ces dernieres font fimples fpectatrices, & fuivent toujours le vainqueur. Si elles fe laiffent enlever leurs petits & qu'elles n'aient pas fait leurs efforts pour les défendre, leur mâle ne manque jamais de les en punir ; après quoi elles travaillent à regagner fes faveurs, en lui léchant les pieds & en répandant des larmes en abondance. Lorfque le mâle se rend à leurs caresses, les larmes lui tombent aussi des yeux avec la même abondance. Pendant les mois de Juin, Juillet & Août, ils sont sur le rivage où ils baillent, gémissent & dorment sans manger, ni boire ; aussi perdent-ils de leur graisse avant que de retourner à la mer. Ils ont des cris de plus d'une sorte. Quand ils gémissent, c'est comme un taureau ; quand ils combattent, ils imitent l'ours ; lorsqu'ils ont remporté la victoire, ils crient comme les grillons. Ils font en nageant huit milles par heure, & restent un temps considérable sous l'eau ; ce qui leur est facile, parce que le sang circule par le *foramen ovale*, comme aux enfants, avant qu'ils naissent. Les chasseurs cherchent à les aveugler, & leur donnent à cet effet des coups de bâton sur la tête : ils en reçoivent quelquefois deux cents coups avant que de mourir ; & leur cervelle sort quelquefois de la tête, qu'ils combattent encore. Ils viennent très rarement sur le rivage de Kamschatka ; aussi les habitants les poursuivent-ils dans des batteaux, d'où ils cherchent à leur enfoncer le harpon dans le corps, de la même façon qu'on tue les baleines.

OURS MARIN.

F f 3

# DESCRIPTION

### DES

## MINES DE SEL

### *de Wiliska en Pologne.*

MINES DE
SEL DE
WILISKA. C'Est par le moyen de l'art , que nous préparons le sel qui sert à notre nourriture & en tant d'autres occasions importantes. Il y a plusieurs méthodes différentes de le faire avec l'eau de mer & avec la saumure des sources salées. On fait le sel commun blanc , en faisant bouillir l'eau de la mer ; le sel gris en la faisant évaporer , après l'avoir exposée à la chaleur du soleil dans des fosses enduites d'argiles ; enfin ce qu'on appelle en plusieurs pays le sel de corbeille , est fait de la saumure des sources salées bouillie de même que l'eau de mer.

La différence entre ces trois sortes de sel , est que le sel gris est le plus fort & le plus propre à conferver du poiffon. Le fel blanc commun tient le milieu, & il convient pour conferver la viande. Le dernier fel qui eft le plus foible de tous, n'eft guere propre qu'à la table, n'ayant pas affez de force pour les autres ufages. Ce n'eft pas, qu'avec du foin, la faumure des fources ne pût fervir à faire du fel auffi fort qu'il y en ait au monde.



Malgré cette variété de fels, la plupart des nations de l'Europe fe fervent d'une autre forte de fel encore différente de toutes celles dont on vient de faire mention. On le trouve à une grande profondeur dans la terre, formant des lits prodigieux, femblables à nos carrieres de pierre, d'où on le tire avec divers inftruments. On le met enfuite en poudre dans des moulins, pour le réduire à l'ufage commun.

Il y a plufieurs de ces mines en Hongrie, en Catalogne, & dans quelques autres parties du monde ; mais une des plus confidérables, eft celle de Wiliska, qui fournit une grande partie du continent. Cette petite ville n'eft pas loin de Cracovie : la mine en fut découverte par hafard, en y creufant un puits, & on la travaille fans difcontinuation depuis l'an 1251. Il y a huit ouvertures ou defcentes dans cette mine, dont fix donnent dans la campagne & deux dans la ville même. Ces deux dernieres fervent pour paffer les ouvriers & enlever le fel; les autres, pour y jeter le bois & les autres provifions néceffaires. Les ouvertures font quarrées, larges de quatre pieds, garnies de bois de charpente & toutes ont en-haut une large roue qu'un cheval fait tourner, & au moyen d'une corde de l'épaiffeur du bras, on monte & on defcend ce qu'on veut. C'eft par ces ouvertures que defcend le curieux qui veut voir la mine. On lui met d'abord un habit de mineur par deffus les fiens, & l'un des ouvriers s'attache avec une petite corde à la grande, & prenant enfuite l'étranger dans fes bras, il donne le fignal pour defcendre. Comme on y va ordinairement plufieurs enfemble, l'ufage eft que, lorfque le premier eft defcendu d'environ trois verges, un autre mineur fe charge d'une autre perfonne, & après qu'on a arrêté la roue, il redefcend auffi trois verges. S'il y a encore quelqu'un à defcendre, on arrête de nouveau la roue, & ainfi de fuite. Il n'eft pas rare d'y voir defcendre une compagnie de quarante perfonnes. Quand une fois la roue tourne tout de bon, elle ne s'arrête plus que tout le monde ne foit defcendu. Cette defcente eft à la vérité fort lente, de forte qu'on a tout le temps de faire des réflexions fur la facilité avec laquelle on a mis fa vie au hafard, en la faifant dépendre de la bonté de la corde. On defcend ainfi dans cet efpace étroit & obfcur jufqu'à la profondeur perpendiculaire de fix cents pieds. C'eft réellement une profondeur immenfe ; mais la frayeur & l'ennui de la marche fait paroître cette defcente encore plus profonde qu'elle ne l'eft.

Auffi-tôt que le premier mineur touche le fond, il fe dégage de la corde, & met en liberté celui qu'il conduit. Quoique fur fes jambes, on eft là dans dans un endroit parfaitement obfcur ; mais les mineurs allument du feu & une petite lampe, au moyen de laquelle ils conduifent l'étranger par des paffages fi nueux où l'on defcend toujours à une plus grande profondeur.

Le froid , les vapeurs , l'obscurité de ces lieux , tout contribue à faire repentir les curieux de leur entreprise. Ce n'est qu'à son terme qu'on en est dédommagé par un spectacle admirable , & au-dessus de tout ce qu'on attendoit.

Quand on n'a plus à descendre , on arrive dans une caverne obscure parfaitement close de toutes parts. Le guide a soin pendant la route de marquer la plus grande frayeur , que sa lampe ne s'éteigne. A peine est-on arrivé dans cette caverne , qu'il l'éteint comme si c'étoit l'effet du hasard, & après avoir fait semblant de tâtonner pendant quelque temps , il prend par la main celui qu'il mene, & l'introduit dans le corps de la mine.

C'est ici qu'on est frappé du plus singulier étonnement. On voit une immense plaine contenant tout un peuple , une république souterreine avec des maisons, des grands chemins, des voitures , &c. le tout creusé dans un roc de sel brillant comme du crystal. Les voutes sont supportées par des colonnes du même sel. Il fournit aussi le platfond & le plancher, de sorte qu'on croit être dans un édifice du plus pur cryſtal. On emploie dans cet édifice public, pour les uſages communs, des lumieres perpétuelles, dont la réflexion ſur la mine forme le coup-d'œil le plus agréable.

Quelquefois le ſel eſt coloré, comme les pierres précieuſes, de jaune, de pourpre, de rouge, de verd & de bleu. Il y a pluſieurs colonnes de toutes ces couleurs qui reſſemblent à des maſſes de rubis, d'émeraude, d'améthiſte & de ſaphir, & qui jetent un éclat que l'œil peut à peine ſupporter.

Indépendamment des voutes, des colonnes & des autres ouvrages de l'art, on voit pluſieurs autres figures groteſ-ques & ſingulieres que la nature ſeule a formées. Les murailles ſont couver-tes de congélations; il prend du toît des eſpeces de colonnes, & les terreins qui ſont battus moins fréquemment, ſont couverts de maſſes de ſel colorées d'une maniere brillante.

C'eſt en différents lieux de cette ſpa-cieuſe plaine, que ſont les hutes des mineurs & de leurs familles. Quelques-unes ſont éparſes, d'autres ſont raſſem-blées, & forment des eſpeces de villages. Tous ces mineurs ont fort peu de communication avec le monde qui est au-dessus d'eux, & plusieurs centaines de personnes y naissent & y passent leur vie. Au milieu de la plaine, on voit le grand chemin qui conduit à la bouche de la mine, & il y passe un grand nombre de voitures chargées de masses de sel qu'on a coupées dans la partie la plus éloignée de la mine, & qu'on conduit au lieu où la corde doit le transporter.

Ces masses de sel ressemblent à des amas de joyaux. Ceux qui les conduisent, chantent & marquent la plus grande gaieté. On conserve pour cet usage beaucoup de chevaux dans la mine, & quand ils sont une fois descendus, ils ne revoient jamais la lumière du jour. Les instruments dont se servent les mineurs sont des pioches, des marteaux & des ciseaux, avec lesquels ils coupent le sel en forme de larges cylindres, pesant chacun plusieurs centaines de livres. C'est-là la méthode qu'on a trouvée la plus propre pour le tirer de la mine. On le réduit ensuite en de plus petites masses qu'on envoie aux moulins. Des morceaux les

plus tranſparents & les plus fins, on
forme de petits bijoux qu'on fait ſouvent paſſer pour du vrai cryſtal.

Une circonſtance heureuſe pour les
mineurs & très admirable, c'eſt qu'il
coule à travers de la plaine une ſource
d'eau fraîche ſuffiſante pour en fournir
tous ceux qui l'habitent; de ſorte qu'ils
n'ont pas beſoin d'en tirer d'en-haut.

Quelques-uns de ces mineurs ſortent
quelquefois de la mine, pour reſpirer
l'air ſupérieur.

Leurs-chevaux deviennent ordinairement aveugles, quand ils ont demeuré
quelque temps dans la mine; mais ils
n'en ſont pas moins utiles; ils font leur
ſervice auſſi-bien qu'auparavant.

Ce qui effraie les étrangers, lorſqu'ils
conſiderent ces magnificences de la nature, c'eſt la néceſſité de remonter par
une route ſi incommode. En effet le
voyage au retour eſt encore plus pénible qu'en deſcendant, & on ne fait
guere plus de cérémonie pour un homme qu'on remonte, que pour une maſſe
de ſel.

# OBSERVATIONS

## TIRÉES

### DES NOUVEAUX MÉMOIRES DE *l'Académie Impériale des curieux de la nature.*

LE PÉ-
LICAN.

L'Obſervation LXIX concerne le *Pélican.* Elle eſt de M. *de Fiſcher*, ci-devant premier Médecin de l'Impératrice *Anne* de Ruſſie. Il commence par rappeller une obſervation de feu M. *Friſch*, habile Naturaliſte de *Berlin*, concernant un oiſeau à large bec, trouvé dans le voiſinage de cette capitale, & qu'il nomme *Pélican.* Cet oiſeau eſt plus gros qu'un Cigne, mais il n'eſt pas auſſi haut, & n'a pas le col auſſi recourbé ; ſon bec long eſt aigu & crochu à l'extrémité, il a au-deſſous un ſac dans lequel il peut loger une grande quantité de poiſſons dont il fait ſa nourriture. *Willoughby* aſſure que l'entrée de ſon goſier pourroit cacher la tête d'un homme , & cependant ce gofier va toujours en s'élargiffant vers la poitrine , par où l'on peut juger de la capacité. Cet oifeau eft de couleur grife , il habite le Pont-Euxin & les rivieres qui s'y jetent , auffi-bien que les lacs voifins ; peut-être auffi la mer Cafpienne : *Willoughby* rapporte qu'il s'en eft auffi trouvé en Baviere dans le Danube. On affure que les pélicans vont en troupe à la pêche, qu'en nageant ils forment enfemble un demi-cercle à la furface de l'eau , & qu'alors en la battant avec leurs grandes aîles, ils forcent les poiffons à s'attrouper dans quelque coin, d'où ils tirent à leur aife de quoi remplir leurs grands facs , & faire des provifions pour quelque temps. L'antiquité a fait un conte du pélican, qu'il fe fendoit la poitrine pour nourrir fes petits , & cela fondé fans doute, fur ce que cet oifeau tient prefque toujours fon bec aigu appliqué contre la poitrine , d'où l'on voit les petits prendre leurs béquées qui paroiffent en effet fortir du fein de la mere. On peut encore regarder comme une fable, ce qui fe trouve dans les anciennes éphé-merides. Il y eft dit que cet oifeau a

LE PÉ-<br>LICAN.

LE PÉ-
LICAN.

un faux œsophage, aboutissant au ventricule, si spacieux qu'on y peut mettre commodément la main, & où l'on peut toucher les aliments à demi digérés, & si chauds qu'ils brûlent presque la main. C'est, continue-t-on, la voie par laquelle les petits reçoivent leur nourriture. Le pélican, enfonçant son bec dans cette ouverture, l'en tire toute préparée, & telle qu'il la faut à ses petits. Il seroit à souhaiter qu'on tînt dans les ménageries de ces oiseaux, mâles & femelles, & qu'on observât exactement la maniere dont ils nourrissent leurs petits, afin de completter cette lacune de l'Histoire naturelle.

OPIUM.

Les dangereux effets de l'*Opium* avoient déjà engagé *Paracelse* à chercher dans le regne minéral quelque soporifique qu'on pût employer avec moins de risque ; & ce célebre Chymiste prétendoit en effet avoir tiré du vitriol un semblable remede, très convenable aux malades. Cependant il s'en faut bien que l'efficacité en soit aussi complette que celle de l'opium : il est simplement anodin, & non hypnotique. Il s'agit donc de faire d'autres recherches dans le regne minéral, pour voir si l'on y

trouvera

trouvera quelque chofe de plus convenable. Et avant toutes chofes, il convient de voir quelle eft dans l'opium
la partie qu'on peut regarder comme
fomnifere : car cette qualité ne convient
pas à toute fa fubftance. Voilà le principal objet de la differtation dont nous
fommes redevables au Docteur *Jacobi* :
M. *Stahl*, dit-il, en faifant cuire long-
temps l'opium dans de l'eau bouillante, épuifoit tellement fa vertu, qu'on
pouvoit en prendre autant qu'on vouloit fans danger. Ce font apparemment
les particules phlogiftiques de l'opium
qui font le fiege de fa vertu ; & cela
peut fe confirmer par une expérience
de M. *Cartheufes*, fuivant laquelle le
foie du foufre calciné à un feu doux,
& continuellement remué, exhale des
vapeurs parfaitement feches & dénuées
de toute âcreté, qui portées aux narines & entrant dans la poitrine caufent cet étourdiffement d'ivreffe, qui
eft l'effet général des narcotiques. On
peut rapporter à cela toutes les autres
exhalaifons, comme celles de la biere
& du vin en fermentation, des charbons, des eaux minérales, des cavernes
empoifonnées, & qui entêtent & affou-

piſſent, lorſqu'on ſe trouve expoſé à leur action. Mais pour produire ces effets, il faut que la partie phogiſtique ſoit dégagée des autres : & de-là vient que les huiles éthérées, malgré leur extréme ſubtilité, ne procurent point de ſommeil aux malades : le phlogiſtique y eſt comme enchaîné par les parties oléagineuſes. I' en eſt de même du camphre où une terre très déliée eſt ſi intimément jointe au phlogiſton, qu'on ne peut venir à bout de les ſéparer. Cependant lorſqu'on en donne une forte doſe, il produit des effets analogues à ceux de l'opium, accablement, affoibliſſement du pouls, aſſoupiſſement & même le délire. Toutes les exhalaiſons des aromates ſont narcotiques, & quand on en décharge en grande quantité des ballots nouvellement arrivés d'Aſie, ceux qui les reçoivent ſe ſentent accablés de ſommeil, ſuivant une obſervation du célebre *Boerhaave*, à laquelle ſon illuſtre diſciple, M. *de Haller*, ajoute, que dans un vaiſſeau chargé d'aromates, trois matelots périrent par la force des odeurs, & un quatrieme eut bien de la peine à en réchapper. De ſimples fleurs même dans une chambre fermée, donnent fouvent de fortes  envies de dormir à ceux qui s'y trouvent. Il s'agit donc d'examiner quels font les minéraux, où fe trouvent des parties phlogiftiques, qui puiffent être facilement dégagées, & appliquées à l'ufage en queftion. Cela conduit l'auteur à rapporter & à examiner diverfes préparations de foufre & de mercure, qui peuvent acquérir la vertu hyptonique. Ce qu'il a trouvé de plus efficace & de plus approchant de l'opium, c'eft une décoction de foufre avec la chaux vive, fur laquelle il a verfé du mercure, foumife à la digeftion, & enfuite édulcorée. Comme il ne fe diffipe pas beaucoup de phlogifton dans ce travail, cette préparation eft fuffifamment narcotique. Ses effets font conftatés par quelques exemples, qui terminent cette differtation.

# DESCRIPTION

## *DES CURIOSITÉS*

### LES PLUS REMARQUABLES,

*Qui se voient dans le Cabinet du Roi de Dannemarck à Coppenhague.*

CABINET
DU ROI DE
DANNE-
MARCK.

CEtte collection est contenue en huit chambres bâties au-dessous de la Bibliotheque Royale qui est très bien fournie. Ces chambres sont bien remplies & contiennent les merveilleuses productions de la nature & de l'art que les différents Monarques du Dannemarck se font procurées en divers temps.

La collection de médailles qui font rassemblées ici & qui occupent seules une de ces chambres, est une des plus entieres qui se trouvent en Europe. Les antiques sont à part, & elles font arrangées avec beaucoup d'ordre. Une autre tablette contient les médailles contrefaites, & entr'autres les Padouannes. Quoiqu'on connoisse ces dernieres pour être contrefaites, elles sont si belles & si finies, qu'elles approchent de fort près des originaux. Outre ces antiques, il y a une suite de médailles des nations Européennes, qui est extrêmement complette.

Ces médailles occupent toute une chambre : les autres renferment les curiosités de toute espece qu'il seroit trop long de décrire. Nous ne ferons que nous arrêter aux plus remarquables.

On voit le célebre enfant pétrifié dont *Bartholin*, *Paré*, *Licet*, & tant d'autres ont fait mention. Cet enfant est sans contredit un fœtus humain, & cependant c'est aujourd'hui une vraie pierre, & aussi dure que celles qu'on tire des carrieres. Cette pétrification a été tirée du ventre d'une femme de Sens en Champagne, qui la portoit depuis 21 ans. Plusieurs Médecins & Chirurgiens furent présents à l'extraction de cet étrange fœtus qui est encore tel qu'ils l'ont décrit. La tête, les épaules & le ventre sont d'une couleur blanchâtre, qui ressemble parfaitement



CABINET DU ROI DE DANNE-MARCK.

ENFANT PE'TRIFIE'.

à de l'albâtre. Le dos & les reins font un peu bruns & plus durs. Enfin depuis les hanches jufqu'en-bas, c'eft une pierre dure comme du caillou, ou plutôt comme les pierres qu'on tire de la veffie par l'opération de la taille. Toute la partie d'en-bas eft d'une couleur rouge. Le fœtus eft de la grandeur d'un fruit de fept mois. Cette femme s'eft toujours plainte d'une pefanteur & d'une fraîcheur dans un des côtés du ventre. On pouvoit fentir l'enfant ; mais il étoit impoffible de l'ôter de-là, parce qu'au lieu d'être dans la matrice, il étoit dans les trompes de fallope ; de forte que fi ç'avoit été un enfant comme les autres, il ne feroit pas venu au monde par la voie ordinaire. Quand les médecins & les chirurgiens eurent fatisfait leur curiofité, on l'apporta à Paris où le mari de cette femme le vendit à un Jouaillier de Venife, qui étoit pour lors dans cette ville, pour le prix de 400 livres monnoie de France. Frederic III, Roi de Dannemarck, étant depuis à Venife, l'acheta de ce même Jouaillier, 1200 livres, & le joignit à fa collection. Ce fœtus a été extrait en 1582.

On y voit auffi deux dents d'éléphant
qui furent tirées d'une carriere de
pierre en Saxe, où elles étoient enve-
loppées dans un bloc. Elles pefent
chacune 250 livres, & on conjecture
qu'elles ont été ainfi pétrifiées du temps
du déluge.

On montre encore un œuf pondu
par une femme, ce qui paroît incroyable à ceux qui ne connoiffent pas l'économie animale. Cependant bien des
anatomiftes conviennent que les femmes font une forte d'œufs qui n'ont
pas cependant cette forme dans la derniere perfection. L'œuf dont on parle
ici eft de la groffeur d'un œuf de poule.
C'eft une femme Saxonne qui en accou-
chant d'un enfant bien conformé, a
auffi rendu deux œufs dont celui-ci en
eft un.

Il y a encore une corne qu'on prétend être de licorne. Elle eft longue
d'environ fix pieds, torfe & en ligne
fpirale, pointue au fommet, blanche
comme de l'ivoire & de la même efpece que celle qu'on voit aux portes
& aux fenêtres des apothicaires de
Londres. Au refte ce n'eft pas la corne
de la licorne terreftre ; mais elle vient

DENTS
D'ELE-
PHANT.

ŒUF
PONDU
PAR UNE
FEMME.

CORNE.

Gg 4

CORNE.

de la tête d'un poisson qui est une espece de baleine, nommée Narwal, & plus connue sous le nom de licorne de mer.

On trouve à la racine de cette prétendue corne, une partie du crâne du poisson, & comme elle croît dans le côté droit de la tête, ce doit être plutôt une dent qu'une corne.

MOR-CEAUX EXTRAOR-DINAIRES DE MINES D'ARGENT

Il y a dans une autre chambre deux morceaux de mine d'argent les plus considérables qui soient dans le monde. L'un pese 560 livres, & il est estimé 5000 écus ; l'autre un peu moins considérable, n'est estimé que 3076 écus. La plus grande a cinq pieds six pouces de long, & l'autre a quatre pieds. Pour la forme, ils ressemblent à de vieilles solives ; ils sont si riches qu'ils contiennent au moins trois parties d'argent. La pierre est d'ailleurs blanche, ressemblante à du marbre, mais beaucoup plus dure. Elle est remplie de larges crevasses toutes d'argent vierge, & représentant en plusieurs endroits des branches d'arbres. Quelquefois aussi l'argent s'éleve un ou deux pouces au-dessus de la pierre & représente des petits arbres ou arbustes. Les chymistes qui font fi entêtés de l'arbriffeau d'argent qu'ils appellent *l'arbre de Diane*, & qu'ils fabriquent avec beaucoup de foin & de peine en diffolvant l'argent, devroient confidérer que ces arbres artificiels font toujours bien au-deffous des arbriffeaux naturels femblables à celui dont on vient de parler.

On fait voir des pieces d'ambre très confidérables, dont quelques-unes pefent jufqu'à foixante onces. On les a trouvées fur de vieux arbres qui étoient enterrés dans les foffés qu'on a ouverts autour de la ville.

On montre encore l'os de la cuiffe d'un homme qui a trois pieds trois pouces de long. Sa tête avoit deux pieds cinq pouces de circonférence : ainfi on peut juger de la taille du géant dont provient cette cuiffe.

Il y a deux coquilles de pétoncle auffi dures qu'une pierre, qui pefent enfemble 480 livres & qui peuvent contenir douze pintes de liqueur, chacune. On les a trouvées dans les Indes orientales. Le poiffon qui y eft renfermé, eft un mêts délicieux. Si par malheur quelqu'un met le bras ou la jambe entre les deux coquilles , quand le

MOR-
CEAUX
EXTRAOR-
DINAIRES
DE M. NES
D'ARGENT

AMBRE.

Os
EXTRAOR-
DINAIRE.

COQUIL-
LES DE PÉ-
TONCLE.

COQUIL-
LES DE PE'-
TONCLE.

poiſſon eſt en vie , elles ſe ſerrent & ſe ferment avec tant de violence qu’elles coupent net cette partie du corps. Quelle force ne faut-il pas qu’ait un poiſſon pour ouvrir & fermer des coquilles auſſi monſtrueuſes ! Auſſi les remplit-il parfaitement.

On peut voir deux coquilles du même volume dans le jardin de *Chiſvvik* , appartenant à Milord *Burlington* , où elles ſont placées ſur les plus petits jets de ſa caſcade. M. *Pitt* en a de pareilles dans ſa collection d’Hiſtoire naturelle.

TABLE
DE MAR-
BRE.

On conſerve comme un monument reſpectable une grande table de marbre dont les veines repréſentent naturellement la figure exacte d’un Crucifix avec un corps humain qui y eſt cloué. Quelques perſonnes y ſoupçonnent de l’artifice ; cependant plus on la regarde de près , & plus on eſt convaincu de la réalité de l’image. Il n’y a même rien de bien extraordinaire dans ce jeu de la nature. Tout le monde ſait que le marbre de Florence eſt veiné de façon , qu’il repréſente naturellement des arbres , des maiſons , des rivieres , & juſqu’à des morceaux de ruine. Lorſ-

qu'on emploie un habile homme pour
aſſembler les morceaux de ce marbre ,
on jureroit au premier coup d'œil qu'un
peintre y a travaillé. On a vu à Londres un trait de cette eſpece bien plus
frappant dans un caillou d'Egypte , qui
en conſéquence a mérité place dans le
cabinet de M. *Hans-Ioane*. M. *Fulkener* ,
Lapidaire habile , ayant rompu un petit morceau de ce caillou vers l'extrémité , pour pouvoir mieux guider ſa
coupe , vit avec étonnement que les
veines du caillou rompu en cet endroit
repréſentoient le viſage d'un homme ,
& en y regardant de plus près , il fut
frappé de l'exacte reſſemblance qu'il y
trouva avec la phiſionomie de l'ancien
Poëte *Chaucer*. Cette reſſemblance eſ
ſi réelle , qu'il n'y a perſonne de cei
qui ont vu les anciens portraits ⸗
*Chaucer*, qui la révoque en doute.

On a placé dans une autre chamᵇre
les curioſités artificielles , entre leſqᵘlles
on remarquera un ſquelette d'oire
parfaitement conforme à un ſqᵉlette
humain , & ſi artiſtement fait , ᵠue le
plus fin anatomiſte le prendrᵢt pour
naturel : il a deux pieds & ᵈemi de
haut ; un vaiſſeau de guerre ᵛec tous

CURIOSI-
TÉS ARTI-
FICIELLES.

fes agrès en ivoire, avec des canons d'argent ; une montre entiérement faite d'ivoire, jufqu'aux roues, dont on affure que le mouvement eft fort bon ; enfin plufieurs autres ouvrages artificiels en corne, en cuivre & en bois.

CORNE
D'OR.

Dans une autre chambre, font les armes & les habillements de toutes les nations du monde. On montre encore la grande Corne Danoife d'or pur, elle pefe 102 onces & demie, & a deux pieds neuf pouces de long : elle fut trouvée par hafard l'an 1639, dans le Diocefe de *Rippon* en Jutlande, par une payfanne. C'eft fans doute un morceau d'une grande antiquité, comme on le voit par les hyéroglyphes & les figures monftrueufes qui vraifemblablement repréfentoient les Dieux du pays. Il eft à préfumer que les anciens Danois s'en fervoient dans leurs facrifices, ainfi que les Affyriens & d'autres nations payennes auxquelles elles tenoient lieu de clairons & de vafes à boire.

CORNE
D'ARGENT
DORÉ.

On conferve dans la même chambre la célèbre Corne d'Oldembourg de pur argent oré, & ornée de diverfes couleurs, telles que la pourpre & le verd. Elle pefe environ quatre livres. Les

antiquaires débitent beaucoup de fables
sur cette corne ; & voudroient la faire
passer pour être de l'an 989 ; mais le
travail qui en est beaucoup plus moderne, dément cette supposition.

On fait voir aussi un noyau de cerise sur lequel sont gravées 220 têtes,
mais qui sont toutes assez mal-faites ;
en sorte que cette curiosité est beaucoup
au-dessous du noyau de cerise qu'on voit
actuellement en Angleterre, & sur lequel
il y a 124 têtes, mais si nettes qu'on peut
distinguer les têtes des Papes, des Rois
& des Cardinaux, par leurs thiares,
leurs couronnes & leurs chapeaux. Cet
ouvrage merveilleux a été fait par un
malheureux renfermé dans une prison
de Dantzick, où il n'avoit qu'un très
foible rayon de lumiere à l'aide duquel il a fini ce travail. Il est bon d'a-
jouter que l'homme à qui fut présenté
ce chef-d'œuvre de patience & d'in-
dustrie, ne le paya que quatre guinées,
en plusieurs fois : circonstance d'autant
plus frappante, qu'à peine il fut entre
ses mains, qu'il le vendit 6000 livres
à un Anglois.

Enfin parmi les urnes sépulcrales de
différentes nations qu'on y conserve,

Corne
d'argent
doré.

Noyau de
cerise.

Urnes
sépul-
crales,

il y en a fix d'or très pur qui ont été trouvées en 1688 par un payfan qui labouroit fa terre dans la province de *Fruenen* en Dannemarck. La plus grande pefe deux onces & demie ; elles contenoient toutes une petite quantité de cendres. *Vornius* & quelques autres écrivains avoient foutenu que c'étoit la coutume des peuples du nord, de brûler leurs morts & d'en raffembler les cendres dans des urnes d'or, fans que perfonne eût voulu fuivre ce fentiment; mais on doit fans doute y foufcrire depuis cette heureufe découverte (*a*). On a auffi raffemblé dans cette piece beaucoup d'urnes lacrymales.

---

(*a*) Ne feroient-ce point plutôt les cendres de quelques familles Romaines, qui, quoique dans des colonies éloignées, conferverent les ufages des Romains.

# LETTRE

*De M.* SCAEFFER *fur les moyens de rendre l'étude de la Botanique plus facile & plus certaine.*

L'Amour rend ingénieux ; il donne des vues, il fournit des expédients, il abrege les routes par lefquelles il tend à fon but. Il en eft de même de toute paffion parvenue à un certain degré de force. M. *Scaeffer* a déjà fait connoître depuis quelques années, combien l'étude de la nature avoit d'attraits pour lui, & les mémoires qu'il a publiés fur différentes efpeces d'infectes lui ont fait beaucoup d'honneur. Aujourd'hui il change d'objet ; & paffant aux plantes, on apperçoit en lui un botanifte tout formé, qui a non feulement acquis des connoiffances très étendues dans une des fciences les plus vaftes, mais qui s'offre à fervir de guide aux autres, & qui juftifie fes offres par des fecours réels qu'il met fous leurs yeux & à leur portée.

Le paſſage des inſectes aux plantes a été fort facile. Celles-ci ſont le domicile de ceux-là ; & il n'eſt guere poſſible de conſidérer attentivement un inſecte qu'on trouve à la campagne, ſans s'arrêter à regarder la plante à laquelle il eſt attaché. Ceux même qui vivent dans les eaux, ne s'y trouveroient pas, s'il n'y avoit des plantes aquatiques qui ſervent à leur demeure & à leur entretien. Ce qu'il y a de ſingulier , c'eſt la conſtance invariable avec laquelle une eſpece d'inſecte ſe fixe toujours à une eſpece de plante , ſans vouloir chercher ſa nourriture, ou dépoſer ſes œufs ſur aucune autre. On ne ſauroit donc pouſſer fort loin ſa curioſité pour les inſectes, ſans être obligé d'apprendre le nom , la figure & les principaux caracteres des plantes auxquelles ils appartiennent. Voilà ce qui a déterminé l'auteur à faire marcher de front, s'il eſt permis de parler ainſi , l'inſectologie & la botanique, en leur aſſociant même la médecine théorétique.

Notre ſavant naturaliſte , non content d'avoir parcouru ce qu'on a écrit de mieux ſur la botanique, a cru devoir s'inſtruire s'inftruire dans le livre de la nature même, & fe procurer une connoiſſance intuitive des fyſtêmes, de la diſtribution en claſſes, & des genres en eſpeces, qu'ont établi les plus célebres botaniſtes. *Tournefort* & M. *Ludvvig* l'ont moins embarraſſé que *Linnæus*, dans lequel il a trouvé d'abord de l'obſcurité; mais elle s'eſt diſſipée peu à peu, & M. *Schæffer* s'eſt félicité d'avoir vaincu cet obſtacle, quand il a découvert la folidité des raiſons & l'utilité des préceptes du célebre Botaniſte Suédois.

Celui de Ratiſbonne partageoit donc ſon temps, c'eſt-à-dire celui que les devoirs de ſon miniſtere lui permettent d'employer de la forte, à lire des livres de Botanique, à contempler les plantes, à les recueillir, à les faire ſécher; mais il trouvoit encore beaucoup de confuſion dans ſes recherches, de grandes lacunes dans ſes collections. Plus il avançoit, plus il s'appercevoit que, s'il n'eſt pas bien difficile de rapporter une fleur ou une plante à ſon ſyſtême & à ſa claſſe, la multitude, d'un autre côté, des genres & des eſpeces eſt ſi prodigieuſe, que l'eſprit en eſt vérita-

blement accablé. Si jamais on a occasion de sentir les bornes de la mémoire,
c'est dans cette étude. Les noms & les
caractères des herbes & des plantes
forment un énorme & fatiguant diction-
naire. M. *Schaeffer* étoit tout décou-
ragé, lorsqu'au bout de quelque temps
il voyoit que le nom d'une plante qu'il
avoit souvent maniée, lui étoit échappé.
Peu s'en falloit qu'il ne regrettât le
temps que cette étude lui avoit déjà
coûté.

Dans cet embarras, il se rappella
que le célebre M. *Baumgarten*, ce res-
pectable Docteur dont l'Université de
Halle a déploré si amérement la perte,
& dont lui-même se glorifie d'avoir été
le disciple, ramenoit l'étude de toutes
les sciences à des tables synophiques,
qui abrégeoient & facilitoient beaucoup
son travail. Il avoit fait son appren-
tissage sous ce maître, en réduisant
souvent à des tables de cet ordre des
ouvrages considérables. La Botanique
lui parut propre à être traitée de même ; & il se mit tout de suite à en faire
l'essai.

Pour cet effet, il se proposa de dresser
deux sortes de tables. Les premieres,

fondées fur le fyftême de *Linnæus*, devoient être nommées *fexuelles.* Les autres, tirées de tous les fyftêmes, & dont l'ordre feroit relatif au calice, à la corolle, &c. feroient nommées *univerfelles.* Et c'eft de ces dernieres principalement que l'auteur veut rendre compte dans cette lettre.

Il a d'abord diftribué les plantes en claffes, qu'il a placées fuivant leur ordre au haut de la feuille. Enfuite il a tiré vis-à vis des lignes, à diftances prefqu'égales en nombre plus ou moins grand, fuivant que les différentes divifions des claffes l'exigeoient. La premiere ligne a été pour le calice. Les fleurs ont été difpofées à fon égard, de façon que celles qui n'avoient point de calice, vinffent les premieres, enfuite celles qui avoient un calice *monophylle*, & enfin celles qui avoient un calice *polyphylle.* Parmi ces dernieres il a diftingué celles qui avoient deux, trois, ou plufieurs incifions; & parmi celles ci, cel'es qui avoient deux, trois, ou plufieurs feuilles.

La feconde ligne contient les fleurs qui femblables par le calice, different par la corolle. Notre botanifte continuant ses dispositions, met à la troi- sieme & quatrieme ligne les *étamines*; à la cinquieme, sixieme & septieme, le *pistille*; à la huitieme, le *péricarpe* & à la neuvieme, les *semences*, suivant leur nombre, leur différence & leur figure. Et au-dessous de tout cela, il place les noms. Cette disposition est si avantageuse, que le plus souvent les étamines & le pistille lui ont suffi pour connoître certainement, & comme en un clin-d'œil, de quel genre étoit une plante ou une fleur : de sorte que les lignes suivantes étoient moins pour la nécessité de la distinction, que pour la perfection de l'histoire. Toutes ces divisions étant faites, il ne restoit rien qui pût causer de l'embarras dans quel- ques classes que la ressemblance des genres; de sorte qu'il falloit encore ajouter quelque chose pour être en état de descendre à chaque genre. C'est à quoi a servi le systême de *Linnæus*, auquel M. *Schaeffer* a pour cet effet assigné la dixieme ligne. Enfin comme à l'égard des plantes indigenes & exo- tiques, la figure & la disposition des feuilles aident quelquefois à trouver plus promptement & à discerner plus

fûrement les efpeces, notre botanifte
y a eu égard, autant qu'il l'a jugé
néceffaire.



C'eft ainfi qu'il eft venu à bout,
non fans beaucoup de travail, de réduire toute la botanique en tables
exactes. Il ne s'agiffoit plus que de recueillir le fruit de tant de peines. Pour
y parvenir, M. *Schaeffer* a pris un livre,
dans lequel il a marqué les claffes de
la maniere qui vient d'être indiquée ;
il a tiré les lignes auxquelles il a rapporté les divers genres, & les différences des calices, des corolles, &c. fuivant leur nombre & leur ordre : & au
premier feuillet de chaque claffe, il a
cotté un petit papier où eft écrit le nom
de la claffe, par exemple, *monopetale,*
*dipetale, hipetale.*

Muni de ce livre, dès l'entrée du
printemps & pendant l'été, M. *Schaeffer*
va parcourant les campagnes, les vallées, les montagnes, les bois, les jardins, les prairies & les lieux marécageux. Rien de plus raviffant que ces
promenades; il ne fauroit faire un pas,
jeter un coup d'œil, fans appercevoir
quelque plante, ou quelque infecte qui
lui fournît de nouvelles occafions d'ad-

mirer & d'adorer le Créateur. Dès qu'il trouve une fleur, il l'envisage d'abord toute entiere, pour voir à quelle claffe elle appartient comme monopetale, dipetale, &c. Dès qu'il en eft inftruit, il ouvre fon livre, au moyen des titres qui en fortent, & cherche la claffe définie, ne doutant point que cette fleur ne fe trouve parmi les genres marqués. Il cherche enfuite le calice ; s'il n'y en a point, le figne O indique cette privation. Souvent il ne fe préfente que trois ou quatre genres, à l'un defquels il faille néceffairement que la fleur appartienne. S'il y a un calice, la table eft tout auffi commode pour indiquer d'abord les incifions, ou le nombre des feuilles. Les recherches fe continuent de même pour les *corolles*, les *étamines*, les *piftilles*, &c. & c'eft un plaifir fans égal que de parvenir ainfi, fans rifque d'erreur, à trouver par le moyen de ces tables de quelle claffe eft une fleur, & quel eft fon nom générique. Les plaifirs de l'efprit, lorfqu'ils font une fois dominants, l'emportent de beaucoup en vivacité fur ceux des fens.

Mais leur grande prérogative, & ce

qui leur donne un prix infini, c'est qu'ils peuvent être communiqués. Non seulement on peut rendre les autres participants des plaisirs intellectuels dont on jouit, sans diminuer cette jouissance ; mais on l'augmente même considérablement par la nouvelle espece de satisfaction qu'une ame bien née ne manque jamais d'éprouver, lorsqu'elle peut contribuer à l'avantage des autres. C'est aussi par-là que M. *Schaeffer* prétend couronner ses travaux, en les communiquant au public, & en faisant graver ses tables pour l'utilité commune. Cette lettre est l'avant-coureur de l'utile ouvrage qu'il prépare sur cette matiere. Il invite tous les Botanistes à le seconder, particuliérement en lui indiquant de nouveaux genres de plantes, qui ne se trouvent pas parmi ceux que *Linnæus* a indiquées. On ne sauroit avoir trop d'empressement à servir un homme qui leur en donne lui-même un si bel exemple.

# PHÉNOMENE
## *SINGULIER*.*

PHE'NO
MENE SIN
GULIER.

UN Seigneur Danois partit de Coppenhague dans son carrosse avec sa femme
& une fille de chambre, le 17 Janvier
1744. Après avoir couru tout le jour
les glaces fermées ; ils arriverent à
Corseur ; & le soir même on mit le
carrosse, dont les glaces étoient toujours
fermées, dans le navire où il devoit
traverser le Belt le lendemain. Le temps
fut, le jour du départ, la nuit & la
journée suivante, parfaitement calme.
Quand les voyageurs entrerent dans le
carrosse pour partir, ils remarquerent

---

* Ce que nous rapportons est tiré des *Mémoires
de la Société Royale des Sciences de Coppenhague*,
tom. III. article 7. Le *Mercure Danois* en a fait
mention en Novembre 1758. p. 16. & suiv. Mais
comme ce Journal n'est pas aussi répandu qu'il mé-
riteroit de l'être, nous croyons devoir transporter
ici un morceau très curieux pour les amateurs de
la Physique.

que les glaces étoient couvertes de ge- PHÉNO-
lée blanche  comme cela arrive souvent MÈNE SIN-
aux vitres des maisons en hiver. Mais GULIER.
ce qu'il y avoit de singulier, c'est que
sur cette légere couche de glace , on
découvroit un paysage parfaitement
dessiné, comme pourroit être une estam-
pe. Ce Seigneur s'étant douté que ce
paysage pouvoit ressembler à celui des
environs , vit, en l'examinant de plus
près , qu'il n'y avoit pas un trait dans
le dessein en glace qui ne répondît aux
objets situés entre la ville de Corseur
& le rivage , les pieux du mole , les
bergeries, les huttes du voisinage; c'étoit
les formes , les proportions, en un mot,
tout ce qu'auroit pu être l'image dans
une chambre obscure , excepté la couleur. Le voyageur se ressouvint alors
d'avoir oui raconter à M. *de Korff*,
Envoyé de Russie à Coppenhague,
qu'étant à *Petershorf*, dans l'antichambre
de l'Impératrice , il avoit vu l'allée
d'arbres qui est vis-à-vis, dessinée par
la gelée sur les vitres. Depuis l'observation de Corseur , on a appris qu'un
des Officiers de la Maison du Roi avoit
vu sur les vitres du château , les rames
& les antennes des bâtiments, qui étoient

à cent pas de-là dans le canal. Une autre perfonne avoit auffi reconnu la tour, le faîte & le toît de l'Eglife du *Holm*, qui eft plus loin encore. Le célebre Poëte de Hambourg, M. *Brockes*, a déjà décrit un femblable phénomene dans fes *Irrdifchen vergniigen in-gott*, part. I. page 331. Au commencement de 1745 on a vu auffi à Coppenhague fur les vitres de la maifon d'un Particulier le jardin fi bien repréfenté, qu'on pouvoit y diftinguer un homme portant du bois. Enfin le *Giornale di litterati in Italia*, t. XXVI. p. 367. raconte un fait pareil avec les circonftances les plus capables de lui donner du poids. On y trouve feulement cette différence, c'eft qu'à Coppenhague on a vu fur les vitres les objets extérieurs ; au lieu qu'à Venife où s'eft faite l'autre obfervation, les plantes renfermées dans une ferre, étoient peintes fur les vitres.

C'eft d'après ces faits que le favant M. *Gramm* a compofé l'article des Mémoires de la Société Royale de Coppenhague, intitulé : *Images formées naturellement fur les vitres gelées*. Quoique cet illuftre Académicien n'ait paru s'occuper dans fes autres écrits que de recherches d'un tout autre genre, & de pure érudition, on peut fe convaincre ici qu'il n'eſt pas moins propre aux difcuſſions phyſiques, ou, pour mieux dire, qu'un bon efprit eſt propre à tout.

Deux favants étrangers confultés fur le fait de Corfeur, l'ont attribué, l'un tout à fait, l'autre en partie, à la force de l'imagination des obfervateurs, qui leur a tracé des reſſemblances dont cette faculté de leur ame a prefque fait tous les frais. Le dernier de ces deux favants a pourtant eu recours à une hypotheſe phyſique pour rendre raiſon de ce phénomene. M. *Gramm* eſt perfuadé qu'on ne peut former aucun doute raifonnable fur la réalité du fait ; il s'attache à en développer la poſſibilité ; & il augure qu'il pourroit bien en être comme de l'électricité, qui après avoir été fi long-temps négligée par les phyficiens, eſt devenu un des plus grands objets de leur attention.

Cependant il y aura toujours ici un très grand inconvénient ; c'eſt qu'il n'eſt pas au pouvoir des hommes de produire ce phénomene, qui dépend d'un concours de circonſtances extraor-

PHÉNO-<br>MÈNE SIN-<br>GULIER.

PHÉNO-
MÈNE SIN-
GULIER.

dinairement rares. Il y a peu de jours de l'année où il gele aſſez pour cela; & ſelon les apparences, il faut que le temps ſoit parfaitement calme. Peut-être faut-il encore le clair de lune; peut-être auſſi l'air du bord de la mer, ſoit parce qu'il eſt bas dans l'atmoſphere, ſoit à cauſe des vapeurs ſalines dont il eſt chargé. On peut eſpérer néanmoins que de nouvelles obſervations conduiront à quelques découvertes ſur la nature de la congélation, & ſur l'analogie qu'elle peut avoir avec la lumiere.

# DE LA PÊCHE

### D E S

# VEAUX MARINS

*DANS L'OSTRO-BOTHNIE*.*

L'Oſtro-Bothnie fournit deux eſpeces de veaux marins que les habitants de cette contrée appellent les uns *gris*, & les autres *vikares* : ces deux eſpeces ſont différentes pour la couleur, la grandeur, la forme du nez & des pates ; elles ont auſſi des temps différents pour l'accouplement ; c'eſt en été & dans un temps ſerein que les gris s'accouplent, & la femelle ne porte qu'un petit qu'elle met bas au mois de Février ſur la glace, & l'y nourrit. Elle fait à la glace une grande ouverture afin de



---

* Cet article eſt tiré des Mémoires de l'Académie Royale de Suede pour l'année 1757.

pouvoir remonter & de petits trous pour respirer l'air sans sortir de l'eau. Vers la fin de Mars, ces animaux déposent l'ancien poil en se frottant contre la glace, & se retirent, avec leurs petits, vers la mer Baltique. Les *vikares* s'accouplent en toutes saisons : ces deux especes s'évitent autant qu'elles peuvent. C'est en hiver qu'on leur donne la chasse ; en été on en tire au fusil, on se sert de filets en automne. Les habitants de plusieurs villages s'assemblent vers le dix Février de chaque année, munis pour trois mois des habillements qui sont ordinairement des pelisses blanches de peau de veau, & des aliments nécessaires qui consistent en une sorte de biscuit, ils forment leur caravanne : à l'égard de la boisson, ils n'ont que de l'eau de la mer qu'ils adoucissent quelquefois avec du petit lait. Cette caravanne voyage avec beaucoup de précaution & de danger, au milieu des glaces sur lesquelles on est souvent obligé de tirer les batteaux ; souvent on rompt la glace pour s'ouvrir un passage. On forme des cabannes où l'on attend la proie. Il est difficile de surprendre les veaux marins lorsqu'ils sont

fur de grands morceaux de glace , parce
que la maſſue dont on ſe ſert pour les
aſſommer , ne peut guere porter ſur le
muſeau qui eſt l'endroit le plus ſenſible , & par lequel ils reçoivent plus
promptement la mort ; on eſt quelquefois obligé de ſe traîner des jours entiers ſur la glace ; on rampe ſur le
ventre & l'on frappe du pied comme
ces animaux , pour les attirer. Le plus
court expédient eſt de les guetter aux
ouvertures qu'ils ont pratiquées dans
les glaces pour reſpirer l'air , & de leur
couper le nez. Quand on tient un petit,
on le fiche tout vivant ſur un fer à
trois pointes qu'on enfonce dans l'eau
par les ouvertures; la mere qui n'eſt
point éloignée , court à ſon ſecours,
& voulant le débarraſſer ; ſe bleſſe &
périt. On prend beaucoup plus aiſément
encore ces animaux en les pourſuivant
ſur de grands glaçons , lorſqu'ils vont
au printemps vers le ſud. Les dernieres
chaſſes ſe font à la fin de Mars , & l'on
tue les *vikares* à coups de fuſil. Le
danger eſt ſi grand à ces chaſſes, qu'on
a vu y périr juſqu'à 15 bateaux d'un
ſeul village.

On chaſſe encore en côtoyant , &

cette chasse ne dure ordinairement que trois jours ; on prend les veaux marins sur les glaçons les plus voisins du rivage. En été ces animaux se retirent quelquefois dans les trous des rochers qui sont au niveau de la mer , & alors on peut les prendre au filet.

La peau du veau marin est employée pour les vêtements & les souliers ; de la graisse on en fait de l'huile. Le veau marin se nourrit principalement de fretin de hareng & d'autres poissons. Les Finlandois n'ayant presque rien à faire pendant l'hiver, donnent ce temps-là à cette chasse.

*VERTUS*

# VERTUS

De la Plante appellée *Sibadilla* par quelques - uns , Cevadilla Mexicanorum, planta Mexicana hordeolum.

*Par M. Lottinger , Docteur en Médecine à Sarbourg.*

Cette plante vient du Mexique, comme le porte son nom ; les Espagnols en font commerce , & c'est d'eux que nous la tenons. Je n'ai point vu sa tige , mais seulement les gousses ou capsules qui renferment une petite semence noire , assez semblable à celle du cerfeuil ; elle tient à une plante qui porte un épi semblable à celui de l'orge. Ces capsules mises en poudre fine , outre plusieurs vertus , comme celles de faire éternuer avec violence , ainsi que je l'ai souvent observé , ont éminemment celle de faire mourir ou d'extirper la vermine & sa semence. J'en ai fait l'expérience fur plus de cent perfonnes : je l'ai donnée dans les écoles où il fe trouvoit beaucoup de pauvres ; je m'en fuis fervi pour ceux de l'Hôpital de cette ville, & je puis affurer qu'elle n'a jamais manqué fon effet. Je connois nombre de familles à qui je l'ai donnée, & qui, pour en avoir fait ufage une fois ou deux, n'ont plus connu cette incommodité ; une pincée ou deux ont ordinairement fuffi, non feulement pour quelques mois, mais encore pour plufieurs années.

Un effet aufli fûr, aufli prompt & aufli conftant, la modicité du prix de cette poudre, l'ufage univerfel dont elle pourroit être, la facilité d'en avoir & de la conferver, m'ont fait depuis long-temps fouhaiter qu'elle fût plus connue qu'elle ne l'eft, aux pauvres pour leurs befoins, aux riches pour en faire la charité aux malheureux ; dans les hôpitaux, pour les malades convalefcents ; & dans les armées pour le foldat.

Je ne dirai rien pour faire voir de quelle utilité elle y feroit ; je prie feulement de faire attention aux in-

commodités qui résultent de la mal-
propreté.

Celle dont je parle, si commune
dans les armées & dans les hôpitaux,
après la plupart des maladies, est sans
contredit, une des choses qui afflige
le plus les soldats, & qui met les uns
hors de service, & retarde la convales-
cence des autres.

L'on en conviendra, si l'on réfléchit
sur l'utilité d'un sommeil doux & tranquille, & sur les inconvéniens & sur
les suites fâcheuses d'un sommeil presque sans cesse interrompu. Dix ou douze
deniers (*) peut-être moins, doivent
suffire pour mettre à couvert des incommodités dont je viens de parler :
il n'est question que d'appliquer, soit
sur la tête, soit sur d'autres parties,
cette poudre spécifique.

Une attention que l'on doit avoir,
c'est de bien envelopper la poudre,

PLANTE<br>SIBA-<br>DILLA.

---

(*) La livre de Cevadille se vend dans cette
province 3 livres 12 sols. Je pense que dans les
villes maritimes ou méridionales, elle ne coûte
pas plus de 3 livres, & peut être moins : à 3 livres,
ce seroit moins de 6 deniers, attendu qu'un gros
doit suffire pour une personne.

I i 2

crainte qu'elle ne s'évente ; car dans ce cas, elle ne feroit aucun effet, pour parer à cet inconvénient, il conviendroit de ne la mettre en poudre, qu'à mesure que l'on voudroit s'en servir. Cette poudre est extrêmement caustique & brûlante : on ne s'en sert jamais intérieurement ; mais on en applique sur les ulceres putrides pour ronger les chairs baveuses ; sur les parties attaquées de gangrenne, elle produit le même effet que le sublimé ; on la tempere avec l'eau de plantain.

Je n'entrerai pas dans un plus grand détail ; je crois celui-ci propre à faire pénétrer dans mes vues, & à remplir l'objet que je me suis proposé.

*Fin du cinquieme Volume.*